U0159171

远　见　成　就　未　来

建投书店投资有限公司

More than books

STEM 英国科学经典读物

THE SECRET LIFE OF GENES

生物的奥秘

破解基因的密码

[英] 德雷克·哈维 著

房小然 齐肇楠 译

中国出版集团

中译出版社

图书在版编目（CIP）数据

生物的奥秘 / (英) 德雷克・哈维 (Derek Harvey)
著；房小然, 齐肇楠译. -- 北京：中译出版社,
2020.5
书名原文: The Secret life of Genes–Decoding
the blueprint of life
ISBN 978-7-5001-6270-4

Ⅰ. ①生… Ⅱ. ①德… ②房… ③齐… Ⅲ. ①基因—
普及读物 Ⅳ. ①Q343.1-49

中国版本图书馆CIP数据核字(2020)第060545号

The Secret Life of Genes
First published in Great Britain in 2019 by Cassell,
an imprint of Octopus Publishing Group Ltd
Carmelite House 50 Victoria Embankment
London EC4Y 0DZ
Edited and designed by Tall Tree Limited

版权登记号：01-2019-7372

生物的奥秘

出版发行：中译出版社
地　　址：北京市西城区车公庄大街甲 4 号物华大厦六层
电　　话：（010）68359101；68359303（发行部）；
68357328；53601537（编辑部）
邮　　编：100044
电子邮箱：book@ctph.com.cn
网　　址：http://www.ctph.com.cn

出 版 人：张高里
特约编辑：任月园　李佳星
责任编辑：郭宇佳
译　　者：房小然　齐肇楠
封面设计：今亮后声・王秋萍　胡振宇

排　　版：壹原视觉
印　　刷：山东临沂新华印刷物流集团有限责任公司
经　　销：新华书店

规　　格：710 毫米 × 880 毫米　1/16
印　　张：16
字　　数：150 千字
版　　次：2020 年 5 月第 1 版
印　　次：2020 年 5 月第 1 次

ISBN 978-7-5001-6270-4　　　　**定价**：68.80 元

中　译　出　版　社

在大自然这个通俗的名字之下，数十亿的粒子在玩着它们无尽的游戏。

——皮特·海因（Piet Hein）
丹麦物理学家

“基因”既是遗传物质的基本单位，也是一切生物信息的基础。在整个20世纪中，“原子”“字节”以及“基因”这三项极具颠覆性的科学概念得到迅猛发展，并且成功引领人类社会进入到三个不同的历史阶段。

——悉达多·穆克吉（Siddhartha Mukherjee）
《基因传》作者

从40亿年以前到最近几个世纪，人类基因组谱写了人类的自传，记录了人类历史中的每个重要时刻。

——马特·里德利（Matt Ridley）
《自下而上：万物进化简史》作者

目录

引言

这是一个令人震惊的事实：显微镜下的一颗小点——受精卵，小到远不如英文句号大，竟包含了构成人类所需的全部信息。受精卵吸收营养，逐渐长大，从一颗小小的细胞发育成活生生、能跑能跳、懂思考的人，靠的仅仅是其本身携带的原始指令，再无任何后续补充。从受精卵形成的那一刻起，这些指令就存储在特殊的 DNA 链中了，假如可以将 DNA 链提取出来，你会发现，有些 DNA 链足有拇指指甲那么长。

这些 DNA 链极为纤细，完美地缠绕在一起，肉眼不可见，即便用显微镜也很难一睹真容。当受精卵开始细胞分裂时，DNA 链便汇聚成一种拥有稳定结构的物质，我们称其为染色体。这时，我们才能真正看到人类的遗传物质，但仍需要先用特殊染料对其进行染色，然后再放大几百倍去观察。

基因决定万物

人之所以为人，微观世界中的基因起到了决定性的作用。我们将携带着遗传信息的 DNA 片段称为基因。最新的研究结果显示，人类有 20687 个蛋白编码基因，每个基因都有其特定作用。

有的基因能够命令皮肤产生胶原蛋白，从而让皮肤充满弹性，保持紧致；有的基因能帮助生成色素，或指导人体细胞如何产生能量。人类怀孕 5—6 周时，基因便开始发挥作用，决定宝宝的性别。有的基因甚至会在人脑中制造某种化学物质——即便人已经脱离母体很久，依然会受到这种化学物质的影响。随着年龄的增长，人会受到外界环境的影响：

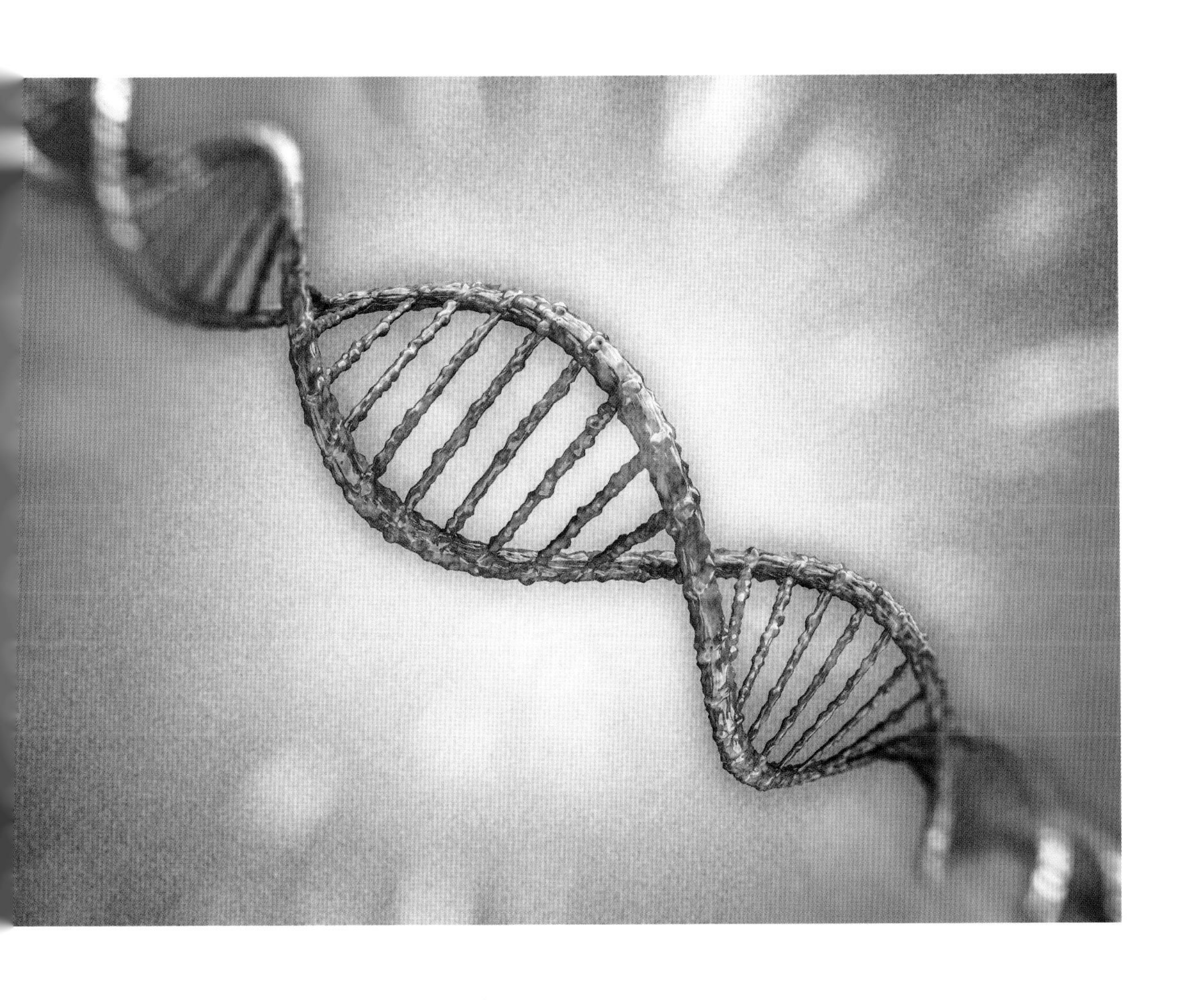

↑ DNA分子复杂的双螺旋结构中所携带的基因蓝图，不但决定了生物本身的构成，还决定了生物个体之间的差异。

如不同的饮食结构导致人有胖瘦之别，大脑中积累下来的记忆也会影响人类的行为方式，但我们消化食物或进行思考的能力基本上是由基因决定的。

那么，基因到底从何而来？即使在受精前，生命远未形成时，基因也早已存在。构成人类的一半基因储存在精子的头部，而在输卵管里静静等候的卵子，则包含着另一半基因。只有当两个神奇的细胞——精子和卵子——相遇结合，我们独一无二的基因身份才随之诞生。除了受精卵自然分裂，形成基因一模一样的同卵双胞胎的情况，从基因的角度来说，我们每个人在这个世界上都是独一无二的。通过这本书，你会明白，为什么无论是过去还是将来，都不会出现另一个你。我们将了解到底什么是基因、基因独特的微观结构，以及基因是如何令生命成长繁衍的。

跨越时空的基因

当然，其他生物也有基因，而且我们的基因遗传也并不仅仅始于父母：究其根源，可以一直追溯到 30 多亿年前，地球上最早的生命诞生之时。携带着基因并代代相传的精子和卵子本身也是远古血统的产物。探究基因的源头，可以追溯到我们的祖父母、曾祖父母，甚至一直追溯到我们率先离开树木开始直立行走的史前祖先。基因之所以能通过这种方式代代相传，要归功于基因的自我复制功能，换句话说，细胞在分裂时，会对自身的遗传信息进行复制，以制造更多细胞，产生更多人类。但这种复制并非完美无瑕，这种缓慢却无可避免的“不完美”不断累积，不仅造就了我们的个体独特性，同时也是进化发展出新的生命形态的根源。因此，当我们追溯的时间足够久——百万年的时光和无数代的生命，继而发现我们的基因与祖先的基因差异竟如此之大，也就不足为奇了。但令人震惊的是，尽管经历了如此之久，有些基因却几乎从未改变。时至今日，人类的某些基因仍与单细胞微生物的基因极其相似，对此唯一合理的解释是：它们都遗传自遥远的共同祖先，并一直保留到现在。人竟是从如此简单的生命，历经几十亿年进化而来，如果你对此感到不可思议，那请想想人类在子宫里的变化吧——在短短 9 个月的时间里，从一个细胞变成一个形体鲜明的人类婴孩。无论对于人的一生，还是就地球诞生至今的漫长岁月来看，基因的确

4 周后，受精卵在子宫内已发育成胚胎。尽管此时它只有罂粟种子一般大小，却已初具人的形状，胚胎发育的每个阶段都是由基因控制的。

在一代又一代地传递着生命的秘密。本书后半部分将不再从细胞的角度介绍基因，而是通过基因的遗传和变异来讲解世间万物最伟大的生命旅程——进化。

化学基因

基因虽然神奇，可从本质上来说，仍然属于化学物质。1828 年，德国化学家弗里德里希·维勒[1]通过实验，人工合

1　弗里德里希·维勒（1800—1882），德国化学家，因人工合成尿素打破了有机化合物的“生命力”学说而闻名。19 世纪初，人们普遍认为有机物与生命现象密切相关，它是在生物体内一种特殊的、神秘的“生命力”的作用下产生的，只能从生物体内得到，不能人工合成。

成了人类尿液中的化学废弃物——尿素，首次证明了生物体内的物质也需要遵循普遍的化学法则：并没有所谓特殊的、神秘的生命力。几十年后，人们发现遗传基因也不例外。DNA 为英文脱氧核糖核酸（Deoxyribonucleic Acid）的缩写，是一种有机化学物质。神父格雷戈尔·孟德尔以豌豆实验巧妙地证明，豌豆的遗传成分以“因子”的形式依照某种可循的规律代代相传，这便是后世所说的遗传。一个世纪之后，人们发现 DNA 分子的结构像一架螺旋形的梯子，即标志性的双螺旋结构。自此，科学家们找到了分析人与其他生物遗传差异的突破口，继而能够操纵基因，创造新的生命形式。2000 年前后，研究人员又取得了一项令人惊叹的成就：通过人类基因组计划成功地绘制出人类基因组图谱。随着人类迈入基因工程的新时代，对基因的化学研究已成为日常工作，治愈遗传性疾病也逐渐成为可能。正如你将在本书最后几章中所读到的，生活在这个时代，我们可以亲眼见证遗传学家在科学研究中取得的令人振奋的进步。

第一章

遗传的秘密

遗传到底是什么？

很长一段时间里，基因的真相一直是个未解之谜。19世纪的科学家们绞尽脑汁，锲而不舍地追查真相，最终揭开了生命最伟大的秘密之一：遗传。

对于生命而言，祖先和遗传是必不可少的条件，以至于我们对此已经见怪不怪，觉得天经地义。宝宝长得像父母，正如橡树种子会长成橡树一样理所当然。德国牧羊犬的后代只会是小德国牧羊犬，甚至连细菌的致病能力或抗药性也会代代相传。生命能够如此延续，一定是因为“血液”（“汁液”或细胞质）中存在某种物质，无论何种生命的生息繁衍都伴随着这种物质的代代相传。

另外，这种神秘物质还主导着令人叹为观止的生命变化。在显微镜下，一周大的人类胚胎看起来不过是一小团细胞，之后却可以发育成人。与数百万甚至数十亿年前的地球生物相比，如今地球上的生物已发生了翻天覆地的变化。那么，血液中究竟潜藏着何种秘密，能保证德国牧羊犬的后代也是德国牧羊犬，使得细胞团能够变成人，甚至让原始的、只能游动的微生物进化成四处行走的野兽？

父母遗传

遗传是生物学上科学家们仍未探明的重大谜题之一。聪明的科学家们通过研究，已经探明心脏如何输送血液、胃如何消化食物，可长久以来，面对繁殖和遗传，他们却一筹莫展。我们现已知道，生物是由数十亿乃至数万亿个细胞构成的，也知道人是由一个小到在显微镜下才能看见的单个细

狗会遗传父母的特征。遗传法则决定了德国牧羊犬的后代长大后也会是德国牧羊犬。

胞——受精卵发育而来的。那么，这个细胞里想必包含着形成人所需的全部信息。从一个小小的细胞开始，慢慢生成人的四肢、心脏、胃和大脑，或者是植物的叶子、根茎和花朵。可这究竟是怎么实现的呢？

随着世界上第一台显微镜横空出世，17 世纪的科学家们开始确信，性细胞中存在着一个小家伙。当时大多数科学家认为，蝌蚪状、长着尾巴的精子头部中有一个缩成一团的胎儿。他们认为，生命是预先形成的，精子内有一个小人，这个小人里还藏着另一个更小的人，每个小人中都蕴含着另一个生命，它们像俄罗斯套娃一样，从最早的亚当开始，一代一代套在一起，等待破壳而出。在繁殖过程中，这个人形“小精灵”进入女性子宫，变成胎儿，剩下的就简单了，胎儿会吸收营养，发育成人。

然而，这个理论显然存在瑕疵，在逻辑上也破绽百出——如何将每一代以及未来可能的人，一个又一个嵌套起来放进精子里？如果说胎儿是在父亲精子内预先生成的，那为什么后代会兼具父母双方的特点？女性的贡献应该不仅是为胎儿提供营养那么简单。还有，为什么有的“小精灵”会变成男孩，有的则变成女孩了呢？这一理论最终在 19 世纪时被证明是无稽之谈。在更高倍的显微镜的帮助下，科学家们发现，那个预先生成的“小精灵”根本不存在，母体的贡献则在于卵子，精子和卵子需要结合为受精卵，才能繁育后代。

无论遗传中潜藏着怎样的秘密，貌似都与微观世界中父母双方的性细胞有关。

血液遗传

在 19 世纪，生物学家们转向了更早之前的一种理论，即认为在精子或卵子中——更可能两者中都存在一种能形成生命的特殊物质。到了查尔斯·达尔文时期，普遍的观点认为，这种物质存在于人体各个部位，并且会汇入性器官，男女双方体内的这些物质在受精时结合。与预先形成“小精灵”的理论相比，这一观点多少向事实更靠近了一步。回到古希腊时期，当哲学家亚里士多德在著作中提出，遗传可归结为像蓝图一样的信息传递时，他距离真相已近在咫尺，

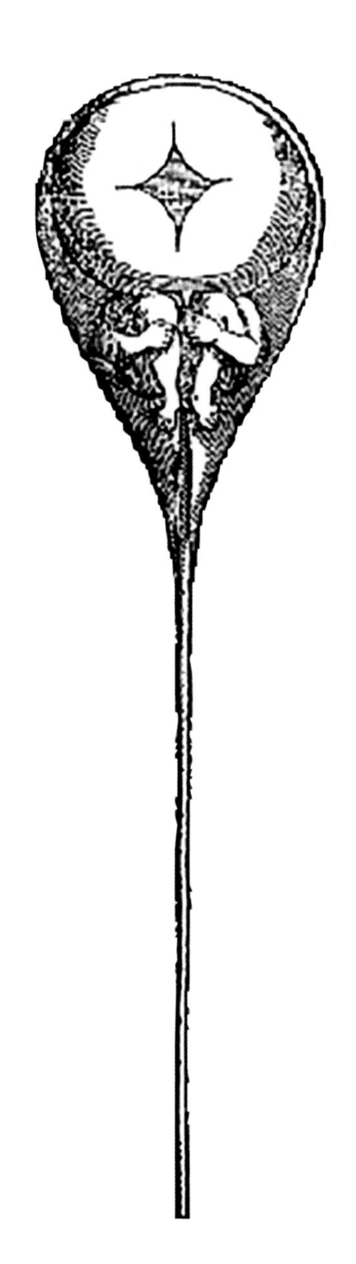

↑ 1695 年的插图描绘的是精子内的“小精灵”。“先成说”认为，人类后代由精子或卵子里的小人（“小精灵”）生成。

不过当时的人们对他的想法不以为然。

达尔文凭借进化论在解密生命领域取得了突破，可在遗传上没能更进一步。他认为父母身体各部位会释放一种流淌于血液之中的特殊化学物质（他称之为“芽球”），它最终通过性器官进入精子或卵子。这种物质将根据其来源的部位对后代造成相应的影响：比如，眼睛产生的物质决定了后代眼睛的颜色；出自长骨的物质，将决定后代的身高；等等。这种物质来自父母双方，在精子与卵子结合时完美融合，使后代兼具父母双方的特征。这种基于血液的遗传理论听起来令人着迷，可惜，也是错误的。

古希腊哲学家亚里士多德（公元前 384—公元前 322 年）提出，男性精子中有一种他称之为“形式因”（Formal Cause）的物质，它在受精过程中对女性体内的物质进行塑造，形成胎儿。这一理论与遗传信息有许多相似之处。

这种理论最大的问题在于，如果通过这种混合方式遗传，后代肯定会兼具父母双方的特征。正如将红色和蓝色混合，必然得到紫色，这种混合会消减生物的多样性，最终导致生物看起来都是一副模样。实际情况显然并非如此。根据达尔文的进化论，进化会导致生物差异加大并最终产生新的物种，这种混合遗传理论显然与进化论冲突，这令达尔文陷入自我矛盾的尴尬境地。此外，有些特征还是隔代遗传的，比如人类的红头发或老鼠的白化病，在隔代的后代身上才会出现。隔代遗传是任何遗传理论都绕不开的问题，混合遗传理论也无法解释这一现象。还有，如果生物体的某些部位发生变化，比如发生了意外，又会怎样呢？这是否会对相应部位的物质造成影响？德国生物学家奥古斯特·魏斯曼进行了实验，他接连切掉连续五代的老鼠的尾巴，可老鼠的后代依然会倔强地长出尾巴——还是正常长度，并没有变短。

剁掉老鼠的尾巴会令老鼠火冒三丈，但对老鼠后代的尾巴不会有任何影响。

最终，一个出人意料的人物找到了遗传难题的答案：格雷戈尔·孟德尔，一名在布尔诺市（当时属于奥地利帝国）的修道院花园里种植豌豆的神父。他凭借严谨缜密的豌豆杂交实验和运用数学方法进行统计分析，在解密遗传上取得了重大突破，为自己赢得了“遗传学之父”的美誉。不过，很可惜，他取得的科学成果在当时并没有受到重视。

↑ 格雷戈尔·孟德尔（1822—1884）写到，望自己的豌豆实验能解释“有机体进化的史”。他将遗传归结于因子，亦即今日所谓基因。

遗传因子

孟德尔没有使用显微镜，他种起了豌豆。他在花园里种植了不同品种的豌豆，用豌豆进行杂交实验，由此得出结论：人们所获得的每一种豌豆，都是由一些互相独立且代代相传的因素造就。他发现遗传并非以“混合”染料的方式传递，而是通过某种因子传给后代。这是一项关键的发现。孟德尔将纯种紫花豌豆与白花豌豆杂交，第一代只得到紫花豌豆，第二代则得到了白花豌豆。两种豌豆花的颜色并没有混合，他由此推断：第一代时，白花因子一定被暂时隐藏了，之后又再次出现。遗传更像将不同颜色的珠子打乱组合，而非将颜色搅拌混合。珠子虽混在一起，但依然保留着各自的颜色，红还是红，蓝还是蓝，绝不会红蓝混合变成紫色。珠子的组合方式决定了遗传特性。有时候，红色或许会“掩盖”蓝色，但蓝色可能会再次出现，一如某些特征会隔代出现。今天，我们将孟德尔所称的因子称为基因，他的因子遗传理论则被视作生物学历史上最重要的突破之一。

直至 19 世纪末，孟德尔才获得他应得的认可，此时他已经去世 15 年了。荷兰和英国的生物学家“重新发现”了他的豌豆实验结果，意识到这是解开遗传秘密的关键。人们重复了孟德尔的实验，对其赞不绝口。一门与基因相关的新科学——遗传学，从此诞生了。

因子的变化

基因可以代代相传，如今我们也已经知道，它还主导着生物的变化。在受精卵发育到成熟个体的过程中，基因从一个细胞复制到另一个细胞，以致所有细胞在基因上都是相同的。在人体整个成长发育的过程中，基因或活跃，或保持沉默——这意味着在何时、何处生成人体的哪个部位，均由不同的基因组操控。在生物一代又一代的繁衍中，在整个漫长的进化史上，基因自身也不断发生着变化。要想在复杂的发育和进化过程中搞清楚基因确切的工作方式，这远比当年孟德尔所设想的更加复杂。

根据混合遗传理论，紫花豌豆与白花豌豆杂交，后代花朵的颜色应该是紫与白的混合色，即淡紫色。然而，孟德尔发现杂交培育出的是紫花豌豆，白花的特征消失不见了。

纯种紫花豌豆

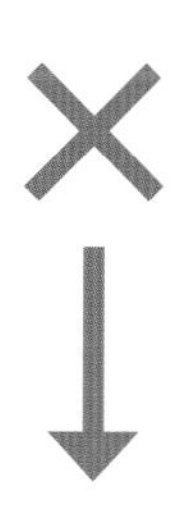

纯种白花豌豆

按照混合遗传理论应该得到的豌豆

孟德尔实验实际得到的豌豆

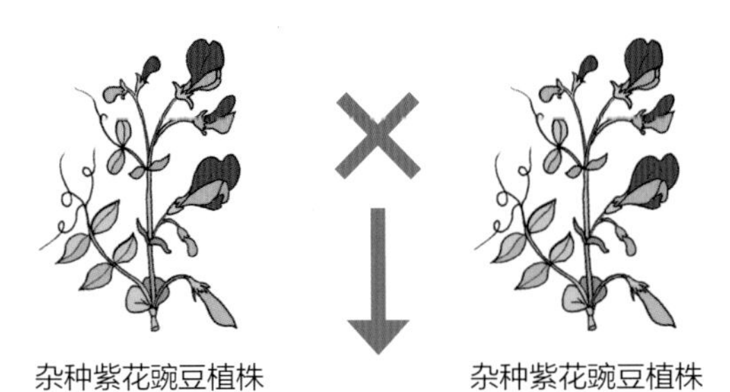

根据混合遗传理论应该得到的豌豆

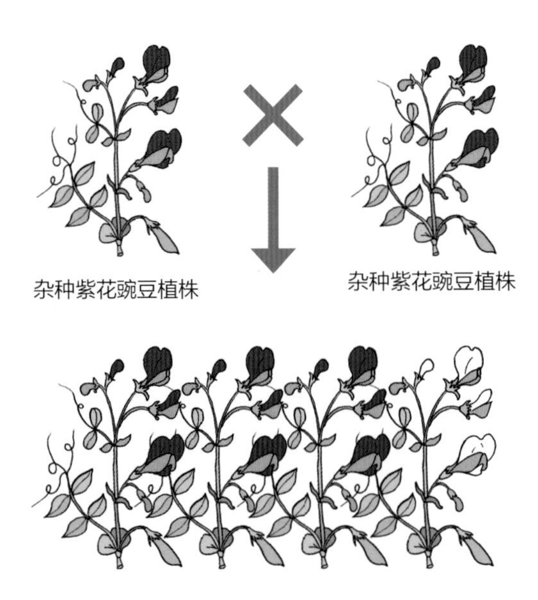

孟德尔实验实际得到的豌豆

← 根据混合遗传理论，孟德尔的豌豆杂交实验该得到淡紫色花豌豆。可实际上，孟德尔发在杂交培育出的豌豆中，有四分之一是白豌豆。

基因蓝图和配方

生物的基因好比一组指令，包含了形成生物体所需的信息，从而决定了生物体的特征。

如今，我们知道，任何生物都拥有成千上万的基因，每个基因都以某种方式对生物体作出贡献。有时候，有些基因会与一些清晰可辨的生物特征一一对应，比如在孟德尔的豌豆实验中，某基因决定了豌豆植株的花色，其他基因则决定了成熟的豌豆植株的高度，等等。有一件事孟德尔当时却不知道，即大多数情况下，基因与特征的关系要更加复杂，并非一对一那么简单，一个基因往往可以决定多种特征。人们通常将基因比作蓝图，但从整体来看，基因更像配方。蓝图标明的是构成生物体的各个“零件”的位置。如果你愿意，你甚至可以用“零件”倒推出蓝图，但生物构造远非如此简单。每个基因都拥有自己的神秘使命，众多基因一起共同构成了生命，这感觉更像做蛋糕，将所有配方混在一起，你很难辨别每个基因的具体作用。比如，人类眼睛的颜色其实受十几种基因的影响。实际上，孟德尔选择豌豆这样一种基因表达如此直接、能够完美反应遗传规律的植物进行实验，也完全是运气使然。即使最简单的生物体，如常见的细菌，也拥有大约5000个基因，人体则拥有大约2万个基因。所有生物的基因都住在一个或多个“家”里，这些“家”只有在显微镜下才会现身，我们称之为细胞。

遗传信息

细菌和其他很多微生物都是单细胞生物，一个成年人的身体中即含有大约 60 万亿个细胞。每个细胞都携带着构成人类个体的基因。换句话说，你身体中的每一个细胞都携带着能够组成另外一个你的信息（只有少数细胞例外，如成熟的红细胞会舍弃自己的基因），这使得整个人体中包含的信息无比宏大。据估测，这一信息量高达 40 泽字节[1]，比迄今为止所有出版物和印刷品承载的信息总和的 4000 万倍还要多。

实际上，在人成长过程中，基因在复制时不免出现奇怪的错误，但整体上人体所有细胞包含的基因信息基本变化不大。基因的多样性体现在不同的个体，尤其是不同物种的个体上。

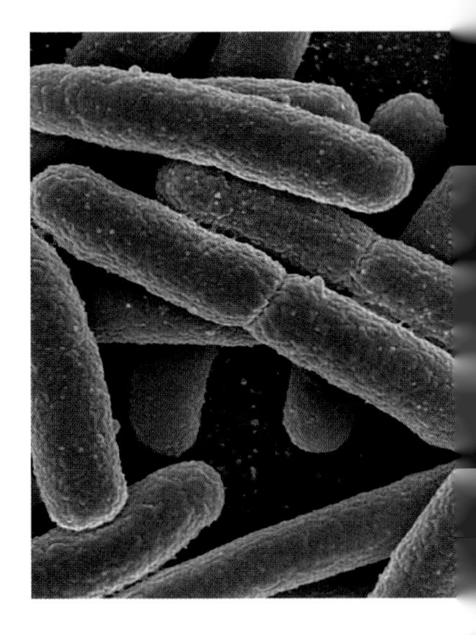

↑ 人体肠道内的大肠杆菌——大肠杆菌虽然小，依然拥有约 5000 个基因。

基因大家庭

实际上，所有复杂的生命体，如身边随处可见的人、鸟和树都由两组基因构成。构成人体需要 2 万个不同的基因，但它们在人体细胞中的数量则是双倍的，从而形成了两组基因——一共 4 万个基因拥挤在人体的微观世界中。果蝇体内有 1.4 万个基因，双倍就是 2.8 万个。生物体内的两组基因并非一模一样。每种基因可能有不同的变体，我们称之为等位基因。拿豌豆来说，花的颜色由两个等位基因决定：一个决定了是紫色，另外一个决定了是白色。有的等位基因仅决定两种可供选择的性状，还有许多等位基因能够决定多种特征。由于等位基因的存在，万物看上去才会如此多姿多彩。当同一细胞中存在两个不同的等位基因时，生物的特征就将由它们对抗的结果决定，比如在豌豆的等位基因战斗中，紫色战胜了白色。同理，动物细胞中的暗色素等位基因通常也

1 计算机存储容量单位，英文 Zettabyte。

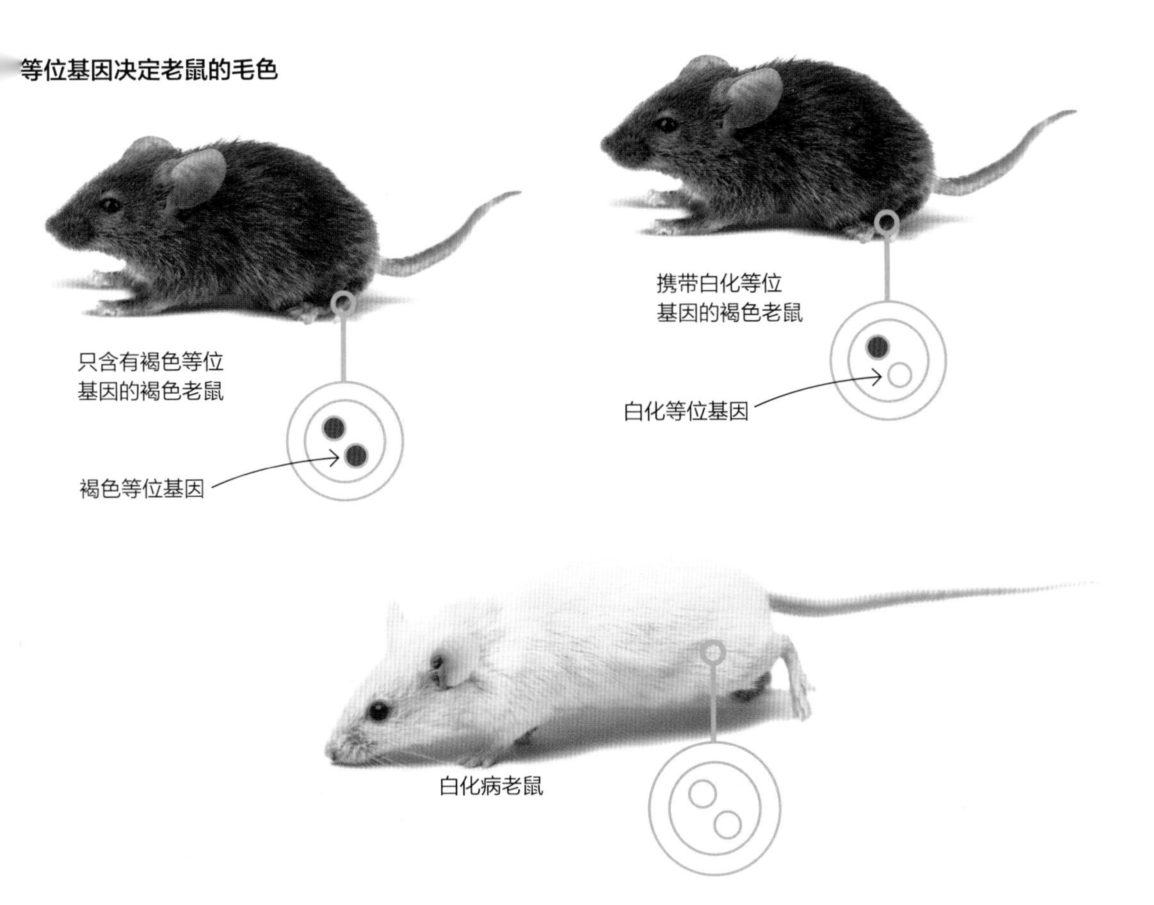

老鼠的细胞中存在一种决定毛色的基因，并且这一基因有两个变体。其中最常见的一种变体（等位基因）会导致普通的褐色毛色，另一种则会导致白化症状。只有两个等位基因都是白化等位基因时，老鼠才会是白色毛色。

会战胜白化等位基因。

生物拥有两组基因可能出于以下两个原因：首先是为了以防万一。如果一组基因出现问题，另外一组基因备用。基因包含构成生命本身的信息，正常的基因对形成健康的生命体至关重要，如果机体在生长过程中基因信息复制出错，备用的等位基因就可以发挥作用，纠正错误。正如我们所看到的，这种机制也并非万无一失，但总比将所有希望押在一组基因上要好。第二个原因则有着更加深远的影响——它与性有关。

↑ 每个性细胞，无论精子还是卵子，都携带着于自己的一组基因信息。

基因与有性繁殖

有性繁殖有助于基因融合。后代是父母双方基因融合后的产物，每当精子与卵子结合，便会得到两组全新的基因，随即产生全新的等位基因组合。也就是说，对有性繁殖的生物来说，每个生命体都带着各不相同的基因来到这个世界。有性繁殖让生物体可以更好地面对世界的挑战，如果一种生物每个个体的基因都完全相同，很可能仅仅因为一种新疾病就遭受灭顶之灾——因为他们都同样脆弱。有性繁殖也可能遇到一个问题：受精时，体细胞的融合会导致基因数量持续翻倍，很快失去控制。于是，性别不同的有机体在产生两种特殊的性细胞——精子和卵子时，会先将细胞内的两组基因分离开来。雄性睾丸里的细胞分裂形成精子，细胞的两组基因分离，分别进入不同精子之中。雌性产生卵子时，也遵循同样的步骤。这样，每个精子或卵子仅携带一组基因，即正常人体细胞中一半的基因，这一半基因中同样包含了可以形成人体的完整信息。当精子与卵子结合，两组基因合为

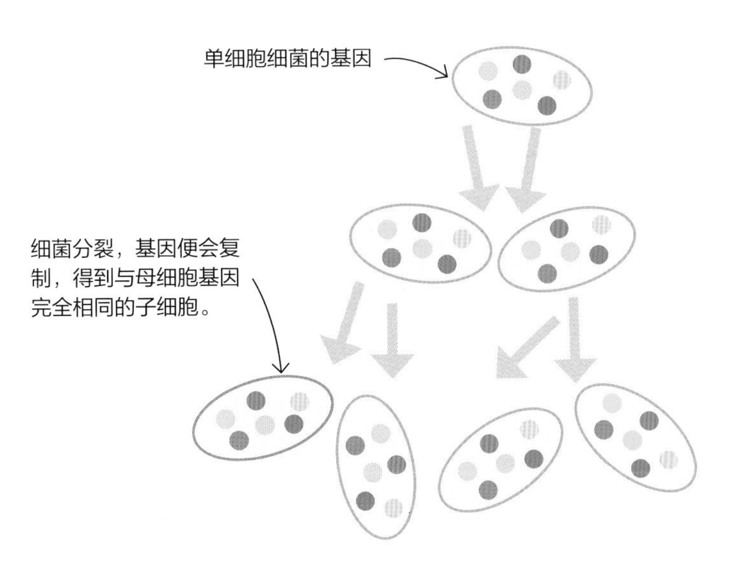
单细胞细菌的基因
细菌分裂，基因便会复
制，得到与母细胞基因
完全相同的子细胞。

细菌等微生物的基因在细胞增殖时复制，这使得一个“祖先”可以繁殖出众多基因与其一模一样的后代。很多植物甚至动物也通过类似的方式进行无性繁殖。

一体，产生后代，后代也会遵循同样的机制形成自己的性细胞。

含有双组基因的细胞称为二倍体，只含有一组基因的细胞称为单倍体。所有有性繁殖的生物必然要经历如下二倍体与单倍体转换的过程：两组基因分开，形成性细胞，性细胞在受精时结合。开花植物的单倍体是花粉。有些生命体比较特殊，比如，苔藓植物是单倍体，只有在长出孢子囊时才会变成二倍体。蜜蜂也比较特殊，雌蜂是二倍体，雄蜂是单倍体。尽管不同物种的情况千差万别，极其复杂，但在有性繁殖的生命周期里，生物要实现等位基因的混合，离不开基因组的分离与结合。

基因的融合

生物的基因千变万化，却也不乏一些极其关键的相似之处。实际上，人类有些基因，与狗、卷心菜，甚至细菌的一些基因相同。这些普遍存在于生物体内的基因对生命的存续

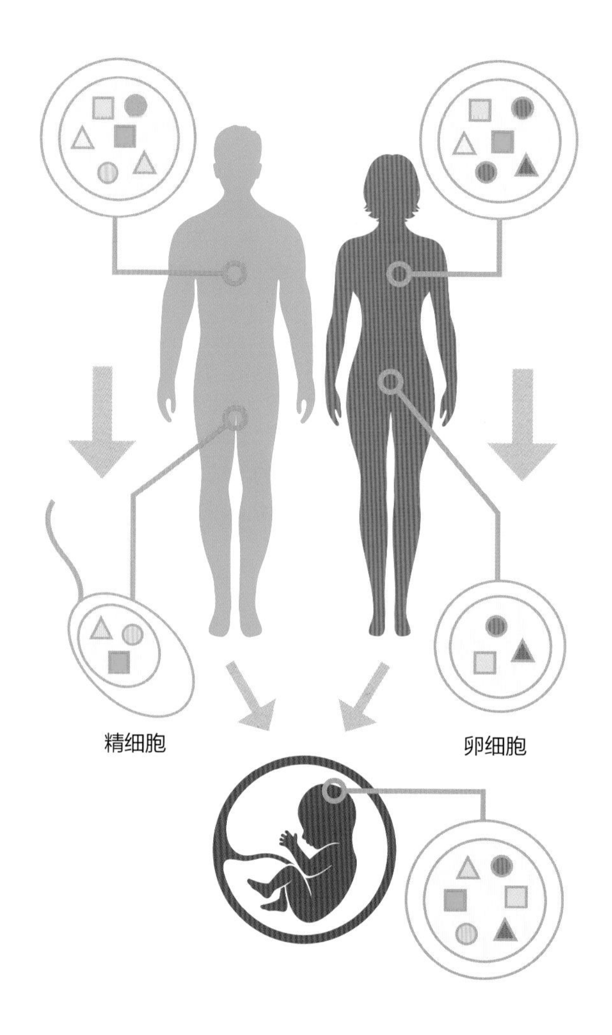

← 人体有数以万亿计的细胞，每一个细胞内都有两组基因，在精子或卵子产生时，两组基会分离开来，所以性细胞只含有体细胞一半基因。受精时，来自父母双方的基因混合，育而成的胎儿拥有父亲和母亲各一半的基因。

发挥着至关重要的作用，比如，指导生物如何从食物中获取能量。人之所以不是狒狒、香蕉或细菌，是因为彼此的基因有很多不同，但仍有大量基因非常类似。自孟德尔之后，人类取得了一项了不起的成就，即证明了尽管生物千姿百态，如人类和细菌，差异如此巨大，基因的工作原理却出奇地相似。这正是本书将重点介绍的内容。

第二章

基因的秘密

发现双螺旋

基因是有遗传效应的 DNA 片段，DNA 是拥有大名鼎鼎的双螺旋结构的分子，酷似一架螺旋的梯子。了解这种双螺旋结构是理解基因工作原理的关键，也解答了关于遗传和繁殖的困惑。

生物由有机物质构成。这就意味着，生物体中除水以外，主要是大量含碳的复杂分子。科学家们对一些“构成生命的分子”了如指掌——说不定也包括构成基因的分子，但基因到底是由哪些分子构成的呢?

科学家锁定了两位潜在对象。第一位是蛋白质。

蛋白质在生物体中无处不在，它们形态各异，基本成分却相同：皆含有碳、氢、氧和氮四种元素。蛋白质大量存在于细胞中，在肌肉和血液中也无处不在，一度还被视作主导遗传的首要推手。蛋白质有着一个竞争对手——核酸。神秘的核酸含有与蛋白质相似的成分，深藏于每个细胞之中，可它们到底有什么作用，人们并不清楚。有些科学家曾认为，核酸的工作是给一些重要的蛋白质打打下手，但也有一些科学家预感，核酸的真实身份远不止助手这么简单。

核酸

1869 年，孟德尔公布豌豆实验的结果后不久，在他种植豌豆的花园 700 千米之外的德国图宾根大学，有人正试图搞清楚基因的化学结构——一位名叫弗雷德里希·米歇尔的医生对细胞核十分感兴趣。细胞核是细胞的“心脏”，它貌似潜藏着秘密的控制中心。米歇尔并不特别关注遗传的秘血细胞有两种。红细胞（小圆点）的数量占主导地位，但它们在生长过程中会失去遗传物质。白细胞与人体其他细胞一样，细胞核中含有 DNA，在图中被染成了深紫色。

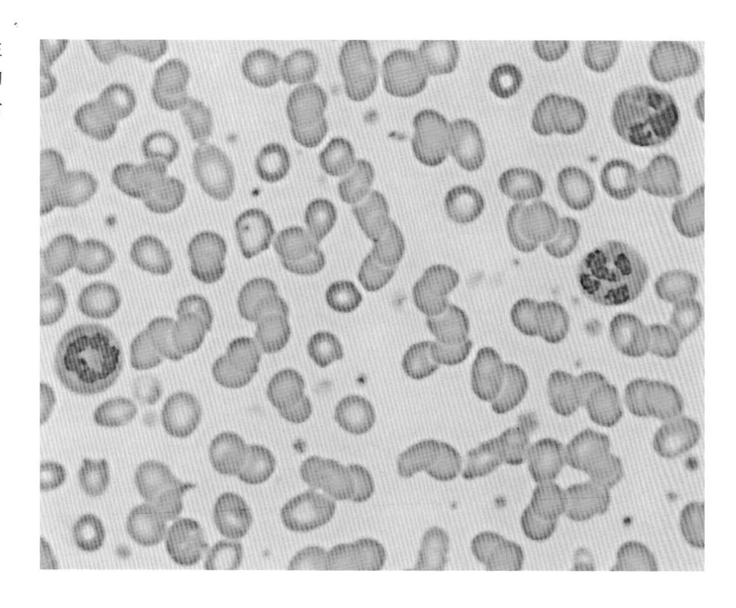

↑ 弗雷德里希·米歇尔（1844—1895）在历史上首次成功分离出核酸，并认为核酸内的物质是遗传和特征代代相传的基础。

密，他只想从化学角度研究细胞核，搞清楚它的成分。然而，研究极其微小的细胞的化学成分，尤其是细胞某一部分的成分，向来十分棘手。首先，他需要获得足够多的细胞来进行研究——他通过附近的医院解决了这个问题，医院患者化脓感染的伤口提供了足够多的细胞。脓液中含有大量抵抗感染的白细胞，每个细胞都拥有清晰的细胞核。米歇尔将细胞从浸满脓液的绷带上清洗下来，设法分离细胞核，成功得到一种全新的核质——他称之为“核素”。

之后的年月里，科学家们孜孜不倦地努力，试图揭开米歇尔“核素”的真面目。他们改进了米歇尔的实验方法，得到了更加纯净的样本。他们发现，“核素”主要由某种酸构成，便将“核素”命名为“核酸”。到了 20 世纪初，一位名叫菲巴斯·利文的美国生物化学家发现，存在两种化学成分不同的核酸：一种是核糖核酸（RNA）；另一种含有较少的氧，被称为脱氧核糖核酸（DNA）。但核酸的作用依然

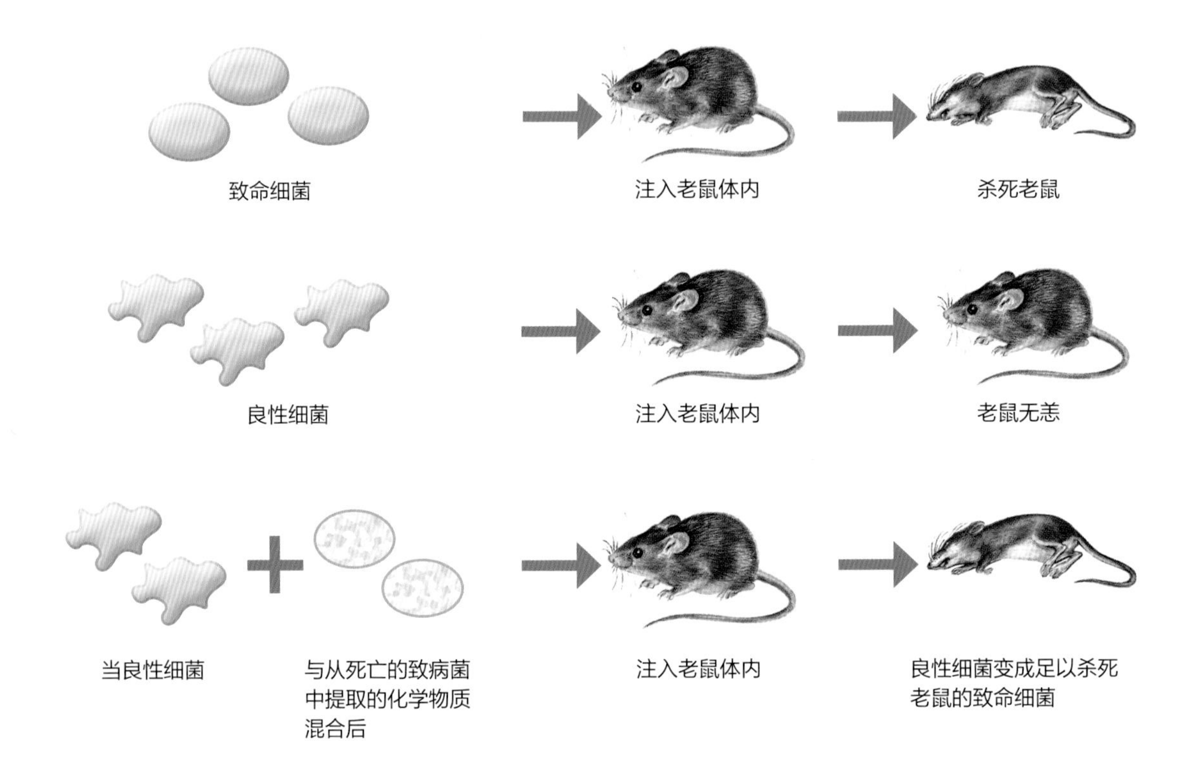
致命细菌
注入老鼠体内
杀死老鼠
良性细菌
注入老鼠体内
老鼠无恙
当良性细菌
与从死亡的致病菌
中提取的化学物质
混合后
注入老鼠体内
良性细菌变成足以杀死
老鼠的致命细菌

↑ 粗糙型肺炎双球菌会被人体免疫系统破坏，光滑型肺炎双球菌却具有致命性。实验表明，死亡的光滑型细菌内的化学物质能进入良性细菌体内，将其转变为致命细菌，这种化学物质就是 DNA。

是个谜。科学家们对核酸的化学成分了解得越来越多，对核酸的具体作用却仍然一无所知。

基因里的化学物质是什么？

人类通过更为巧妙的实验证明，DNA 分子与许多“生命分子”（包括蛋白质）一样，是由较小的、相连的结构组成。化学家发现，蛋白质的链状结构不仅让蛋白质变得庞大复杂，还赋予其多种功能。蛋白质在人体内执行着多种任务，如作为引发反应的催化剂、构成肌肉的原料，以及运输氧气的载体（血红蛋白），等等。许多科学家由此认为基因是由蛋白质构成的。相比之下，核酸——如 DNA——的成分过于简单，似乎不具备承担任何重要工作的能力。蛋白质由 20 种不同的基本单位构成，DNA 的基本组成单位仅有 4 种，它们被称为核苷酸。

1928 年，英国卫生部的医生弗雷德里克·格里菲斯发现了 DNA 是遗传的关键因素的首个证据。第一次世界大战之后，西班牙流感在全球爆发，格里菲斯开始致力于肺炎细菌的研究。他发现，一种危险的致命菌株可以改变良性菌株，将无害的细菌变成致命的杀手。只需要从致命菌株中提取一种化学物质就可以做到。如果能确定该化学提取物的确切成分——即找到“转化原理”，能否从此揭开基因的化学秘密呢？直至十年之后，人们才揭开这个秘密：生物化学家们不仅证实了格里菲斯的实验结果，还探明了这种神秘物质的真实身份——它是由 DNA 构成的。

→ 构成蛋白质的基本材料是呈链状连接在一起的氨基酸。

↑ 1953年，詹姆斯·沃森（左）和弗朗西斯·克里克（右）根据 DNA 的相关研究数据，在剑桥大学构建出了 DNA 分子结构的模型。他们推断 DNA 是盘绕的双链分子，即双螺旋结构。

构建双螺旋

肺炎细菌的研究成果在当时并没能令众多科学家信服，但有一些科学家逐渐认识到，DNA 的成分虽然平平无奇，结构也不如蛋白质精妙，但它的作用或许并不局限于为细胞的控制中心提供支持。科学家们运用的技术手段，也一直强烈表明 DNA 拥有一个简单的形态。X 射线衍射是通过研究分子散射 X 射线之后在光片上形成的投影来分析分子的形态。不同形状的分子会在光片上产生不同的光斑，科学家据此绘制出分子的形状。DNA 在光片上形成特殊的十字形图案，科学家由此确信 DNA 分子呈螺旋状。

X 射线衍射法发展成熟于 20 世纪 50 年代，伦敦国王学院的莫里斯·威尔金斯和罗莎琳德·富兰克林率先采用它来研究 DNA。踌躇满志的剑桥大学研究人员詹姆斯·沃森和弗朗西斯·克里克受前两者研究的启发，利用大学实验室的材料，根据X射线衍射数据构建出了DNA分子的模型，最终确定DNA实际由两条彼此缠绕的核苷酸链组成，即著名的双螺旋结构。核苷酸中携带关键遗传信息的部分被称为碱基，碱基朝内互相连接，构成旋转的长“梯子”。

碱基的秘密

DNA有四种碱基：较大的两种名为腺嘌呤和鸟嘌呤，较小的两种是胸腺嘧啶和胞嘧啶。据沃森和克里克推断，碱基在DNA螺旋状的“梯子”上以特定方式配对。大碱基与较小碱基配对（以确保“梯级”长度相等）：腺嘌呤总是与胸腺嘧啶组成一组，鸟嘌呤总是与胞嘧啶配对。

DNA链上的碱基序列是生物体特征得以遗传的关键：细胞“读取”碱基序列以确定生物特征。碱基特殊的配对

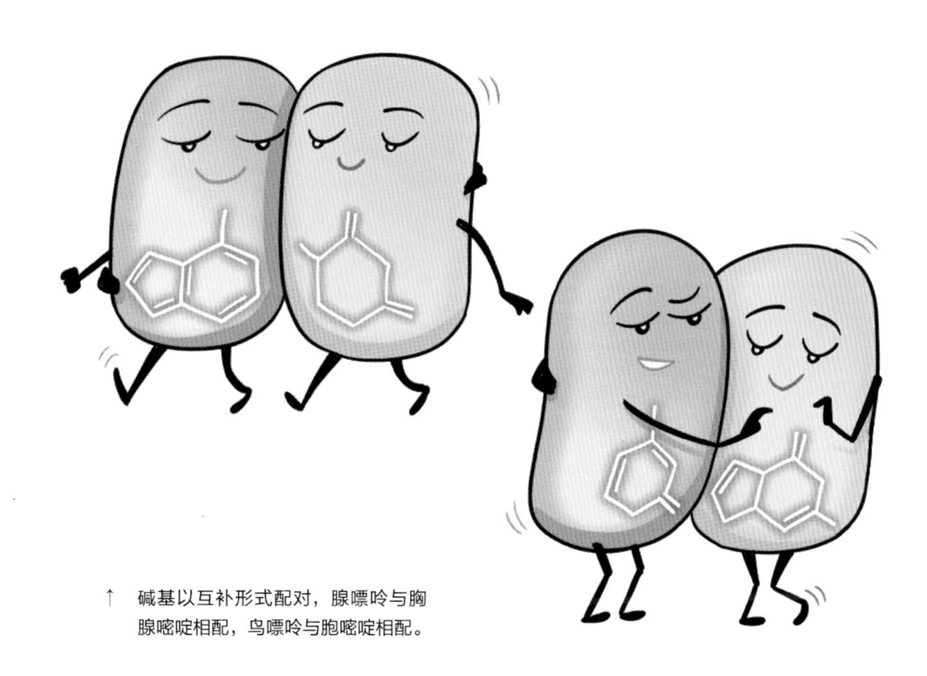

↑ 碱基以互补形式配对，腺嘌呤与胸腺嘧啶相配，鸟嘌呤与胞嘧啶相配。

方式也说明一点：双螺旋其中一条链上的碱基序列决定了另一条链上与其对应的碱基序列——如拼图游戏一般，互相对应的碱基序列会自动组合在一起。

这一点对基因主导遗传特征几乎没有影响：实际上，遗传特征只由其中一条链决定。正如我们将在第五章中看到的，这对理解生物如何复制具有重大意义。

↓ DNA的双螺旋结构像一架旋转“梯子”，子的“边”由糖–磷酸链构成，特定配对的“基对”构成“梯级”。梯子每条侧边上的碱序列中都存储着一套遗传信息。

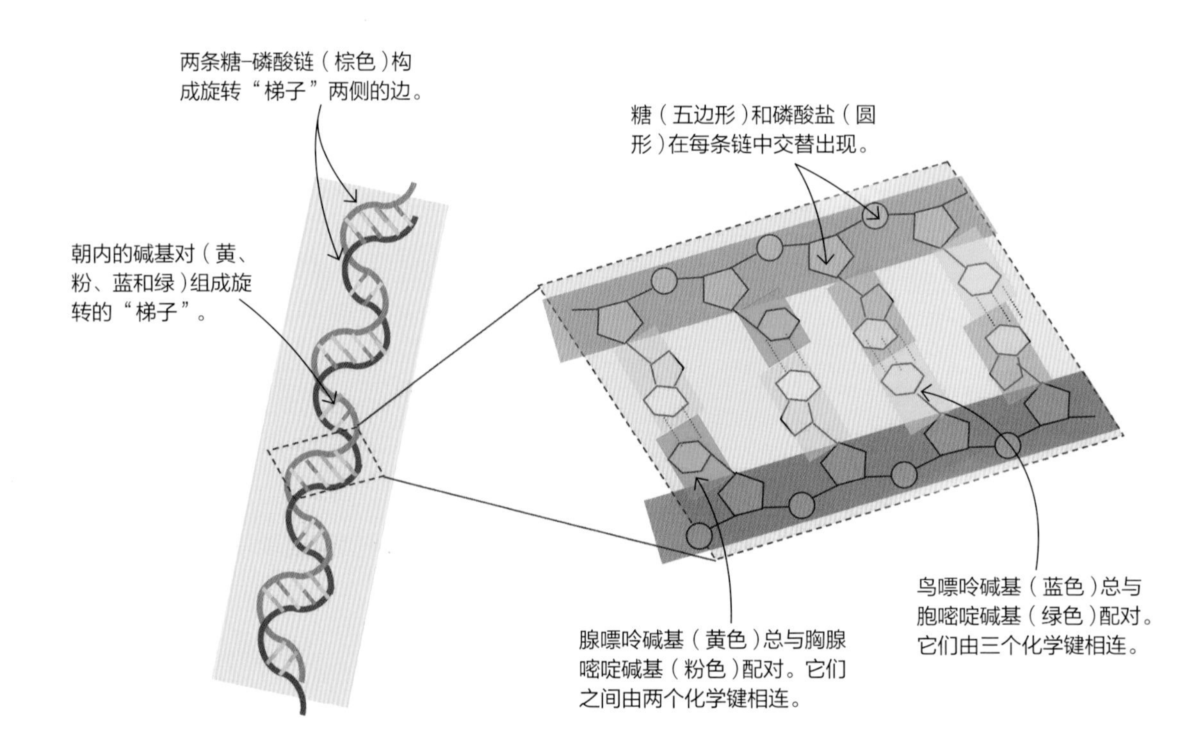

两条糖–磷酸链（棕色）构成旋转“梯子”两侧的边。
糖（五边形）和磷酸盐（圆形）在每条链中交替出现。
朝内的碱基对（黄、粉、蓝和绿）组成旋转的“梯子”。
鸟嘌呤碱基（蓝色）总与胞嘧啶碱基（绿色）配对。它们由三个化学键相连。
腺嘌呤碱基（黄色）总与胸腺嘧啶碱基（粉色）配对。它们之间由两个化学键相连。

基因如何排列

基因——遗传因子，在DNA双螺旋结构中以片段的形式存在。每个基因包含一段DNA碱基序列，长的DNA分子可以容纳更多基因。

基因由DNA片段组成，但基因到底是什么？孟德尔的发现证明基因是在代代相传中能够分散再组合的众多因子。难道说，一个DNA双螺旋就相当于一个基因？实际并非如此。因为一个细胞仅含有一定数量的DNA分子，却拥有成千上万个基因。

另外，有些生物的基因和DNA分子的排列比较特殊。黑猩猩体内每个细胞拥有48个DNA分子，家蝇有12个，孟德尔的豌豆则有14个。这样看来，好像生物体越复杂，DNA分子的数目就越多，事实却并非如此。有一种名为阿特拉斯蓝蝴蝶的小蝴蝶，它的细胞中含有452个DNA分子。显然，关键并不在于DNA的数量，而在于细胞如何使用它们。

非编码DNA

在过去50年对DNA的细致研究中，最令人吃惊的发现是：基因之间由貌似“无用”的DNA片段相连。实际上，基于对不同生物种类的研究，基因在生物DNA的构成中，所占比例不足5%。对人类来说，这个比例只有2%。我们常将DNA双螺旋上的基因比作项链上的珠子，非编码DNA的存在却令这种比喻显得脑洞大开。实际上，基因与基因彼此“间隔”甚远。基因不止大小不一，“间隔”也长短不一。基因的大小、“间隔”的长短都取决于物种。当然，这种

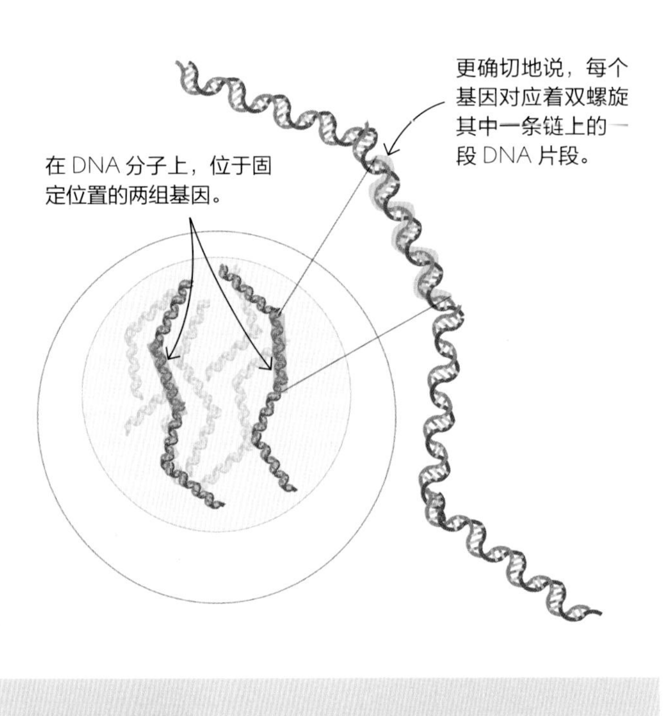
更确切地说，每个基因对应着双螺旋其中一条链上的一段 DNA 片段。
在 DNA 分子上，位于固定位置的两组基因。

← 同一细胞中的两个 DNA 分子，它们在同一位置携带着相同的基因。

从 DNA 到基因

生物多种多样，但都需要正确的基因以构建和维持机体。为此，细菌需要几千个基因，稍复杂的动植物需要成千上万个基因，细胞中却并没有成千上万个 DNA 分子。大量基因相互连接，分布在 DNA 的双螺旋上。一个基因对应着 DNA 上的一个片段，即与一条双螺旋链上的一段碱基序列相对应，碱基序列的作用是编码蛋白质。蛋白质帮助机体继承遗传特征。虽然生物的基因不同，在双螺旋链上的位置也不同，但所有基因必定位于其中一条链上。

与其他分子相比，DNA 分子双螺旋结构的长度惊人。人体细胞中的一个双螺旋上包含数百万个碱基，长度平均约为 5 厘米（约 2 英寸）。相对其所在的细胞（只有百分之一毫米大小），简直是不可思议的长度。人体的基因有固定数量，其他生物的 DNA 分子或染色体数量也是固定的。人体细胞有 23 种 DNA 分子，人类基因便分布在这 23 种 DNA 分子上且位置固定。例如，决定人眼为蓝色的基因位于第 15 号 DNA 分子长度的大约 1/4 处（人们根据 DNA 分子的大小，按照从大到小的顺序进行编号）。每个基因在 DNA 上都有固定的位置，或者说“家庭住址”。人体细胞拥有两组基因，因此便有 23 对 DNA 分子，有两个第 15 号 DNA 分子——决定我们眼睛为蓝色的基因也便有两个，它们在 DNA 上的位置相同，其变体或等位基因却未必相同。比如其中一个等位基因可能是蓝眼睛基因，另一个则可能导致棕色眼睛。在有性繁殖的过程中，两组基因会分开，精子和卵细胞各携带其中一组。

“间隔”缺乏编码信息，它们也由碱基组成，只是这些碱基没有承载任何遗传特征的编码。假如可以观看整个双螺旋上的碱基序列——就像浏览 5000 页写满四号字的纸——你只能看到一长串连续不断的字母（AGCACTG...），字母间既没有标点，也没有任何符号标明每个基因从哪儿开始，到哪儿结束。

为什么会存在这些“间隔”呢？最直截了当的答案是：没人知道原因。非编码DNA毫无用处，通常被人们称为“无用”DNA。有些科学家认为，这是过去几百万年的进化逐渐累积的产物：“无用”DNA 曾经也可以编码蛋白质，但现在失去了编码功能。也有人认为，所谓的“无用”DNA 说不定也有作用，其秘密有待发掘。比如，有些 DNA 会在细胞分裂时，通过与细胞其他部分进行接触，帮助移动遗传物质。

基因之间存在“间隔”令人吃惊，还有更令人惊讶的

↓ 大概 98% 的人类 DNA 都是非编码 DNA，它们对人体的外观和功能毫无影响。

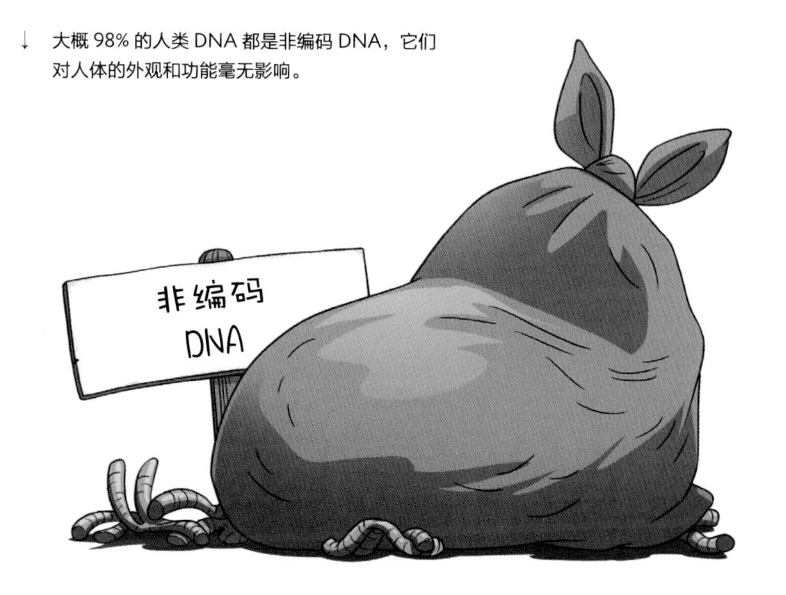

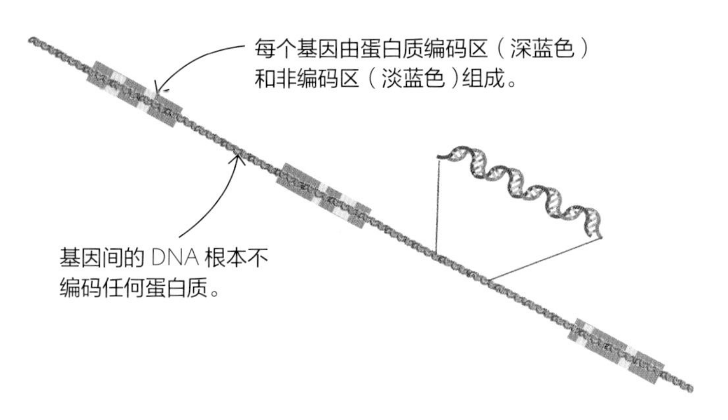

每个基因由蛋白质编码区（深蓝色）
和非编码区（淡蓝色）组成。
基因间的 DNA 根本不
编码任何蛋白质。

← 大多数 DNA 是“无用 DNA”，它们位于
因间，形成长长的“间隔”。基因自身也充
了非编码区。

细菌与复杂细胞的基因差异

细菌是最简单的一类生物体，是单细胞生物。与动植物细胞相比，细菌的细胞更小、结构也更简单。两者有一点明显差异：动植物的 DNA 都被包裹在细胞核中（细胞核好比细胞中的细胞），细菌的 DNA 则无拘无束，直接生活在细胞质中。

二者还有更多区别。细菌的 DNA 双螺旋末端相连，整个分子看起来像是一个圆环；复杂动植物的 DNA 链则呈线状，末端不相连。复杂细胞往往拥有比细菌多十倍的基因：这是一个证明 DNA 数量确实重要的罕见例子。动植物拥有的更多基因信息与其更庞大的躯体和复杂性相匹配。多细胞体需要更多的基因来提供更多的指令，确保细胞协调运作。但在细胞分裂时，DNA 数量越多，也就越可能发生问题：如何复制如此多的 DNA，还要将它们准确分配到越来越多的新细胞中？动植物采用一种特殊的“打包方法”解决了这个问题——通过染色体。

现象：基因内部也存在“间隔”。基因内部的“间隔”——非编码区被称为内含子（编码区被称为外显子）。内含子的作用是控制和管理基因。它们中有些像“开关”一样，在需要时激活基因，在不需要时让基因保持沉默。这也阐释了为何不同的基因只会对人体的不同部位产生影响。内含子不包含制造蛋白质的信息，当人体“读取”基因信息以制造蛋白质时（参见第四章），会忽略内含子，只读取 DNA 编码区中的信息。

染色体和核型

细胞分裂时必须复制 DNA 并将它正确转移到新细胞中。松散的 DNA 双螺旋很可能会在此过程中彼此缠到一起，为此，细胞发明了一种把 DNA 打成更紧包裹“染色体”的办法。

用学校的普通显微镜观察细胞的生长，你会感觉 DNA 好像也无特殊之处——你肯定看不到双螺旋结构或基因。你用特殊染料给观察物染色，显微镜下出现的仍是一个彩色斑点。然而，当细胞开始分裂时，另一番景象出现了。DNA 分子卷曲得更紧，变得更短、更厚。当显微镜放大到一定倍数，你会看到每个 DNA 分子变成一条实心线，它就是染色体。染色体仅在细胞分裂时出现，作用是防止长长的双螺旋彼此缠绕到一起。人体的成长伴随着细胞分裂，所有 DNA 分子和基因都必须进行复制，并精确进入分裂出的子细胞中，让子细胞拥有与母细胞相同的基因组。DNA 分子长达几厘米，挤在狭小空间里（大小仅有英文句点的千百分之一），却实现了如此惊人的壮举。细胞是利用染色体打包每个 DNA 分子，让它们变得更短、更整洁，从而便捷地运送到指定位置。

细菌的 DNA 有时也被称为“细菌染色体”，这是一个误导性的称呼。实际上，细菌不会形成染色体，因为不需要。细菌的 DNA 是简单的环状结构，在复制和转移时，完全不用担心缠结的风险。

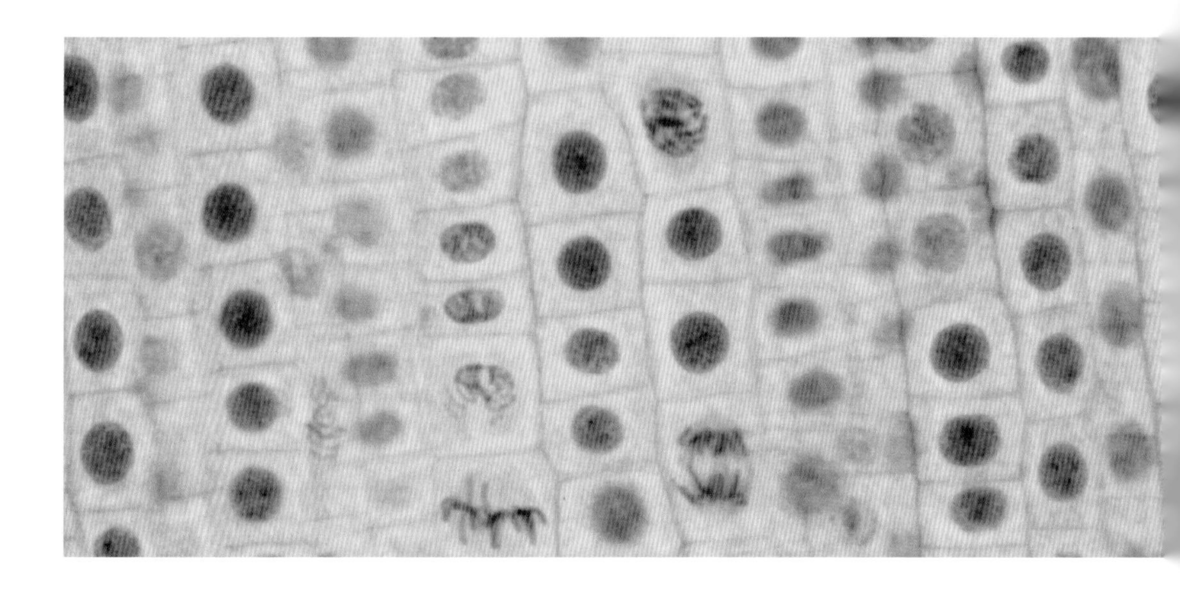

↑ 植物扎根生长过程中，根尖处的细胞分裂尤其旺盛。这些洋葱根的细胞展示了当细胞准备分裂时，被染成蓝色的 DNA 团如何变为细长的染色体。

核型

我们在适当的时机观察细胞的分裂，可以看到染色体在分裂后的迁移情况。科学家们趁此时机对染色体进行染色、拍照和放大，就能清点染色体的数目，还可以将它们排列成对。有种叫“吉姆萨”（Giemsa）的特殊染色剂可以让染色体呈现出紫色条带状。条带中颜色最深之处就是含有大量 A 碱基和 T 碱基（腺嘌呤和胸腺嘧啶）的位置。这些条带不能标识基因的位置，却能显示染色体的长度并区分每个染色体。

我们将图片或图表中显示的染色体排列情况称为核型。每种生物都拥有自己的核型，显示特定的染色体数目、染色体结构和带型。通过核型对比，我们可揭示物种之间的关系。比如，人类 46 号染色体的核型与黑猩猩 48 号染色体的核型极其相似。另外，通过核型还可以诊断遗传性疾病，比如人类的唐氏综合征。

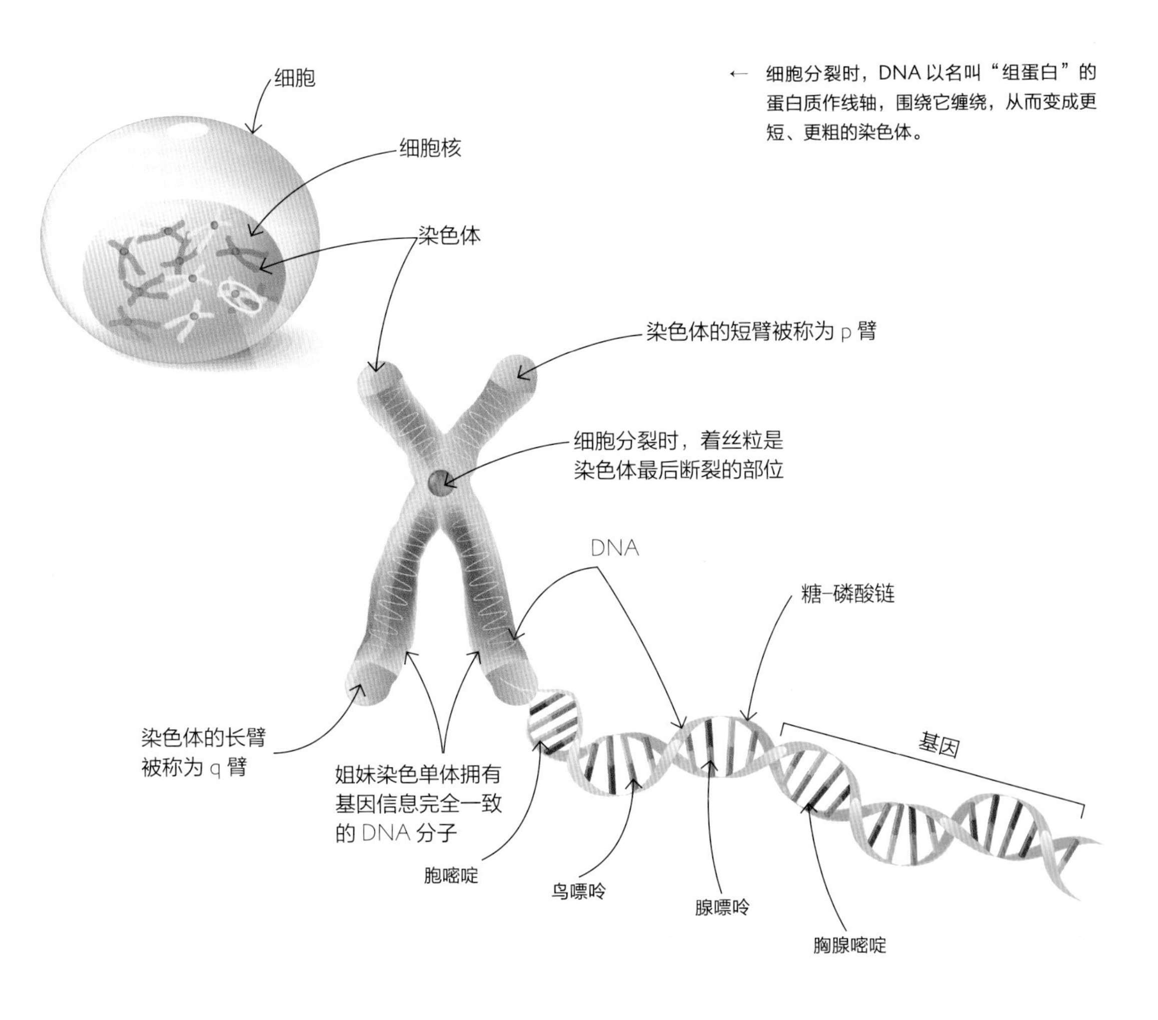
细胞
细胞核
染色体
细胞分裂时，DNA 以名叫“组蛋白”的蛋白质作线轴，围绕它缠绕，从而变成更短、更粗的染色体。
染色体的短臂被称为 p 臂
细胞分裂时，着丝粒是染色体最后断裂的部位
DNA
糖-磷酸链
基因
染色体的长臂被称为 q 臂
姐妹染色单体拥有基因信息完全一致的 DNA 分子
胞嘧啶
鸟嘌呤
腺嘌呤
胸腺嘧啶

染色体如何形成

单靠 DNA 一己之力无法形成染色体。细胞内还有一些特殊的蛋白质，它们紧紧围绕在 DNA 身旁，为其提供帮助。这些蛋白质构成一种支架，DNA 沿着支架周围垂下（这有些讽刺，一开始科学家还以为蛋白质是主角，DNA 只不过是助手呢）。DNA 的双螺旋围绕组蛋白缠绕，一圈又一圈，变得越来越厚，更重要的是，长度大大缩小了，随后染色体就出现了。实际上，DNA 双螺旋缠得非常紧，长度从几厘米缩小到几分之一毫米。通过这种方法，细胞在分裂过程中，可以更容易地移动所有 DNA。染色体出现时，所有基因会暂时停止工作，待细胞分裂完成后再恢复工作，染色体在新细胞中会变回更长且不可见的双螺旋。

科学家通过高倍显微镜，可以清楚地看到染色体，获知细胞中 DNA 的数量，以及不同生物体 DNA 的排列方式。每个可见的染色体其实是一个单独的双螺旋，携带着属于自己的一套基因。

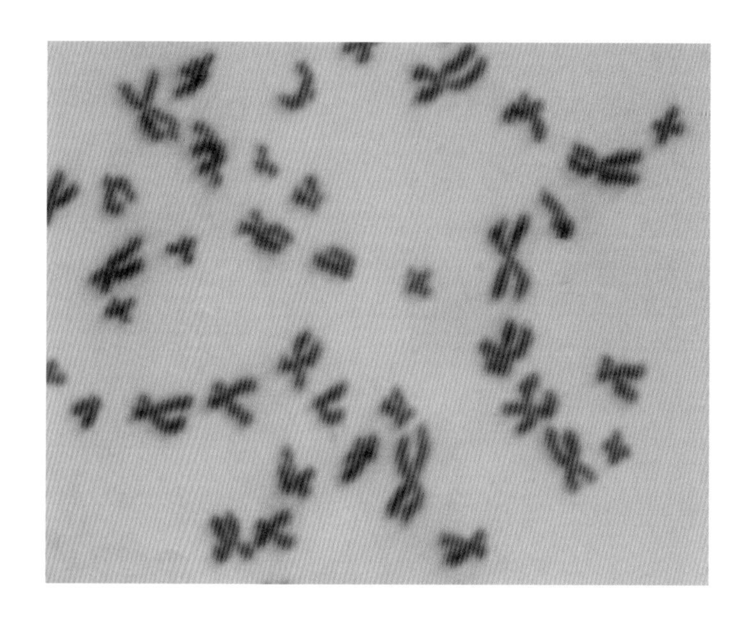

↑ 处于分裂中期的人类白细胞，染色体已经完美地分裂开。放大照片，将染色体图像匹配成对，按大小排序，便得出了核型。

性染色体

一些生物的性基因分散在整个染色体之中，比如某些植物。也就是说，单凭核型无法判断生物的性别。对于某些动物来说，性别还取决于周围的环境。比如，海龟卵在较高的温度下会孵化出雌龟，在较低温度下则孵化出雄龟——温度决定了是否激活影响海龟性别的基因。然而，人类和其他许多生物则拥有一对决定性别的特殊染色体。

在人类和哺乳动物体内，有一对染色体（通常显示在核型的最后部分）决定着后代的性别。在这对染色体中，较大的那个被称为 X 染色体，较小的另一个（也是整个核型中最小的染色体）被称为 Y 染色体（这些称呼是由于历史原因形成的，与染色体形状无关）。拥有两个 X 染色体的后代将发育成雌性，拥有 X 和 Y 染色体的个体则会发育成雄性。鸟类的性染色体是 W 和 Z 染色体，雌鸟拥有两种不同的性染色体（WZ），雄鸟拥有相同的性染色体（ZZ）。

性染色体的组合——拥有两个相同的性染色体或拥有两个不同的性染色体——决定了性别。拥有不同性染色体组合的亲代决定着下一代的性别。对于人类和其他哺乳动物来说，这意味着“父亲”决定了后代的性别。与人体其他染色体一样，当精子或卵子产生时，性染色体也会分开——这意味着父亲一半的精子携带着 X 染色体，另一半携带着 Y 染色体；母亲的卵子中则只有 X 染色体。如果卵子与携带着 X 染色体的精子结合，后代就是女孩（XX），与携带 Y 染色体的精子结合，后代则是男孩（XY）。

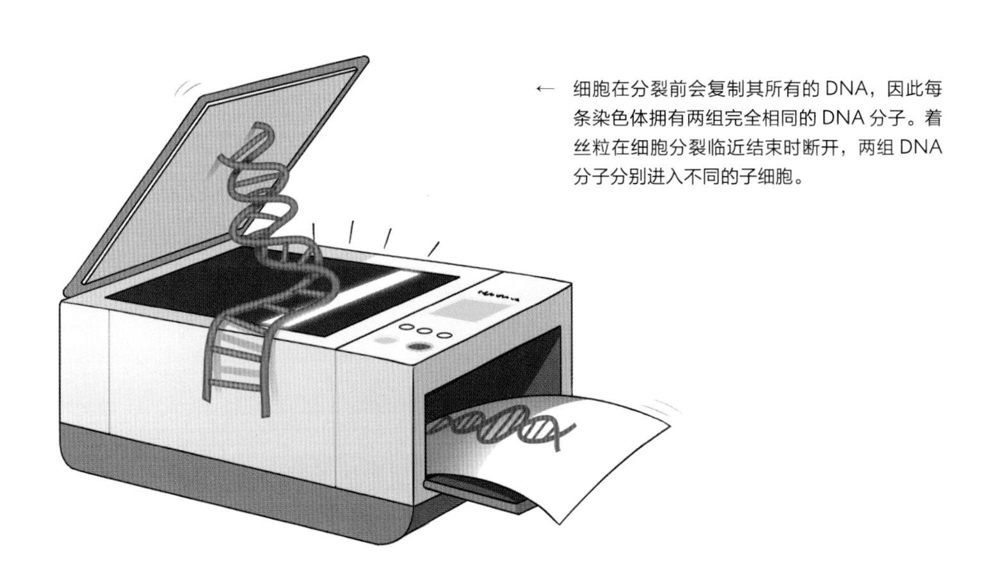

← 细胞在分裂前会复制其所有的 DNA，因此每条染色体拥有两组完全相同的 DNA 分子。着丝粒在细胞分裂临近结束时断开，两组 DNA 分子分别进入不同的子细胞。

染色体的结构

不同核型的染色体不仅大小和带型不同，形状也不一样。当染色体处于可见的状态时，每个染色体含有两套 DNA 分子，在细胞分裂临近结束时，这些 DNA 分子会先整理一番，然后彻底分离，分别进入不同子细胞。染色体收缩的位置称为着丝粒，这里是最后断开的部位，有些着丝粒位于染色体中部，有些则位于染色体末端。遗传学家可以利用着丝粒的这一特性找出成对的染色体。

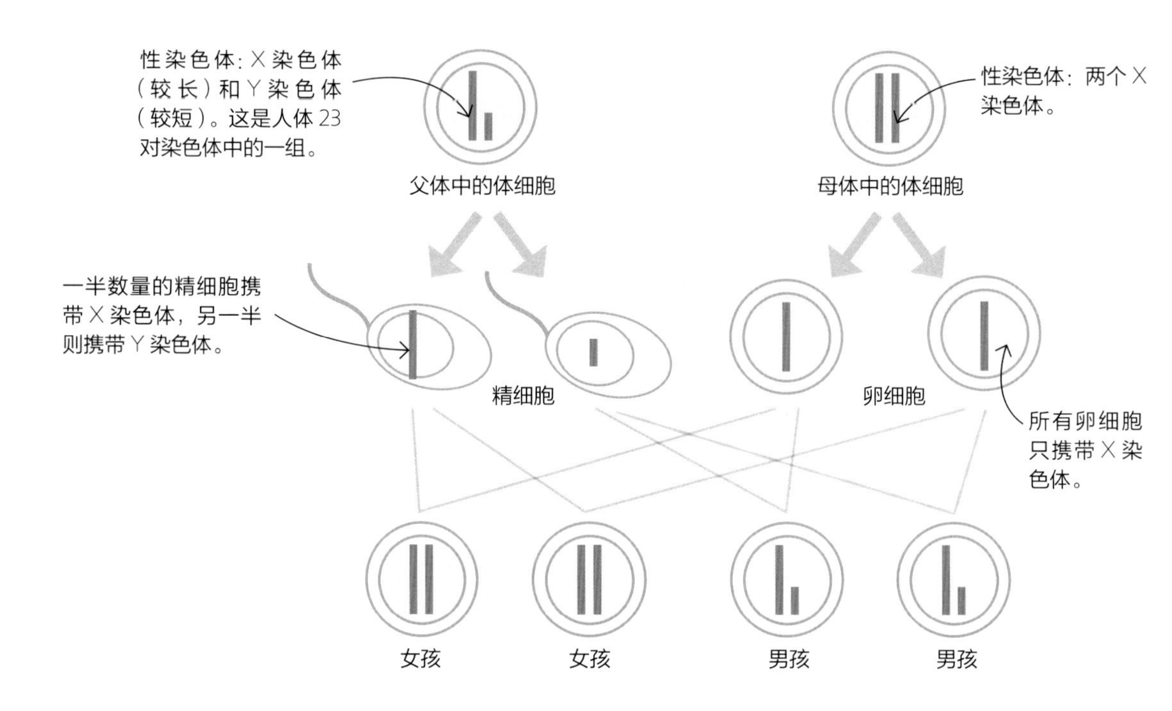
性染色体：X 染色体（较长）和 Y 染色体（较短）。这是人体 23 对染色体中的一组。
父体中的体细胞
性染色体：两个 X 染色体。
母体中的体细胞
一半数量的精细胞携带 X 染色体，另一半则携带 Y 染色体。
精细胞
卵细胞
所有卵细胞只携带 X 染色体。
女孩
女孩
男孩
男孩

↑ 来自父亲的精细胞一半携带 X 染色体，另一半携带 Y 染色体，所以后代为女性和男性的概率均为 50%。

染色体错误

细胞分裂后，如果染色体没能重新正确排列，便会导致遗传性疾病。研究染色体的核型能帮助我们发现和诊断这些疾病。现已知道，性器官在生成精子或卵子时，性细胞所包含的两个基因组必须分开，以确保性细胞只携带其中一组基因，也就是将染色体数量减半。对于人类来说，这意味着将原有的 23 对染色体拆开，每个精子或卵子只携带 23 条染色体。成对的染色体分开，各变成一组。

在染色体数量减半的过程中，偶尔也会发生错误。一对或多对染色体没有正常分开并进入了同一个精子或卵子中，导致一些精子或卵子带有多余的染色体，另一些精子或卵子则丢失了关键基因而死亡。不过，带有多余染色体的性细胞仍然可以受 / 授精。比如，唐氏综合征是由 21 号染色体导致的疾病。当携带着多余的 21 号染色体的卵细胞受精，长大后便会患有唐氏综合征，因为患者的细胞拥有三个 21 号染色体，换句话说，病人共有 47 条染色体（关于染色体缺陷，详细内容请参见第九章）。这些遗传疾病充分证明一点：正确的基因数量对于生物的健康发育非常重要。虽然对于生物来说，每个基因都至关重要，但如果多出来也会出现问题。

第三章

基因的功能

一个基因，一种蛋白质

基因通过控制细胞，进而控制整个人体，方法很巧妙。它先命令细胞制造某种特殊的蛋白质，细胞做什么则要听命于这些蛋白质。

在分子辛勤工作时，基因却并不特别努力。基因更像一间拥有大量信息的仓库，储存着构建和维护生命所需的信息。细胞内的基因好比微观世界的图书馆，藏有数千册包含生命信息的图书；其他部分则是勤劳的工人，它们对基因言听计从（其中有一类分子尤其重要，那就是蛋白质）。

毋庸置疑，蛋白质是身体健康成长不可或缺的物质。它们构建肌肉，让我们变得强壮，还是细胞或生物体内的主要劳动力——帮助物质进出细胞，乃至在全身循环。有些蛋白质还在人体消化食物、生成物质和释放能量等过程中发挥着至关重要的催化作用。实际上，可以毫不夸张地说，生命的每一个进程都与蛋白质息息相关。因此，蛋白质对遗传特征有着巨大的影响也就不足为奇。人体的蛋白质是按照“基因图书馆”里储藏的遗传信息制造的，所以也会继承遗传特征。为什么有些人的眼睛是棕色的？简而言之，是基因决定的；说得详细点，是因为人体中至少有8个决定眼睛颜色的基因，但其中的棕色基因（*OCA2*）占了上风，它制造出能够生成棕色色素的蛋白质。“一个基因，一种蛋白质”的原则是理解基因秘密的关键。

读取基因

活细胞会不断地读取基因信息。蛋白质卖力地工作，最

蛋白质在人体中工作最努力，细胞中的蛋白质要负责几千个任务。

终会消耗殆尽，因此机体需要不断地制造新的蛋白质，以旧换新。机体细胞的基因读取机制读取数千个基因信息，并根据基因的指示制造成千上万种蛋白质。我们说过，每个基因都负责编码一种特定的蛋白质。人体对各种蛋白质的需求不同，对有些蛋白质需求量更大，如血红蛋白。人体的红细胞中充满了名为血红蛋白的蛋白质，其他物质则很少。血红蛋白是令血液呈现红色的蛋白质，负责为人体输送氧气。每个红细胞可以存活三到四个月，然后被人体回收。实际上，随着红细胞的成熟，它们甚至会失去 DNA，以给更多的血红蛋白腾出地方。人体必须以惊人的速度替换红细胞及其血红蛋白。骨髓便以每小时 4 亿个的速度“生产”它们，内部负责生成血红蛋白的细胞需要加班加点地读取血红蛋白基因的信息。与此相比，那些用作人体激素的蛋白质，如胰岛素，制造量则较少——虽然人体只需要少量胰岛素来控制血

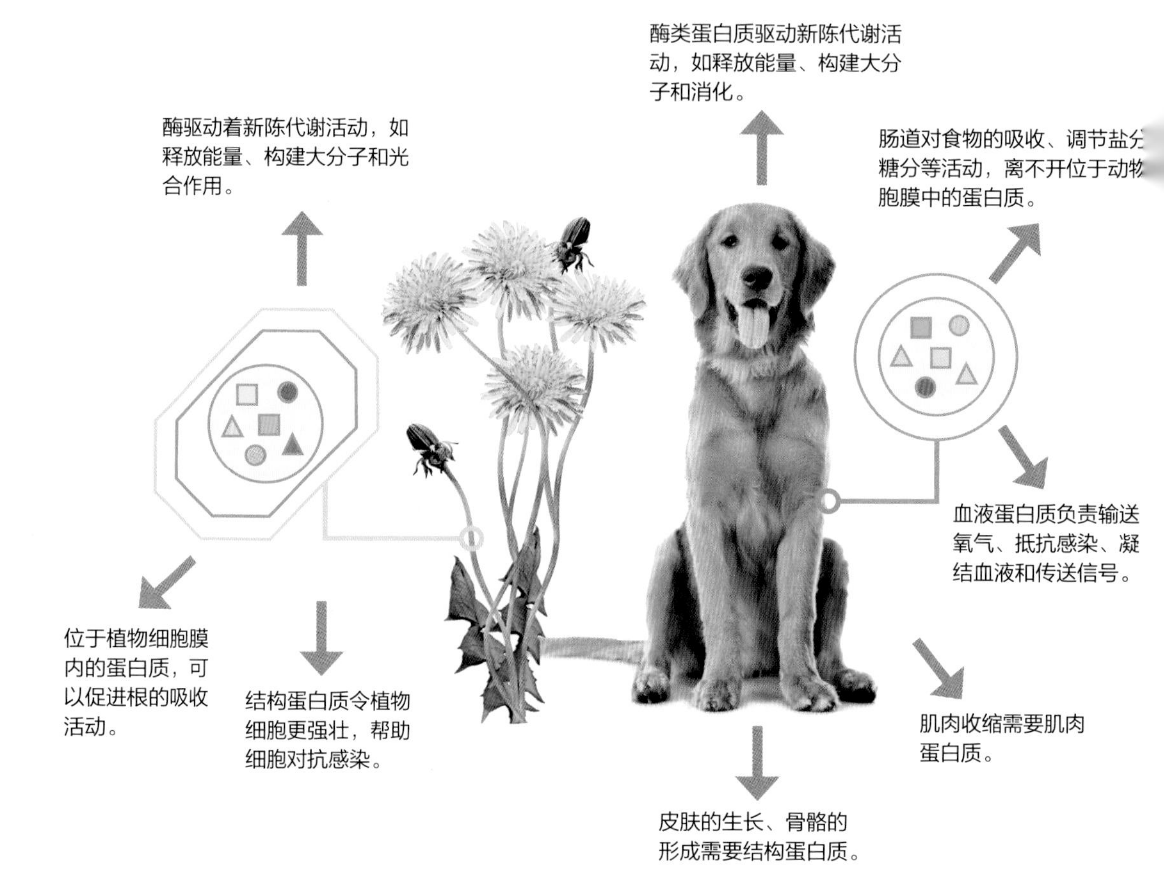

酶驱动着新陈代谢活动，如释放能量、构建大分子和光合作用。
位于植物细胞膜内的蛋白质，可以促进根的吸收活动。
结构蛋白质令植物细胞更强壮，帮助细胞对抗感染。
酶类蛋白质驱动新陈代谢活动，如释放能量、构建大分子和消化。
肠道对食物的吸收、调节盐分
糖分等活动，离不开位于动物
胞膜中的蛋白质。
血液蛋白质负责输送氧气、抵抗感染、凝结血液和传送信号。
肌肉收缩需要肌肉蛋白质。
皮肤的生长、骨骼的形成需要结构蛋白质。

↑ 生物体内制造数以千计的各种蛋白质以维持机体的运作，不同种类的生物拥有各自的蛋白质群。每种蛋白质都是依照特定基因携带的遗传信息制造出来的。

眼睛的颜色取决于虹膜外层黑色素的含量。蓝色眼睛的黑色素比棕色眼睛的少。黑色素的生成由几种基因决定，尤其是位于 15 号染色体上的两种基因。

糖，但这并不代表它不重要。

请特别记住一点，基因作为双螺旋上的 DNA 片段，对应的是双螺旋其中一侧链条上的遗传信息——碱基序列。在完整的双螺旋中，一侧链条上的碱基与另外一侧链条上的碱基互相结对；当基因被读取时，双螺旋必须分开。细胞每次不得不读取数千个基因信息，但它想方设法完成了任务；细胞成熟分裂时，必须暂时停止读取基因和制造蛋白质的工作。

基因和蛋白质如何影响遗传特征

提到遗传，我们首先会想到明显的遗传特征：比如，眼睛的颜色、血型或豌豆花的花色。大多数遗传特征其实并不显眼。人的身高与遗传有关，但并不明显，因为大多数人的身高基本在平均值左右，数值在一定范围内浮动。有些遗传特征虽然不太明显，却对生命至关重要。生物都拥有最基本的七种生命活动：营养、呼吸、排泄、感知、运动、生长和繁殖。每种生物必须继承能实现以上生命活动的方法。这些遗传肉眼不可见，却极为关键，因为这些活动是生命赖以存在的基础。

实现这些活动的关键就是辛勤工作的蛋白质，此外，还要归功于数百种——有时甚至是数千种蛋白质和谐融洽的共同合作。许多蛋白质被称为酶，这类蛋白质具有驱动化学反应的功能。

生命活动需要酶，生命活动的每个过程都需要不同种类的酶。仅呼吸功能一项就需要几十种不同的酶的帮助——它们分解糖和脂肪，为机体所有活动提供可用能量。所有这类蛋白质（酶）都需要根据细胞中基因的指令来制造。

不同的蛋白质掌管机体的不同部位

生物机体异常复杂，各个部位都有特定的任务。心脏负责泵血，血液负责输送养分、运走废物和传递化学信号。人的四肢与大脑看起来大相径庭，但每个人体细胞中都带有从原始受精卵复制而来的基因组。当精子与卵子结合，来自父母双方的基因混合，得到一组全新的基因。之后，随着受精卵分裂，一分为二，二个变四个，四个变八个，不断增殖，每一代细胞都复制了与受精卵相同的基因信息。但很显然，这些基因在机体不同部位发挥着不同的作用。例如，人体中含有细胞核的所有细胞都拥有血红蛋白基因，但只有红细胞会收到命令，奉命制造血红蛋白，其他部位的相应基因都保持沉默，按兵不动。

实际上，基因不会盲目地大量制造蛋白质，它会根据周围环境和接收到的信号作出反应。这种触发机制确保一些基因发挥作用的同时，让另一些基因保持沉默。这种机制对于

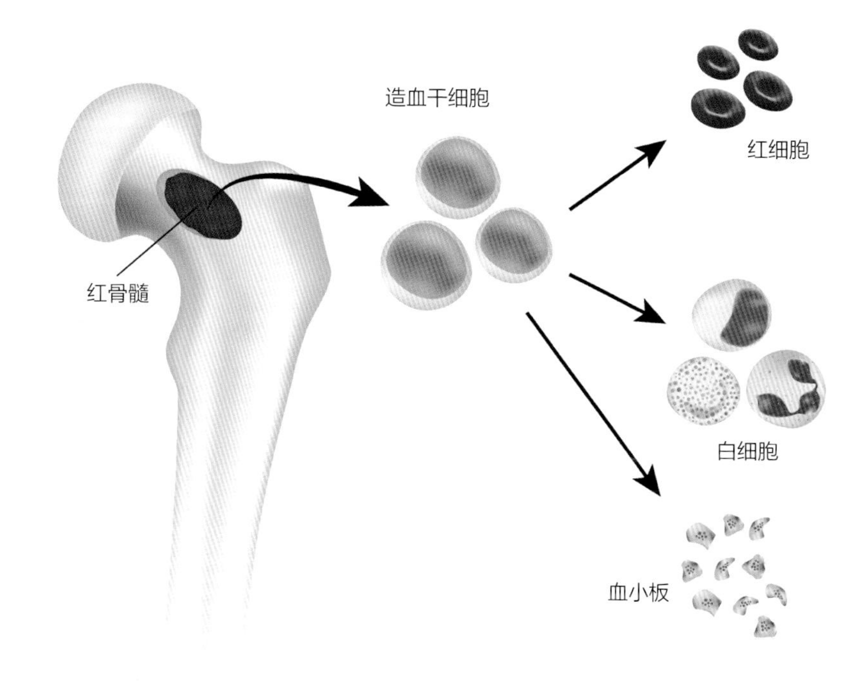

血细胞由骨髓中一种叫作造血干细胞的特殊细胞生成。由于编码蛋白质的基因激活方式不同，产生了几种不同类型的血细胞。红细胞会通过基因制造可以运输氧气的血红蛋白，白细胞则通过基因制造可以抗感染的蛋白质，比如抗体。

理解受精卵如何发育成拥有各种器官的人至关重要。实际上，受精卵刚开始分裂时，新细胞所包含的化学物质便已稍有不同，换句话说，有些细胞注定要生成皮肤，有些细胞则会发育成神经系统。

基因的发育

单个细胞（受精卵）如何发育成拥有各种器官的人？这个问题和遗传学本身一样，是生物学的伟大奥秘之一。人们已经发现了基因，知道它们由 DNA 组成，负责编码蛋白质，但仍然没人知道胚胎到底是如何发育的。最终，“基因-蛋白质”这一控制人体运作的系统为我们揭开了胚胎的秘密。

胚胎最基本的特征——头部和尾部——早在受精卵时期便已确定了。母亲体内制造的蛋白质（按照母体基因的命

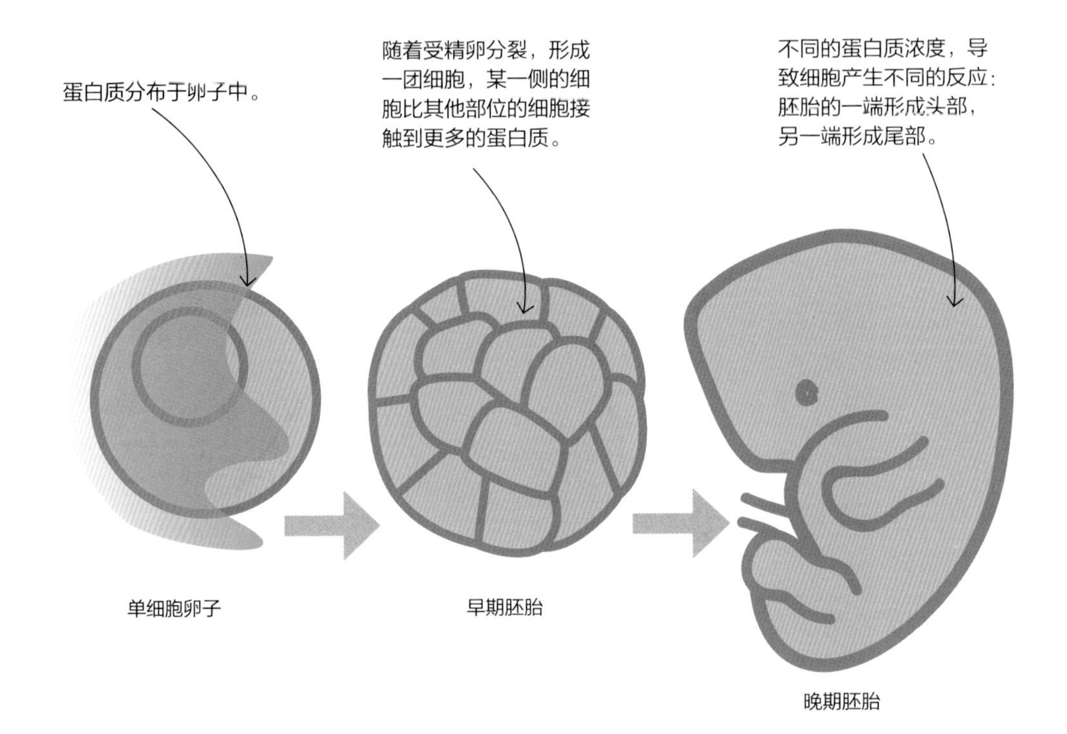
蛋白质分布于卵子中。
随着受精卵分裂，形成一团细胞，某一侧的细胞比其他部位的细胞接触到更多的蛋白质。
不同的蛋白质浓度，导致细胞产生不同的反应：胚胎的一端形成头部，另一端形成尾部。
单细胞卵子
早期胚胎
晚期胚胎

令制造）分布于卵子中，蛋白质的分布和浓度决定了胚胎的“前”和“后”。这看似简单，却从一开始便影响了卵子所携带的基因和由卵子形成的胚胎细胞。比如，一定浓度的蛋白质会激活“前作用”基因，形成胚胎头部，另外一种浓度的蛋白质会激活“反作用”基因，形成胚胎尾部。随着胚胎越长越大，越来越复杂，会受到更复杂的蛋白质模式的影响，从而激活某些部位的基因，形成皮肤或四肢，等等。

↑ 发育时，胚胎细胞都拥有相同的基因，但接到的母体蛋白质浓度不同，这确保了胚胎不部位的基因被各自激活，发育成各种器官。

蛋白质是如何工作的？

几千种基因生成几千种蛋白质。每种蛋白质都负责一项重要的工作，它们共同决定了生物的特征。

有一种蛋白质仅在植物体内生成，它也许是世界上数量最多的蛋白质，它从周围空气中吸收二氧化碳（CO_2），再通过其他酶将二氧化碳转化为糖。我们称这种蛋白质为RuBisCO（核酮糖二磷酸羧化酶）。世界上的RuBisCO远比动物体内所有血红蛋白的总和还要多，部分原因在于世界上有大量的绿叶——它们是光合作用这一令人赞叹的“食物制造”过程发生的地方。

RuBisCO所发挥的作用也令人叹为观止。将二氧化碳转化为糖非常困难，任何能让二氧化碳发生化学反应的方法都堪称奇迹。RuBisCO必须努力说服二氧化碳，让它与叶细胞内的食物制造系统结合，因此植物需要大量的RuBisCO。实际上，植物的光合作用是食物链的基础，支撑着所有生命，这意味着RuBisCO和制造它的基因可能是地球生命史上最重要的“基因-蛋白质”系统。

世界上大多数蛋白质都可以与RuBisCO归为一类：它们被统称为酶。酶是负责生物体内催化特定化学反应的蛋白质。换句话说，酶帮助物质进行化学反应。确实，如果没有这些催化剂，物质就不会进行反应。绝大多数酶都是生物维持生存所必需的，但并不是所有酶都需要像RuBisCO那样辛苦工作。

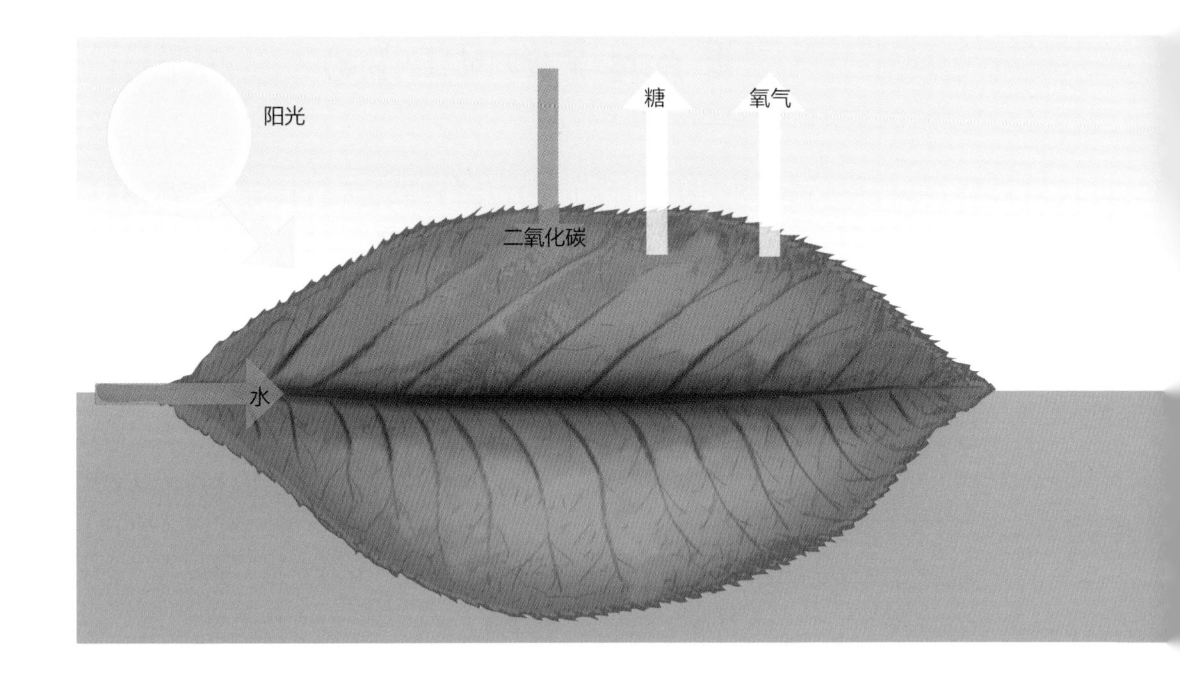

↑ 阳光为光合作用提供能量，将二氧化碳和水化为糖，同时释放出氧气。

酶的秘密

生命的维持涉及众多化学反应，它们被统称为新陈代谢。从最低等的细菌到动植物，所有生物体内都不断地进行着新陈代谢。将小分子合成大分子以促进人体的生长和修复，以及分解分子或物质转换等数不胜数的其他化学反应，都属于新陈代谢过程的一部分。这些反应基本上无法在体外进行，即便可以，也会因为速度太慢而用途尽失。酶却可以极为精确地促使分子以更高的速度——对于生命来说更为合适的速度——进行反应。每种新陈代谢都需要特定的酶进行催化。

酶分子的特殊之处是它们的形状和化学特性，这些都由基因决定。特殊形状使得酶可以锁定反应所需的反应物，就像锁和钥匙一样，确保正确的反应物相互结合。这种结合只

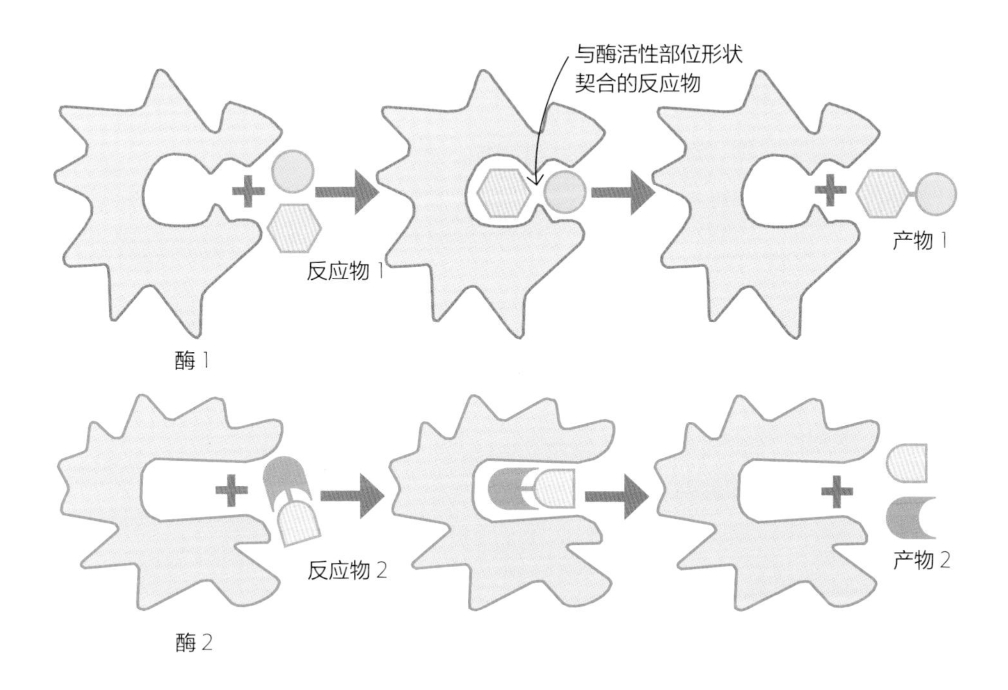

不同种类酶的形状不同，执行的任务也各不相同。特定形状的酶将特定形状的反应物纳入自己的活性部位，进行化学反应，得到新的产物。

是暂时的，却足以使酶将反应物结合在一起，引发化学反应。不同基因产生的酶，形状各异，以满足各种代谢的催化需求：例如，RuBisCO 只能催化光合作用，唾液中的酶只能加速淀粉分解和消化。

多任务

已知的蛋白质中有半数以上都是酶。那么，其余的蛋白质呢？实际上，其余的蛋白质也要根据自身的特殊配置去完成各自的工作：血红蛋白的形状适合容纳铁，铁则能够与氧结合；肌蛋白包括彼此连接、滑动的长纤维，使肌肉能够收缩；纤维角蛋白存在于皮肤、头发和指甲中。还有一些蛋白质你也不陌生，最起码熟悉名字，例如，抵御感染的“抗体”就是一种蛋白质，它可以与潜在的有害入侵者结合，从而消除危险。许多（并非全部）激素也是蛋白质。身体某些部位会产生激素，通过激素和其他部位进行交流。例如，当人体摄入高碳水化合物食物，导致体内糖分超标时，胰岛素就会与肝脏合作，促使肝细胞将多余糖分储存起来。

控制细胞周期

细胞在成熟后开始分裂。细胞分裂时，会将母细胞的基因复制给子细胞，为子细胞提供完整的遗传信息。机体的生长过程始终伴随着细胞分裂，这也是更新受损和死亡细胞的必要手段。有些细胞的分裂速度比其他细胞要快。制造血细胞的骨髓细胞会大量分裂；身体发育成熟后，许多大脑细胞却几乎不再分裂了。细菌是分裂速度最快的细胞之一，平均每 20 分钟分裂一次，大多数人体细胞每 24 小时才能分裂一次。

细胞周期循环的速度受多种因素影响，有些细胞的周期只受环境影响，如大多数细菌的分裂速度会随环境温度升高而加快。细胞分裂还对某些化学因素——如名叫“生长因子”的物质——极为敏感。生长因子可以触发细胞复制 DNA，进行分裂。从根本上讲，细胞拥有一套特殊的时间监控机制，以确保细胞的整个周期井然有序。

对多细胞生物来说，控制细胞周期特别重要，机体必须使各部位细胞的生长速度和数量保持平衡。一旦某部位细胞生长得太快，便可能侵入和覆盖其他部位——这便是癌性肿瘤。

蛋白质及编码蛋白质的基因与细胞周期的每个过程都密不可分。许多生长因子在机体中循环，与细胞结合，引发细胞分裂。它们都是蛋白质，细胞内还有其他蛋白质负责将这种触发指令传达到细胞深处。与此同时，还有一个特殊的蛋

↑ 大多数激素以特定的方式交流，其靶细胞的表面拥有特殊的受体，这些受体也是蛋白质。实际上，通过编码蛋白质，基因可以控制生物体的任何一个部位。

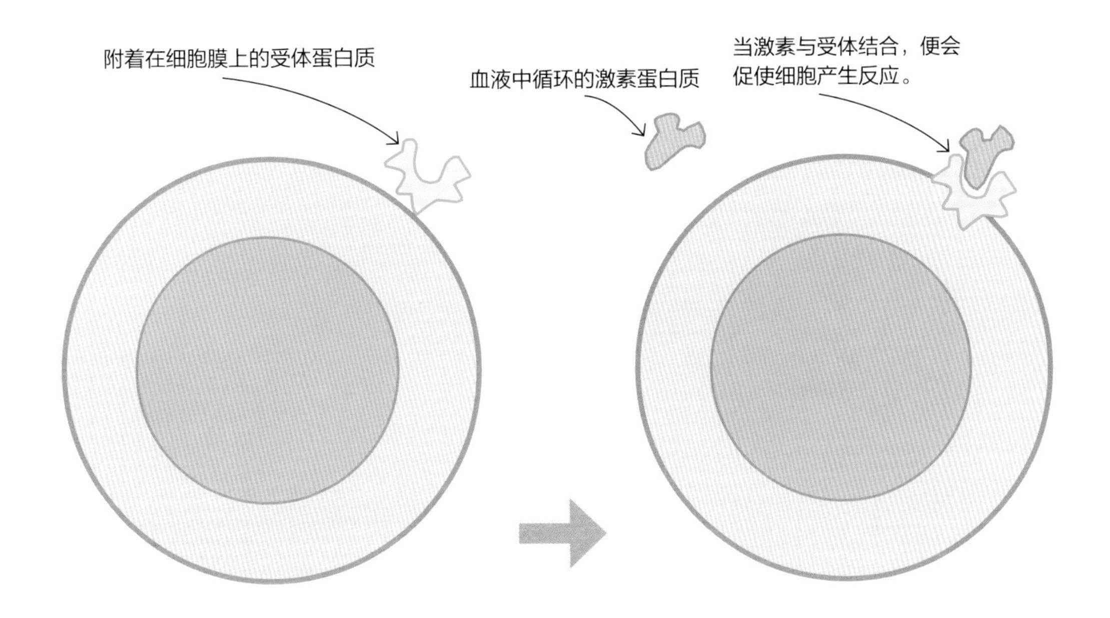
附着在细胞膜上的受体蛋白质
血液中循环的激素蛋白质
当激素与受体结合，便会
促使细胞产生反应。

机体的许多工作需要多种蛋白质的协同合作。激素是传递化学信号的信使，它在身体的某个部位生成却可以引发其他部位的反应。接收激素的受体会确保激素仅对目标细胞产生影响。

白质家族，名叫“细胞周期蛋白”，它们的数量会随着不同的细胞周期阶段上升和下降。当蛋白数量在细胞周期中达到峰值时，会刺激机体产生特定反应：复制 DNA，完成细胞分裂。细胞周期蛋白的作用是激活其他蛋白质，如一些催化重要化学反应的酶。有些基因和蛋白质甚至可触发细胞的自我销毁：这个过程被称为细胞凋亡。有些细胞必须牺牲自己，以保证机体正常发育。例如，胎儿手指或脚趾之间的蹼必须适时退化消失，形成分开的手指和脚趾。总体来说，从生长因子、触发因子、细胞周期蛋白到各种酶，控制细胞周期的蛋白质有数十种，每种蛋白质都是根据其编码基因制造出来的。

制造蛋白质的蛋白质

生物学的核心观点认为，信息传递是单向的，即信息只

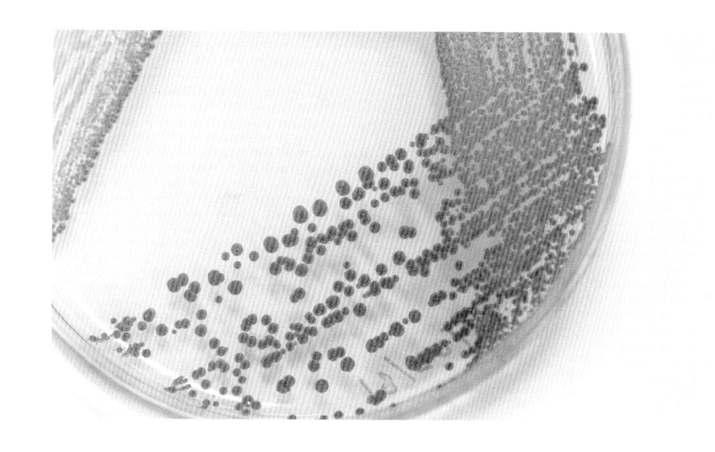

↑ 在理想环境中，如培养皿里，细菌会快速分裂，形成可见的菌群。

能从基因传递到蛋白质。换句话说，基因决定蛋白质的组成，而非相反。基因不仅与蛋白质有关，它和生物体的其他复杂分子一样，还需要与其他物质接触进行反应。当DNA在细胞分裂前自我复制时，需要一系列复杂的反应才可以生成复制品。“读取”基因、制造蛋白质则涉及更多的化学反应。这些过程必须通过另外一群酶进行催化。因此，在细胞质中，有些蛋白质会留在出生位置附近，为制造自己的同类提供帮助。

蛋白质为何如此多才多艺?

蛋白质之所以形状各异、大小不一，源于其构件的多样性。细胞制造一个蛋白质需要20种不同的构件，它们被称为氨基酸。细胞读取并翻译基因碱基序列中携带的信息，再根据得到的信息，将特定种类的氨基酸以正确顺序连接在一起，形成多肽链。实际上，这一过程是将基因碱基序列的“语言”翻译成蛋白质的氨基酸序列。这个过程非常高效，使得细胞根据一个基因每分钟可制造几百乃至数千个正确种类的多肽链。然而，这些多肽链此时还过于松散，需要先折

生长期

在此阶段，细胞根据需要制造包括蛋白质在内的各种材料。

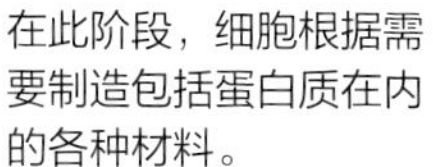

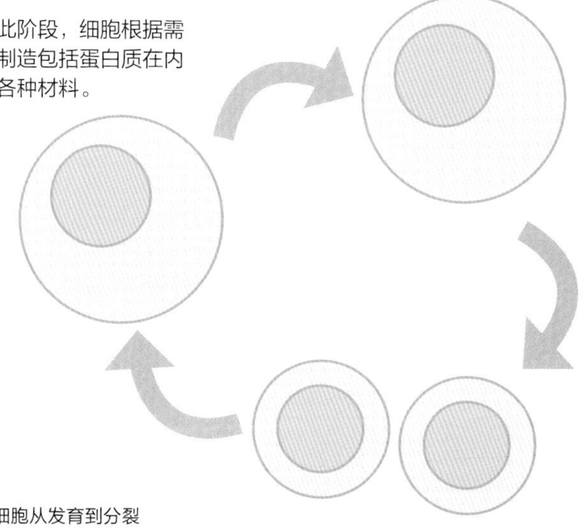

当细胞准备好进行分裂，会先复制自己所有的 DNA，从而拥有两组 DNA，并把每组 DNA 分别分配给子细胞。

分裂期

细胞一分为二。在生长期复制得到的两组基因，分别进入两个子细胞中。

↑ 细胞周期涵盖细胞从发育到分裂的整个过程。周期的每个阶段都受到一系列蛋白质的精确控制，确保组织以正确的速度生长。

→ 在复制过程中，每个基因要先经过读取，再开始复制。

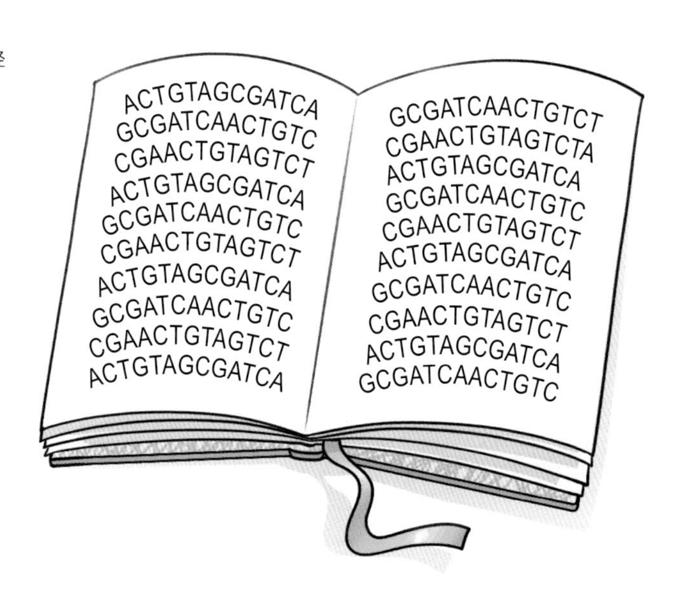

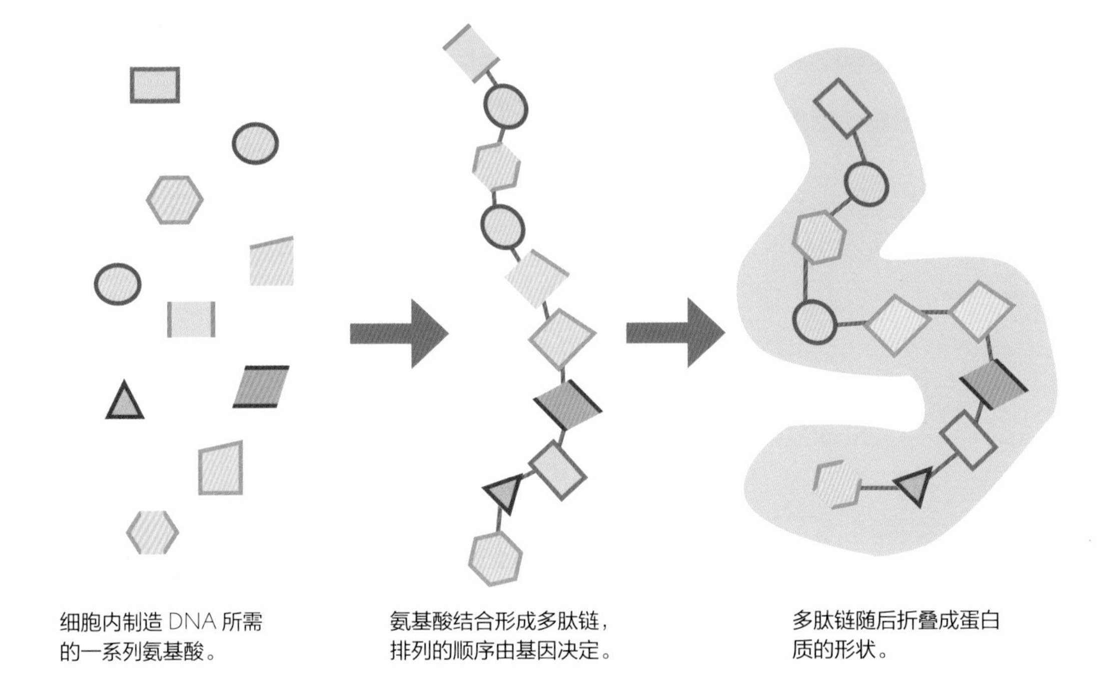
细胞内制造 DNA 所需的一系列氨基酸。

氨基酸结合形成多肽链，排列的顺序由基因决定。

多肽链随后折叠成蛋白质的形状。

↑ 蛋白质的种类不同，对应的氨基酸序列也同。多肽链上氨基酸的排列顺序决定了链的叠方式。每条多肽链都会折叠成独一无二形状。

叠成正确的形状，才能开始工作。

幸运的是，蛋白质的形状很容易确定，无须细胞做太多工作。一旦多肽链组装完毕，就必定会折叠成复杂的三维形状。在此过程中，细胞内的化学物质，包括其他蛋白质会提供帮助。总体来说，特定的氨基酸序列总以同样的方式折叠成同一形状。这是因为每种氨基酸构件都有独特的化学特性。例如，某些氨基酸携带正电荷，会受到携带负电荷氨基酸的吸引，或者与其他携带正电荷的氨基酸相互排斥。通过这种方式，基因的碱基序列不仅决定了形成蛋白质的氨基酸序列，还决定了蛋白质的最终形状、化学特性及其所负责的工作。

当基因出错

“基因–蛋白质”机制关系如此重大，所以基因会竭尽全力地保证它近乎完美地运行也就不足为奇了。然而，错误依然无法避免，一旦出错，有时结果可能微不足道，有时却会带来灭顶之灾。

基因携带的遗传信息不同，所以它们之间差别很大，制造出的蛋白质也随之迥然各异。例如，编码参与植物光合作用的酶的碱基序列便与消化道酶的大不相同。但个别基因，比如位于染色体 DNA 分子特定位置（基因座）的单个基因，也可能发生微妙的变化。这种基因变化也许仅有几个碱基不同，我们称其为等位基因，它们是导致生物种群产生变异的自然基础。它们因 DNA 复制错误随机出现，被称为突变。人类的肤色之所以不同，就是因为编码色素的基因的等位基因变异所导致。

基因的碱基序列一旦发生改变，即使变化极其微小，也会影响基因的编码信息，导致编码出的蛋白质的氨基酸序列发生变化，进而改变蛋白质的形状。蛋白质形状与蛋白质功能密切相关，因此基因变化很可能会破坏蛋白质的功能，甚至导致蛋白质无法协同工作。实际上，蛋白质的新形状也有可能起到正面作用，甚至完成一些不同以往的工作，但这种好事比较少见。例如，基因可以生成一种名为酪氨酸酶的酶，这种酶负责促进黑色素生成；很多动物体内都有黑色素，但如果该基因的等位基因发生变异，便会抑制酶的工作，导致动物体内缺乏黑色素，出现白化病。有些蛋白质的功能失常对个体的影响微乎其微，甚至说毫无影响，但有些蛋白质对个体非常重要，比如产生能量的酶。不过细胞拥有基因核查机制，一般能够防止有害蛋白质扩散，阻止有害蛋白质的生成，或者让它们自我销毁。

尽管细胞的基因核查机制可以纠正或消除大多数编码错误的蛋白质，但仍然会有一小部分漏网之鱼，它们会对机体产生严重影响，甚至被视为疾病。这些侥幸存活下来的碱基序列错误会给生物造成严重破坏。

血液病

名为“血红蛋白”的蛋白质使血液呈现红颜色。血红蛋白分子包含四个蛋白质链，共两种蛋白质，因此需要两种基因来制造它们。每个蛋白质链都能抓住一个 Fe^{2+}（二价

↓ 两只患有白化病的幼狮。基因变异导致它们无法合成黑色素，皮毛呈白色。

红细胞从吸入肺部的空气中收集氧气。与此同时，释放无用的二氧化碳，通过呼吸将二氧化碳排出体外。

铁离子），正是靠着这些 Fe^{2+}，血红蛋白才能将氧气输往全身——它们从吸入肺部的空气中收集氧气，再将氧气输送给整个身体。

细胞需要氧气进行呼吸，利用氧气来分解养分、释放能量。红细胞内的血红蛋白需要保持正确的形状，才能正常完成任务。一条蛋白质链中只要有一个氨基酸出错，就会打破平衡。这种变化导致了镰状细胞性贫血等疾病。蛋白质链上第 6 个氨基酸本该是谷氨酸，如果变成缬氨酸，就会改变血红蛋白原本完美的形状，使人体的血红细胞呈镰刀状。这些镰刀状的细胞会阻塞血管，引发关节疼痛，甚至导致中风。

基因的另外一个错误会导致血液无法凝结。这种疾病情况更加复杂，涉及整个蛋白质家族。血液的凝结要归功于一种化学反应——将纤维蛋白原转变成纤维蛋白质。纤维蛋白原溶解于血浆中，可以自由流动。纤维蛋白质则由结合紧密的固体纤维构成，可以阻隔血细胞，形成血块。但是，当血液暴露在空气中时，还会有许多其他种类的蛋白质，包括许多酶，参与和控制这一转换过程。其中任何一种蛋白质都有

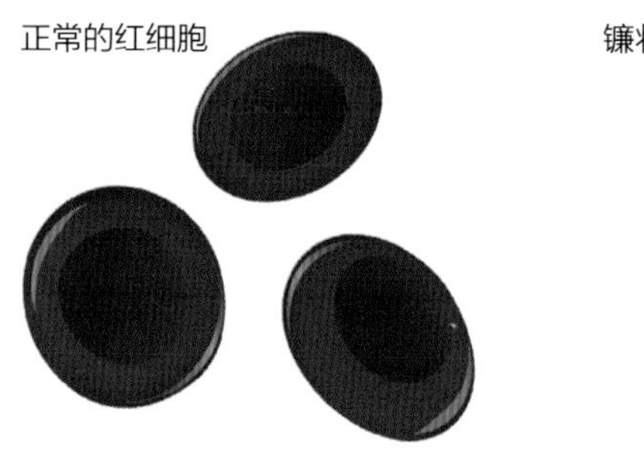

← 血红蛋白基因的碱基序列的细微变化，如
腺嘌呤取代胸腺嘧啶，会导致蛋白质链中
现错误的氨基酸，进而导致镰状细胞贫血
病。出错的蛋白质链在血红蛋白分子中以
误的方式折叠，聚集在红细胞内部，使红
胞呈镰刀状。

可能出现异常，导致出血性疾病——血友病。最常见的为血友病 A 和血友病 B，它们分别由编码凝血因子 VIII 和 IX 的基因错误导致。

细胞膜紊乱

人体细胞外都包裹着一层薄膜——细胞膜，它含有大量且种类繁多的蛋白质。有些蛋白质起到触发作用，或者像开关，促使细胞根据周围的化学信号产生反应；另外的

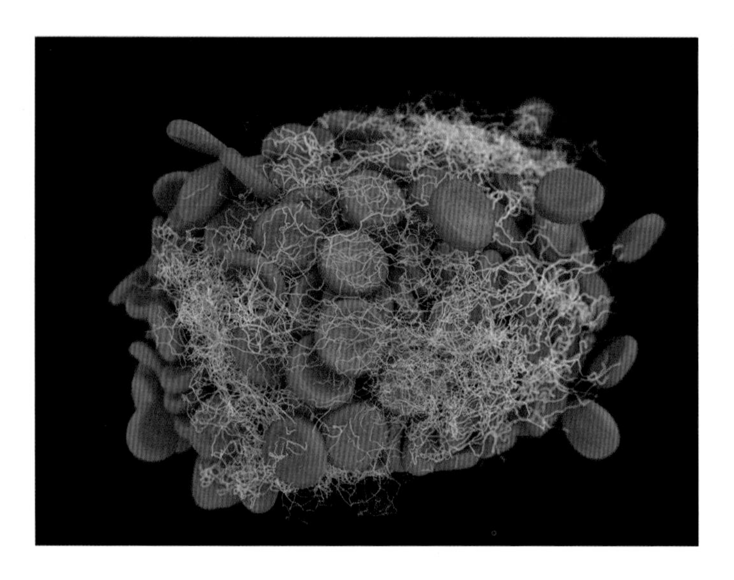

← 在凝结的血块中，网状蛋白质纤维会包住血
胞。此过程如果出现问题，便会导致血友病。

蛋白质则像泵一样输送物质进出细胞，或者说像门道或大门一样，让其他物质通过。这些数量繁多的“门”控制着细胞内重要物质的含量。

在许多内脏器官——如肺和消化系统——的细胞膜中，有一种起到“大门”作用的通道蛋白：它允许盐分流出细胞——通常会流到布满黏液的内膜上。盐分流向何处，水都会随之而至，这个过程叫作渗透（将手长时间浸泡在水中，会出现类似效果。皮肤的盐分流入水中，让指尖看起来皱巴巴的）。水与内膜的黏液混合，让黏液变稀，可以流动。

如果通道蛋白（总共有 1480 个氨基酸）丢失了一个氨基酸，便会导致一种叫作囊性纤维病的疾病。这意味着蛋白质折叠成错误的形状，甚至无法抵达细胞膜，导致盐和水分无法流出细胞，黏液因而变得黏稠，从而堵塞气管，或者阻塞肠道。

显微镜下健康的肺细胞。

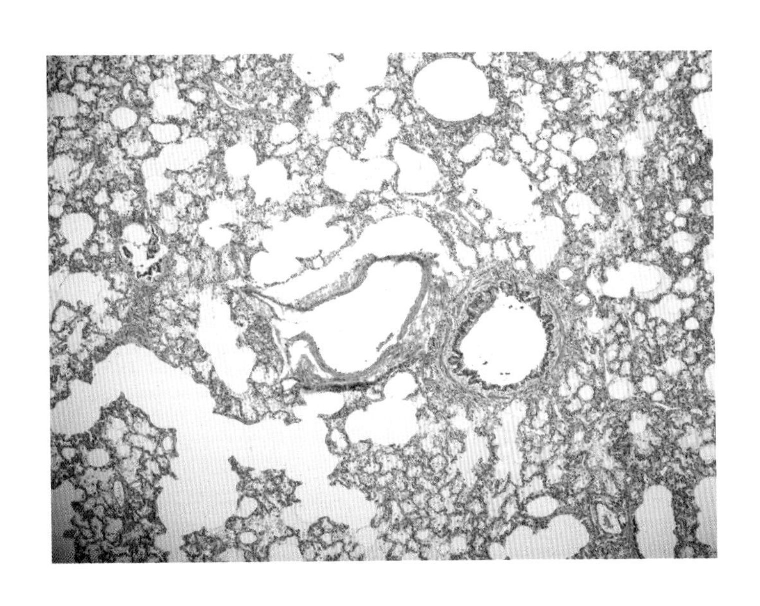

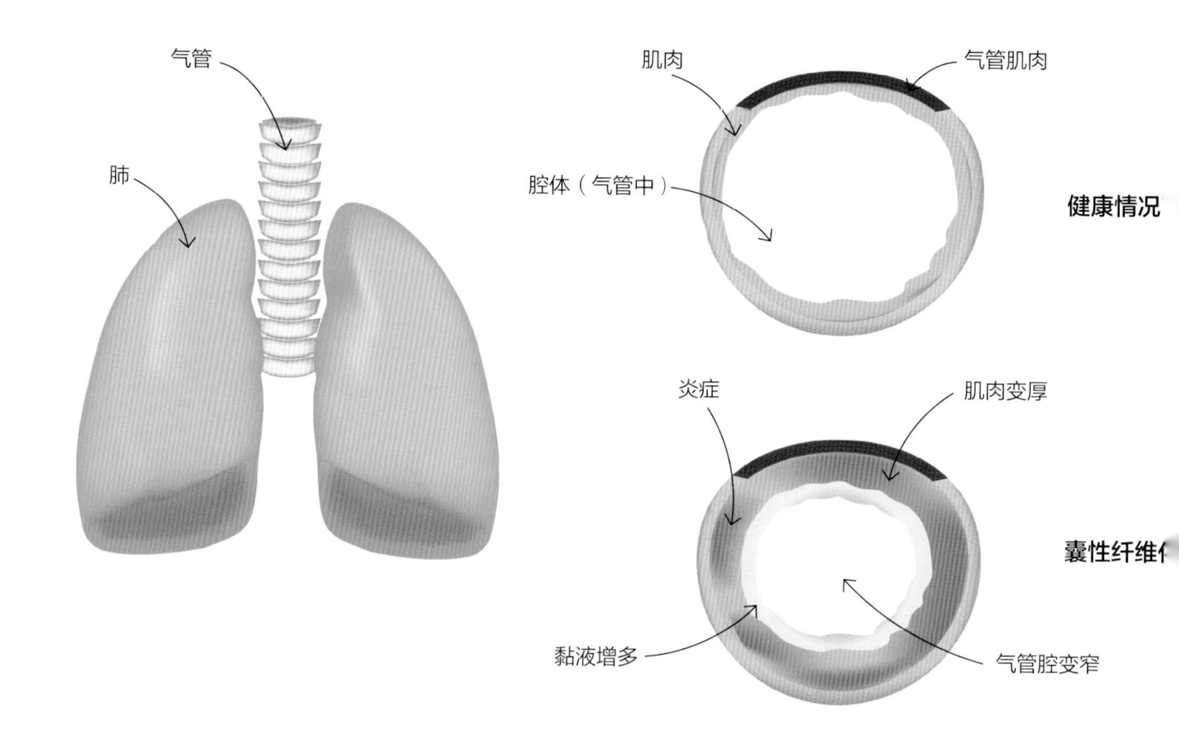

肌肉失调和神经紊乱

编码抗肌萎缩蛋白的基因是目前已知的最大的人类基因之一，含 3685 个氨基酸。抗肌萎缩蛋白包裹着肌细胞，对纵向堆叠在狭长细胞内部的特殊纤维起到锚定作用，以实现肌肉收缩；它的氨基酸链呈圆环状并盘绕成弹簧状，成为肌肉的减震器。但抗肌萎缩蛋白基因在复制时，有可能会出现一些错误，导致一系列被称为肌营养不良的进行性肌肉萎缩疾病。

有时，即使我们锁定了导致疾病的基因，却依然不清楚这种基因所编码的蛋白质的具体功能。例如，有种基因负责编码一种巨大的蛋白质——亨廷顿蛋白（拥有 3144 个氨基

↑ 囊性纤维病患者 DNA 的碱基缺失，意味着细胞膜内起到调节作用的通道蛋白丢失了一个氨基酸。缺少这个氨基酸会导致蛋白质形状错误，无法排出含盐的水分，导致内膜上出现一层黏液。

酸），健康的脑细胞在工作时会用到这种蛋白质。科学家虽然知道亨廷顿蛋白非常重要，但不清楚其具体作用。它可能控制着发送信号和运输等功能，似乎还可以保护脑细胞免受机体自我毁灭程序（细胞凋亡）的伤害，对身体其他部位的发育也非常重要。如果亨廷顿蛋白出现问题，人就会患上亨廷顿病，出现进行性脑细胞死亡的症状。

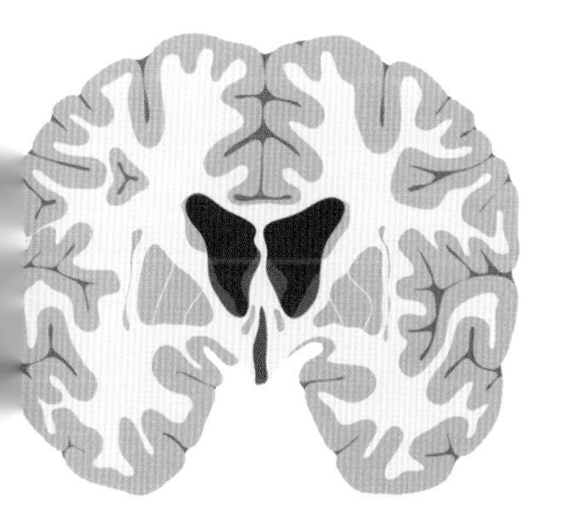

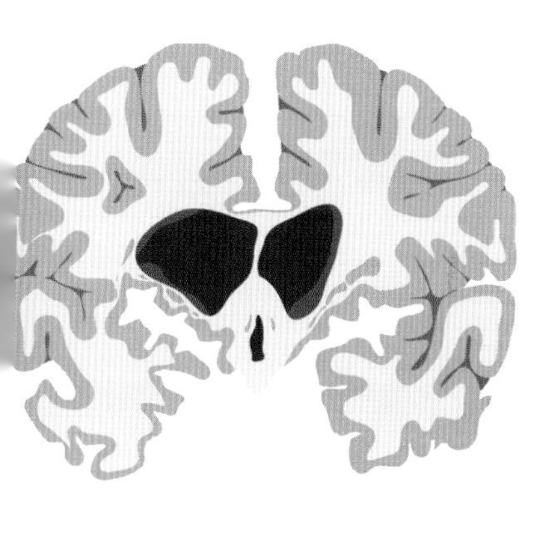

与正常大脑（上）相比，亨廷顿病患者的大脑（下）显示了脑细胞是如何侵蚀并扩大脑室的，这是重要的脑蛋白——亨廷顿蛋白的基因发生变异导致的疾病。

当细胞周期出错：癌症

细胞周期需要众多不同种类的蛋白质协同控制，一旦某种蛋白质出现功能异常，将导致非常复杂的情况，往往出现灾难性的结果——癌症。一旦细胞的自然生长和分裂遭到破坏，便会导致细胞快速生长和扩散，侵入正常生长或者生长速度相对较慢的身体其他部位。根据受影响的基因及其编码的蛋白质的种类，还有受害部位的不同，仅人类自身就有100多种不同类型的癌症。

参与控制细胞周期，但具有致癌可能的基因被称为原癌基因（研究癌症的学科被称为肿瘤学）。基因在碱基序列出错后，可能会变成致癌基因。拥有这种基因的细胞，分裂极具侵略性，这种细胞分裂增殖形成的组织被称为肿瘤。通常来说，当本不该分裂的细胞受到触发，开始分裂，就会导致癌症。比如，当控制细胞程序性死亡（细胞凋亡）、保证细胞正常生长的蛋白质功能失调，细胞的分裂就会失控。

遗传性疾病的治疗

如果机体发育过程中出现了遗传错误，只有那些在错误出现后产生的细胞会受影响。如果患上癌症，就意味着人体数十亿的细胞中出现了癌基因并发育成了肿瘤。只要抢在癌症大范围扩散之前锁定它，至少从理论上讲，我们就可以移除肿瘤及患病细胞。

但许多遗传性疾病来自父母，是先天性的，出生时就已存在。原始受精卵中已存在基因错误，因此，从受精卵产生的体细胞都会携带基因错误。这类基因错误无法消除，且携带错误基因的细胞会遍布全身。以前，针对这类遗传性疾病只能采取保守治疗：尽可能缓解症状，改善生活质量。但现代遗传科学的发展提供了更多的可能：如今，科学家已经能够改变细胞的遗传结构，例如，将正常工作的基因注入细胞，取代有缺陷的基因。将健康的基因当作药物进行治疗，这种方法被称为靶向基因疗法。这已超越了前人的想象，并拥有无限可能。本书第十二章将进行更详细的探讨。

↓ 通常来说，当控制细胞周期的基因发生错误，便会导致癌症。癌症令人体产生大量细胞核大的细胞。由于丧失了特定功能，这些细胞失控，侵袭邻近的身体组织。

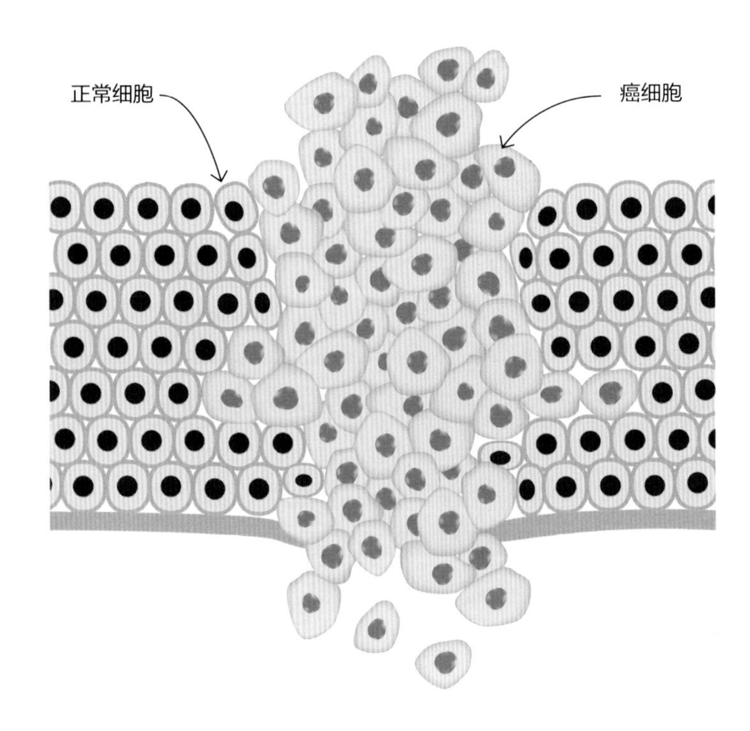

第四章

遗传密码

生命密码

生命根据遗传密码构建而成，每个细胞中都储存着这样的遗传密码。尽管每个物种的遗传密码各不相同，密码的本质却是相同的。

密码是将信息从某种形式转换为另一种形式的一组规则。莫尔斯密码将一串“嘀”和“哒”转换为我们能够明白的正常语言。例如，“嘀嘀嘀、哒哒哒、嘀嘀嘀”的意思就是“SOS”（呼救信号）。

同理，支配着所有地球生命的遗传密码也是如此，但它使用的“语言”是构成 DNA 的碱基序列。细胞读取基因碱基序列中储存的指令，利用遗传密码将其转换为蛋白质的氨基酸序列。蛋白质开始组装，意味着基因早已确定了蛋白质链折叠的特殊形状，同时也确定了蛋白质所负责的特定任务，这些任务会影响遗传特征。由于基因世代相传，相同的特征也会一代一代遗传下去。

在过去 70 年里，科学家有了一项了不起的发现，他们发现从细菌、桦木到大黄蜂，从人类到防风草，所有生物的遗传密码几乎完全相同。尽管遗传密码传递的特定消息有很大区别，代码本身却一模一样。也就是说，无论微生物、植物还是动物，特定 DNA 碱基序列都将被“翻译”成相应的氨基酸序列，这是一个令人震惊的事实。难以想象所有物种可能独立地产生一套完全相同的复杂系统。科学家由此也得出结论：所有生命必定是从数十亿年前的共同祖先进化而来，因而才继承了相同的遗传密码。

→ 莫尔斯密码仅有两种代码（嘀和哒），遗传密码则是四个碱基。

破解遗传密码

从某种程度上来说，要想搞清楚遗传密码，相当于做逻辑思考练习题。DNA 拥有四种碱基（腺嘌呤、鸟嘌呤、胸腺嘧啶和胞嘧啶），蛋白质则有 20 种氨基酸。也就是说，碱基与氨基酸并非一一对应的关系：碱基数量不足，氨基酸则数量过多。因此，科学家推测每个氨基酸应该是由多个碱基组合而成。但如果将碱基两两组合，数量仍然不够（此时，碱基只有 4×4=16 种可能的组合：AA、AG、AT、AC 等）；如果三个碱基一组（三联体），便能得到足够多的组合：也就是 4×4×4=64 种可能：AAA、AAG、AAT、AAC 等。事实证明，三联体碱基的假设是正确的。地球上所有生物都是三个碱基为一组，编码生成特定的氨基酸，从而将 DNA 碱基序列“翻译”成蛋白质。因为三个一组的碱基组合有 64 种可能性，但只有 20 个氨基酸，由此可以推断，某些氨基酸可能是由多个三联体碱基编码的。例如，由两个三联体碱基——AAA 和 AAG——编码的氨基酸被称为苯丙氨酸，而任何以 AG 开头的三联体碱基（AGA、AGT、AGG 和 AGC）编码的氨基酸则被称为丝氨酸。

细胞在读取遗传密码时，始终以同一方向顺序读取，双螺旋上的特殊标记能够告诉细胞，密码从哪里开始，到哪里结束。三联体碱基组合之间没有类似于标点的间隔。如果将基因碱基序列打印出来，看起来像是连在一起的一串字母（A、G、T 或 C），字母之间没有空格，也没有逗号或句号，以只有基因才看得懂的顺序排列。

↓ 蛋白质的氨基酸由三联体碱基编码。因为三体碱基的组合数量是氨基酸数量的三倍以上所以有些氨基酸可能由多个三联体碱基共同码。例如，三联体碱基 CGC 和 CGA 共同码一个氨基酸——丙氨酸。

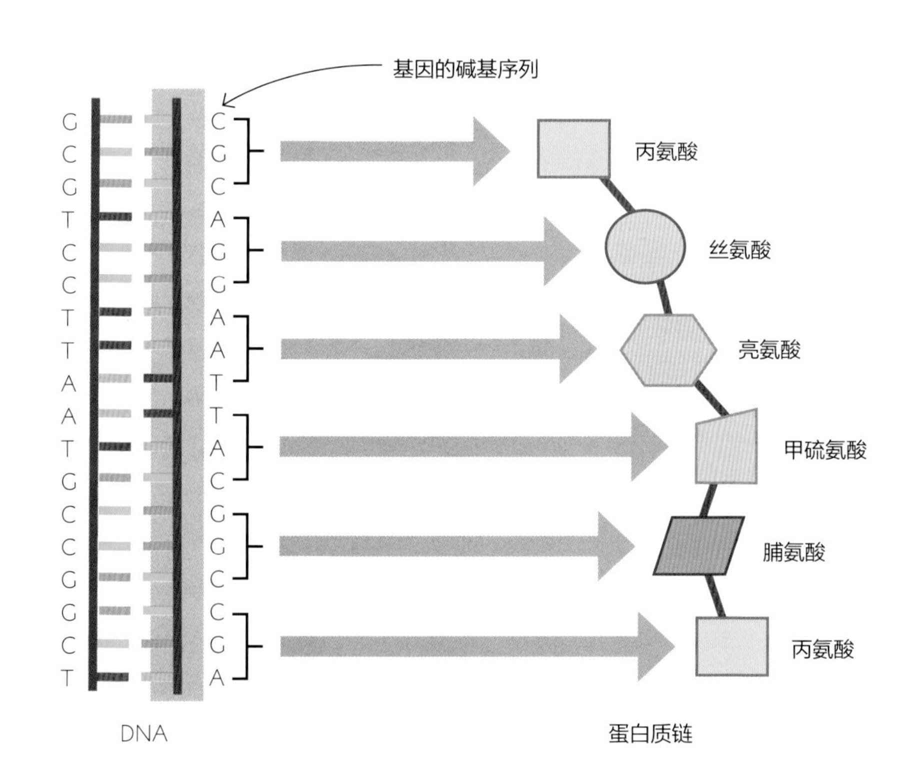

如何制造蛋白质

工作、成长中的细胞会不断地读取和再读取基因代码，根据得到的指令将制造蛋白质的材料——氨基酸——按照正确顺序搭建起来，制造所需的蛋白质。

细胞制造蛋白质，需要先后完成两个完全不同的步骤。首先，细胞必须以某种方式“读取”基因密码，然后，根据基因的碱基序列，以正确顺序连接正确的氨基酸，制造出所需的蛋白质。细胞虽然微小，却拥有完善的机制以完成这两项任务。但细胞要先解决一个问题：基因和制造蛋白质的微型工厂分别位于两个地方，并不在一起。

所有细胞的DNA以及DNA携带的基因，都聚集在细胞的控制中心里。拿最简单的生物——细菌来说，细菌的控制中心仅仅是细胞质中的一整套DNA；对于更复杂的生物，包括所有动植物来说，DNA则独处一室，位于被称为细胞核的特殊隔离房间中。细胞外都有一层膜，细胞核外也包裹着一层膜。换句话说，细胞核就好比细胞中的细胞。那么，制造蛋白质的“设备”在哪儿呢？所有细胞，无论细菌还是人体细胞都有一种被称为核糖体的特殊颗粒。核糖体始终存在于DNA周围的细胞质中，对于复杂的细胞来说，核糖体总是位于细胞核之外。核糖体虽然极其微小，在最强大的光学显微镜下也几乎不可见，可合成蛋白质的一切工作都在它的掌控之中：它们将氨基酸和结合氨基酸所需的酶催化剂聚在一起。核糖体可制造任意种类的蛋白质，但还需要另外一种最关键的东西：位于细胞控制中心基因中的碱基序列。

信息转录

尽管细胞的DNA控制中心——细胞核与核糖体的工作车间相距不远，细胞却不得不采取特殊的信息读取机制。你可以将控制中心想象为图书馆，每个基因就是一本书——制造特定蛋白质的说明手册（更准确地来说，应该像沿着DNA双螺旋互相连接的基因一样，所有书也连在一起）。作为图书概不外借的图书馆，你可以在此查阅每本书籍，甚至可以抄写，但不能拿走。图书馆虽然离核糖体车间近在咫尺，你也无法把书带到车间去。

细胞为此想了一个有效的解决方法——复制。每当需要一个基因时，就将包含这个基因的DNA双螺旋解开，露出双螺旋上排列的碱基序列（碱基序列相当于书中一系列的人物角色）。现在，细胞"复制"了基因。实际上，细胞并非照原样复制，而是采用DNA"语言"的变体，对基因进行转录，形成与复制DNA基因碱基序列互补的核酸链。我们将转录得到的这一条略有不同的核酸链称为RNA（核糖核酸）。它与DNA形成的方式相同，都由细胞内的核酸（核苷酸）连接而成。每个核苷酸携带着特定的碱基，按照基因碱基序列的信息合成。这些碱基与所复制基因的碱基并不完全相同，但只要它们是互补关系，就可以传递特定信息。比如，一段"GCCGT"的基因会转录为一段"CGGCA"RNA链。合成RNA的碱基种类与DNA相同，只是合成RNA的是U（尿嘧啶），而非T（胸腺嘧啶）。然后，RNA移动至核糖体，在这里，每个小车间都会依照RNA所携带的指令开始工作。

遗传信息的编辑

基因旁边刚刚生成的RNA尚无法制造蛋白质。在将转

→ DNA 仅有四种碱基，却可以组合成极为复杂的制造蛋白质的指令。

录信息送到核糖体之前，要先对信息进行编辑，在此过程中可能会添加或删去某些核苷酸。首先，需要给 RNA 信息的头上戴上一顶“帽子”。这顶帽子就好像一个标签，核糖体看到这顶帽子，就会和 RNA 一起开始制造蛋白质。接下来，要在消息末尾添加一个“尾巴”，让它在前往核糖体的路上免受酶的破坏。最后，在信息被读取之前，还必须去掉基因中的“无用”部分——即内含子。所有复杂细胞（包括动植物的基因）的基因中都有内含子，细菌中则没有。这些“无用”部分可能只是起到监管作用，以确保在正确位置、正确时间将基因复制给 RNA，但它们的碱基序列不能制造蛋白质，所以必须删除。

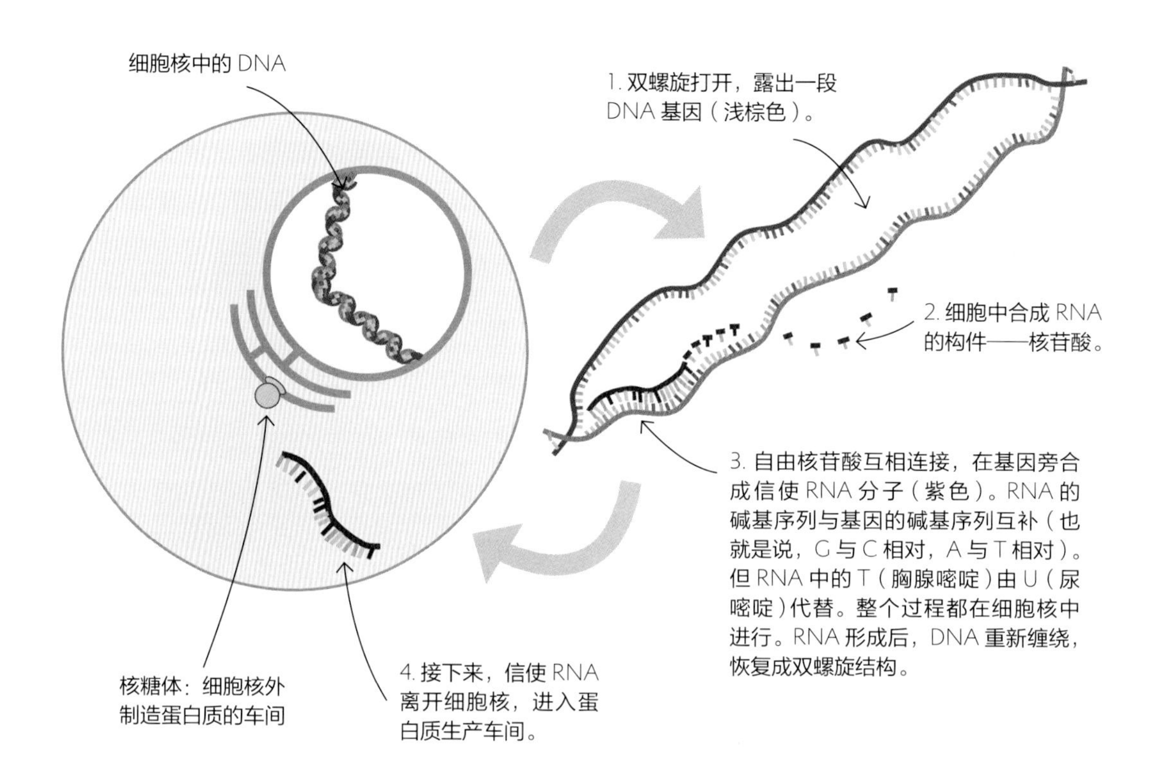
细胞核中的 DNA
1. 双螺旋打开，露出一段
DNA 基因（浅棕色）。
2. 细胞中合成 RNA
的构件——核苷酸。
3. 自由核苷酸互相连接，在基因旁合
成信使 RNA 分子（紫色）。RNA 的
碱基序列与基因的碱基序列互补（也
就是说，G 与 C 相对，A 与 T 相对）。
但 RNA 中的 T（胸腺嘧啶）由 U（尿
嘧啶）代替。整个过程都在细胞核中
进行。RNA 形成后，DNA 重新缠绕，
恢复成双螺旋结构。
核糖体：细胞核外
制造蛋白质的车间
4. 接下来，信使 RNA
离开细胞核，进入蛋
白质生产车间。

↑ 每当细胞核中的基因被“读取”时，读取的信息首先要转录成另外一种核苷酸链——RNA 上的碱基序列。随后，这条 RNA 会离开细胞核，进入位于细胞质中的蛋白质生产车间。

蛋白质生产车间

核糖体是微观世界中的“多面小能手”。它不仅可以“读取”RNA转录的遗传信息，还能够以正确顺序连接氨基酸。所有这些工作都是由一群没有生命的复杂分子共同实现的。

每个RNA可能包含数千个碱基，其确切长度取决于控制中心被复制的基因的大小。一旦RNA抵达核糖体车间，核糖体就会抓住RNA的一端，展开RNA，然后像用放大镜观瞧小字那样，开始读取消息。必须按照正确方向读取碱基序列，才能得到正确信息。和原始基因一样，核糖体会根据特殊标签从正确一端开始读取。遗传密码决定着该如何将三联体碱基翻译成特定氨基酸，这正是核糖体接下来要做的工作。

每一个蛋白质的合成都是一件费力气的工作，不但要将氨基酸精确地连接起来，还需要能量。氨基酸无法和三联体碱基直接接触。

二者的结合需要借助特殊的传输工具。这些工具同样由RNA组成，它们数量众多，生活在细胞里，每个工具都对应着一种特定的结合。当核糖体到达信息上方，便会读取两组三联体碱基。换句话说，每次都需要两个转移工具来移动两个氨基酸。然后，在核糖体转移到下一组三联体碱基之前，由酶将两个氨基酸粘在一起。在转移工具的帮助下，核糖体按顺序读取碱基序列，并按同样的顺序同步组装氨基酸链。当核糖体碰到三组特定的三联体碱基（UAA、UAG或UGA）中的任何一个时，氨基酸链就会断开，折叠成特殊形状，形成准备开始执行任务的蛋白质。

细胞合成蛋白质极其高效，在处理一个RNA时，多个核糖体会同时工作。有时，核糖体会排成长长的一排，一个接一个沿RNA移动，合成同一种蛋白质。

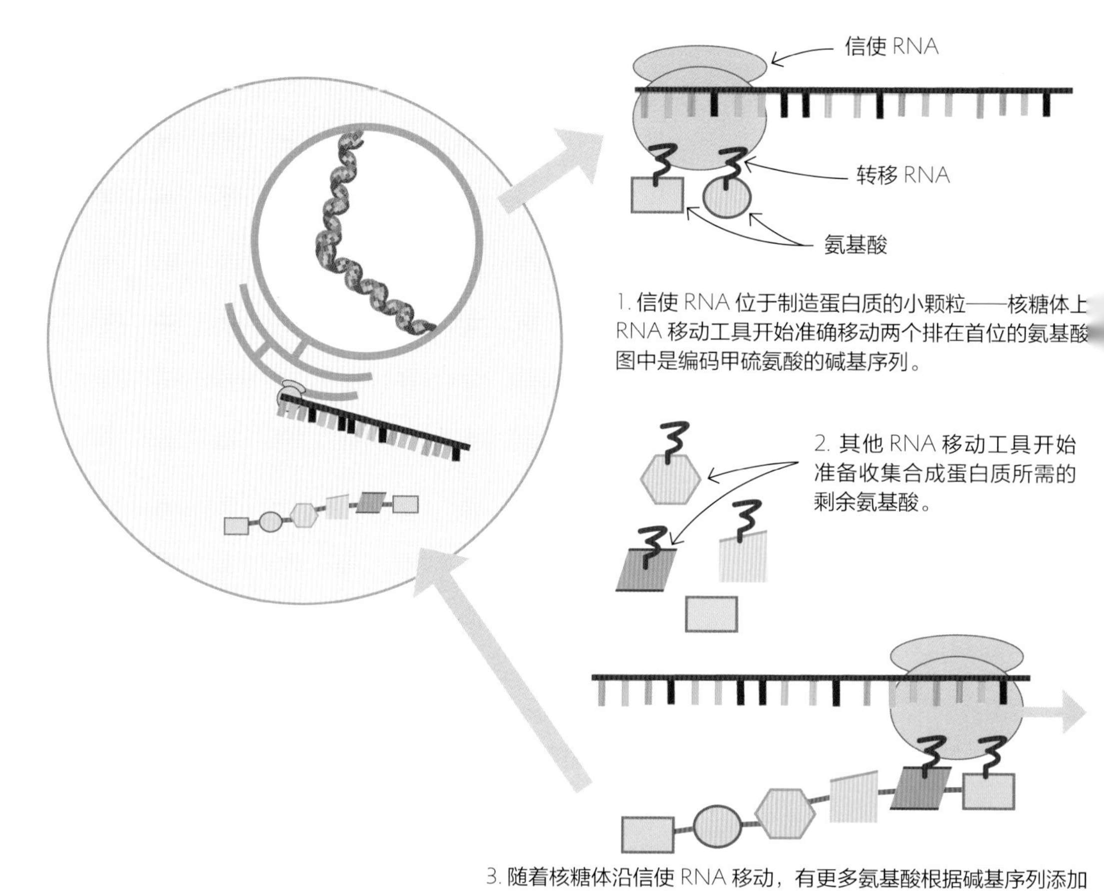

信使 RNA
转移 RNA
氨基酸
1. 信使 RNA 位于制造蛋白质的小颗粒——核糖体上
RNA 移动工具开始准确移动两个排在首位的氨基酸
图中是编码甲硫氨酸的碱基序列。
2. 其他 RNA 移动工具开始
准备收集合成蛋白质所需的
剩余氨基酸。
3. 随着核糖体沿信使 RNA 移动，有更多氨基酸根据碱基序列添加
到蛋白质链上，直到抵达结束标记，氨基酸链的合成才会结束。

↑ 核糖体位于细胞质中，组成蛋白质的生产车间。核糖体沿着信使 RNA 分子扫描信息，帮助编码的氨基酸以正确顺序组合。最终，与 RNA 互补的碱基序列决定了氨基酸的顺序，也决定了合成的蛋白质的种类。

第二个字母

第一个字母	U	C	A	G	第三个字母
U	UUU Phe UUC Phe UUA Leu UUG Leu	UCU Ser UCC Ser UCA Ser UCG Ser	UAU Tyr UAC Tyr UAA Stop UAG Stop	UGU Cys UGC Cys UGA Stop UGG Trp	U C A G
C	CUU Leu CUC Leu CUA Leu CUG Leu	CCU Pro CCC Pro CCA Pro CCG Pro	CAU His CAC His CAA Gln CAG Gln	CGU Arg CGC Arg CGA Arg CGG Arg	U C A G
A	AUU Ile AUC Ile AUA Ile AUG Met	ACU Thr ACC Thr ACA Thr ACG Thr	AAU Asn AAC Asn AAA Lys AAG Lys	AGU Ser AGC Ser AGA Arg AGG Arg	U C A G
G	GUU Val GUC Val GUA Val GUG Val	GCU Ala GCC Ala GCA Ala GCG Ala	GAU Asp GAC Asp GAA Glu GAG Glu	GGU Gly GGC Gly GGA Gly GGG Gly	U C A G

无论何种生物，遗传密码的工作原理都是相同的：相同的碱基序列编码相同的氨基酸。如图所示，代码表中列出了 RNA 的三联体碱基。RNA 共有 64 种三联体（称为密码子）组合，可编码 20 种氨基酸（此处所列为缩写），其中代表“结束”的三个密码子能够告诉核糖体蛋白质链在哪里结束。

让蛋白质各就各位

机体制造出的蛋白质种类繁多、功能各异，所以自然需要这些蛋白质各就各位，各司其职。有些蛋白质深藏在细胞里，有些蛋白质要附着在细胞膜上，有些蛋白质，比如激素，则不得不离开细胞，因为它们需要随着血液在机体中循环。

在细胞中，核糖体——蛋白质制造车间——松散地黏附在一组被称为内质网（简称 ER）的内膜上。只有用高倍电子显微镜才能看到 ER。在忙着制造大量蛋白质的细胞中有许多 ER，它们像洋葱一样层层包裹。当内质网中制造出的蛋白质链脱离核糖体的控制，折叠成最终的形状，它们会挤在小液体泡中，这些液体泡最终会在拣选设备——高尔基体中集合。高尔基体会对它们进行辨认、拣选，确定蛋白质的最终目的地。

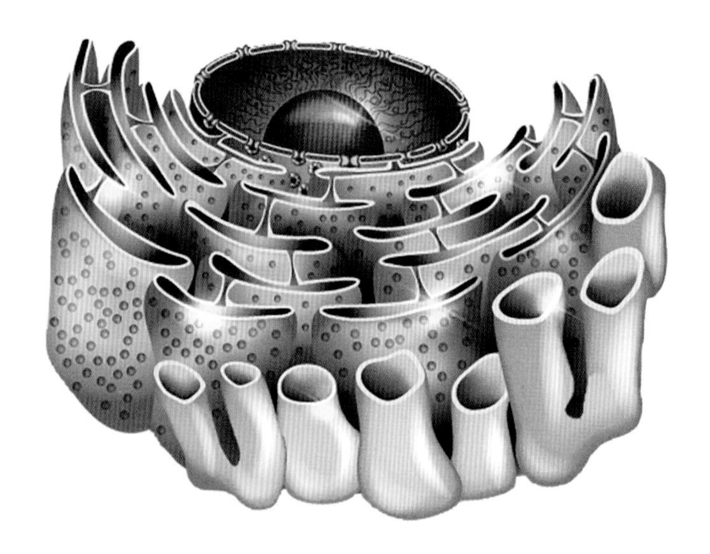

↑ 需要制造大量蛋白质的细胞拥有大量蛋白质造车间：无数核糖体散布在被称为内质网的膜表面上。

细胞内的酶会被派往需要它们参与反应的地方。信号蛋白、泵蛋白和通道蛋白会被送到细胞膜中，而激素和消化酶则需要离开细胞，在细胞外的液体中发挥作用。

现在我们已经知道，机体的每一个细胞都携带着形成机体所需的全部基因，但特定基因仅在需要特定蛋白质的部位才会变得活跃。活跃基因在细胞中的活动会产生大量 RNA，即产生大量蛋白质。例如，肝细胞会对可以合成名为过氧化氢酶的蛋白质的 RNA 信息进行复制、再复制，这种蛋白质可帮助人体解毒。但与人体的其他细胞一样，每个肝细胞只拥有两组过氧化氢酶基因。即使只有少得可怜的指令手册，RNA 和核糖体依然能够高效地制造蛋白质。

第五章

基因的遗传

复制

DNA 有一个绝妙的特性，这一特性对生物至关重要。它能够复制自身的基因，这样一来，构造和维持细胞所需的信息就可以在代际遗传。

生物体必须制造新的生物材料以维持生长和繁殖。一个细胞要分裂成两个，两个分裂成四个，不断增殖，这一过程中需要额外的生物材料。细胞生长的一个重要环节就是制造更多的蛋白质，它们是由基因编码生成的勤劳工兵。但是到了细胞一分为二的时候，每个新细胞需要的不只是部分额外的 DNA：它们需要额外复制出一整套的基因，而且每个基因都必须保留相同的碱基序列。要达到这个目标，细胞需要制造出与整个 DNA 双螺旋一模一样的复制品。这也就为分裂后的两个新细胞都准备了一整套货真价实的碱基序列，这两个新细胞就叫作子细胞。

DNA 复制也是繁殖的中心环节。制造性细胞——也就是在受精时相互结合的精子和卵细胞，就需要额外的 DNA。复制不管在哪里发生，都要遵循一般的化学规则。也就是说，DNA 需要借助其他分子来完成自己的任务：它需要酶来把核苷酸聚集到一起，形成新的 DNA 链条。但是 DNA 的这种复制能力——可以制造出连碱基序列都一模一样的分子的能力，在生物分子中却是独一无二的。

复制的方法

DNA 上特定的碱基对为复制提供了路径。两个链条以著名的双螺旋形态相互缠绕，两边的碱基在其间相互配对，

化学晶体在生长时所复制出的形状，是由其原子结合的具体形态所决定的。DNA 的复制过程中也会出现类似的成型过程。

就像一条扭曲的梯子上的一个个梯级。这一配对过程非常精确，所以每根链条上的碱基序列与相对链条上的碱基序列刚好匹配。A 碱基（腺嘌呤）只与 T 碱基（胸腺嘧啶）配对，G 碱基（鸟嘌呤）只与 C 碱基（胞嘧啶）配对。

复制不仅仅存在于生物世界中，一些化学物质也能自我复制。晶体越长越大，就是因为它们的化学单元是以高度规则的形态排布的，表面上生成的新单元会复制这一形态：不断复制、重复。DNA 链条上的碱基序列“花边”起到了相同的作用，就像拼图游戏的边框，它可以成为制造新链条的模板。但是，这样造出的新链条并不是真正的复制品。它上面是一条“相反的”、与其自身互补的碱基序列。如果 DNA 的某根链条像晶体一样自我复制，它会经历一个制造“反”链条，然后再回到“正”链条的循环，如此往复下去。

但是，制造每一批新分子时，双链条的双螺旋结构都可以创造一个自身的完整复制品——其成功的原因在于，两根链条可以同时作为模板生成新链条。虽然新产生的两根链条都是“反”的，最终复制完成的两个双螺旋的碱基对却能一模一样，因为每个新的双螺旋都包含一根旧链条和一根新链条。这一规律适用于所有的 DNA 双螺旋分子，这个被称为半保留（保留一半双螺旋）复制的过程可以复制细胞的全部基因，所以细胞分裂后生成的每个新细胞都携带着一整套遗传信息。

复制双螺旋

DNA 双螺旋在进行半保留复制之前，必须先解开自己的螺旋，使两根链条分离，把碱基之间脆弱的化学键打破。这一工作同样由细胞中的一些酶负责，还有一些其他种类的酶为整个复制过程的各个步骤提供催化作用。

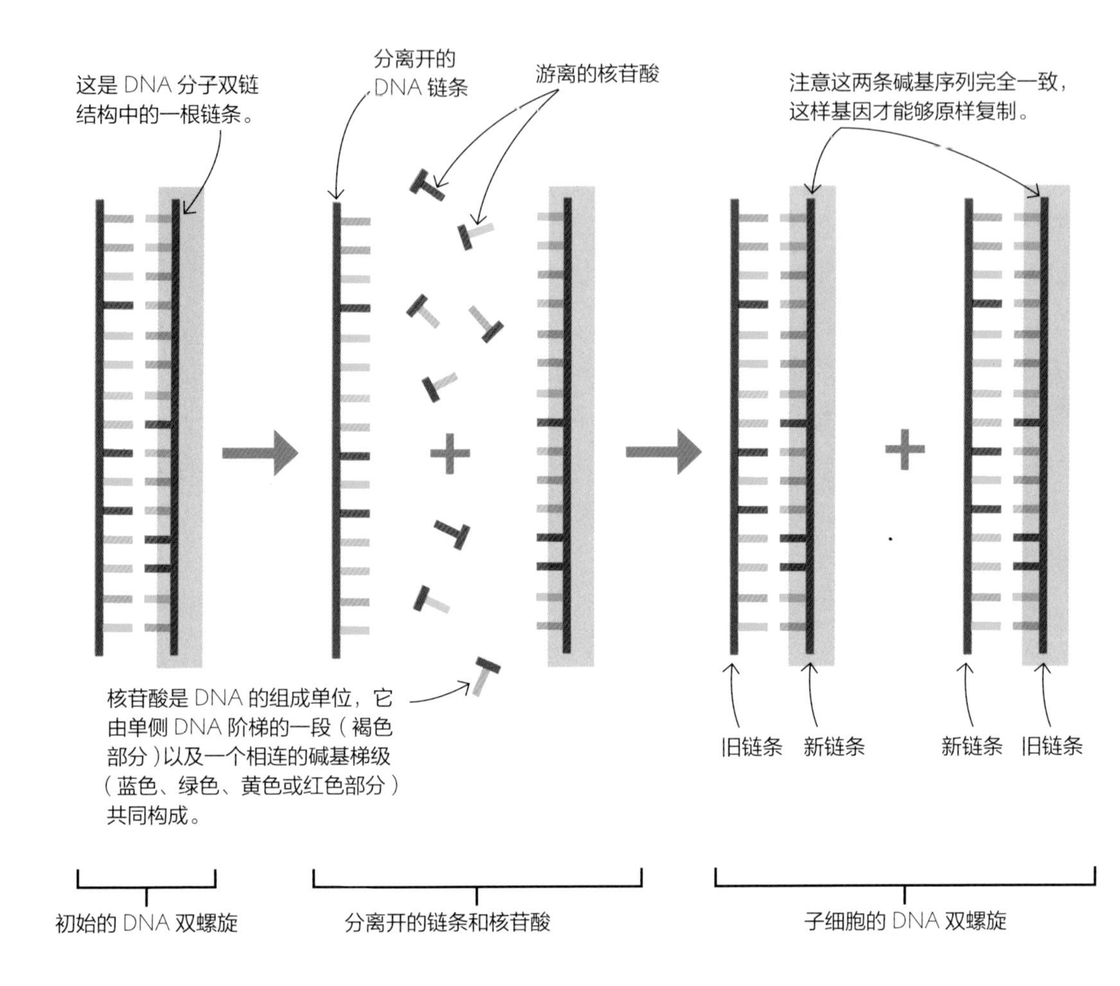
这是 DNA 分子双链
结构中的一根链条。
分离开的
DNA 链条
游离的核苷酸
注意这两条碱基序列完全一致，
这样基因才能够原样复制。
核苷酸是 DNA 的组成单位，它
由单侧 DNA 阶梯的一段（褐色
部分）以及一个相连的碱基梯级
（蓝色、绿色、黄色或红色部分）
共同构成。
旧链条
新链条
新链条
旧链条
初始的 DNA 双螺旋
分离开的链条和核苷酸
子细胞的 DNA 双螺旋

↑　DNA 能制造与自身一模一样的复制品，是因为其双螺旋内两根链条的碱基排列相互对应。每根链条都是一根新链条的模板，这样就能复制整个双螺旋。

两根链条一旦分开，各自都会成为制造新链条的模板。链条上的碱基序列决定了新链条上组成单位的连接顺序，因为碱基都是专门配对的。DNA 的组成单位叫作核苷酸，细胞中含有大量这样的组成单位（同样比比皆是的还有氨基酸，这样细胞才能制造蛋白质）。DNA 链条有自己的“方向”：它的“阶梯”有一个“前”端和一个“后”端，这是由它们的糖-磷酸结构的排布方式决定的（沃森和克里克在 1953 年绘制 DNA 模型时，这一发现为其提供了重要的启发）。两条 DNA 旧链条不仅碱基相互对应，而且方向相反。制造 DNA 过程中用到的物质——比如酶——都特别挑剔：它们制造新 DNA 时只肯顺着一个方向连接核苷酸。也就是说，两侧连接新核苷酸的酶，其方向工作恰好相反。

DNA 复制的故事还有最后一个波折。在复制过程中，双螺旋不是一次性松开的。因为所有双螺旋都是同时展开复制的，所以如果同时松开的话，细胞里就会过于拥挤。于是 DNA 便在其链条的几个点位上同时展开复制——而这会在链条松开的地方制造出小“泡泡”。这些泡泡越变越大，最终在两个新的双螺旋完成之前汇聚成一整个。DNA 双侧链条在某个点位上分离造成一个新的泡泡。新泡泡的两侧像一把叉子，双侧向不同方向分离。但是因为酶非常挑剔，所以只有一侧的叉子是按照其分离的方向复制的。也就是说，另一侧需要一点一点零散地进行复制。每复制一块，负责这项工作的酶都要倒退回去重新开始。接着，另一个酶会负责把这些碎片接合在一起。

这一复制过程的最终结果是，从一个双螺旋创造出两个拥有相同碱基序列的新双螺旋。当然，其中一个碱基序列是由接收双螺旋的两个新细胞所需的珍贵基因构成的。

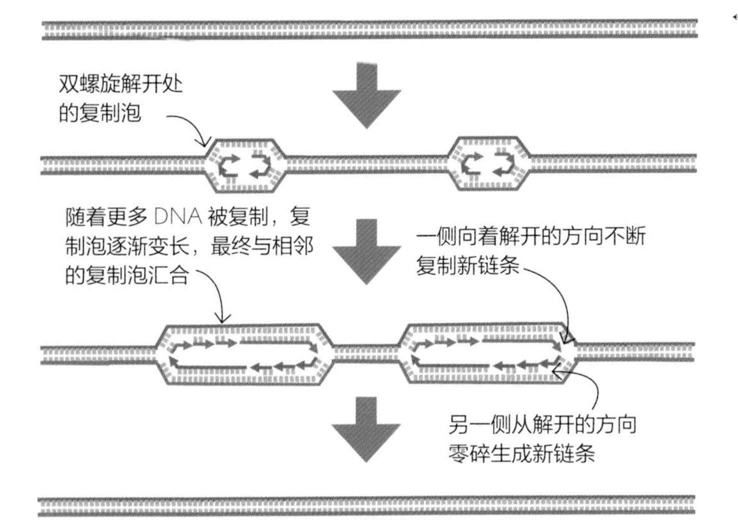
双螺旋解开处
的复制泡
随着更多 DNA 被复制，复
制泡逐渐变长，最终与相邻
的复制泡汇合
一侧向着解开的方向不断
复制新链条
另一侧从解开的方向
零碎生成新链条

← DNA 的复制工作在无数“复制泡”中展开。复制泡不断变长，最终汇聚为一体，新的双螺旋也随之分开。

速度与校对

对于 DNA 复制来说，精确度非常重要。正如我们在第三章中所看到的那样，如果基因碱基序列的任何一部分复制出错，比如说用一个碱基对替换了另一个，就会对之后编码的蛋白质造成灾难性的影响，更不用说生物体的生命和健康。所以，DNA 能以如此惊人的速率复制，并且很少出现差错，就更加不可思议了。一般来说，人类 DNA 的一根新链条是以每秒钟 50 个核苷酸的速度来进行构造的。即使在这样的速度之下，复制一个细胞内的全部 DNA 还是需要一个月的时间。实际上，这一过程只需一个小时左右，原因便在于复制是在多个点位同时进行的——这就是我们提到的那些“泡泡”的来源。只有在所有 DNA 都复制完毕的情况下，细胞才会准备分裂：两套复制品分别去往不同的子细胞。

复制错误非常罕见，因为负责连接核苷酸、构造新 DNA 的酶——也就是 DNA 聚合酶，天生具有校对功能。它

↑ 虽然 DNA 体积较大，结构复杂，但它只要一个小时多一点的时间就能完成自我读取和复制，因为这个过程是在多个点位同时进行的。

们能识别出错误插入的核苷酸，然后倒退回去修正错误。但是，尽管它们具备这样的功能，DNA 的碱基序列依然存在出错的可能，偶尔也确实会出错。这些自然突变很多都是有害的，但 DNA 复制中出现的错误也是生物多样性的源头，这正是进化性演变的核心，我们将在第九章和第十章中详细讨论这个问题。

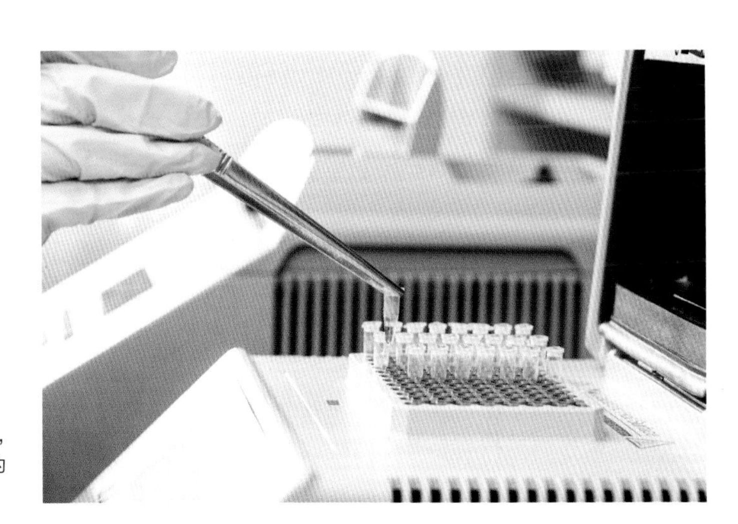

→ PCR 是一种通过把样本 DNA 与相应核苷酸，以及所需要的酶混合，然后循环改变混合物的温度，制造大量样本 DNA 复制体的技术。

人工复制 DNA

1983 年，美国生化学家凯利 · 穆利斯发明了一种在试管中复制 DNA 的方式，它与存在于每个细胞中的自然复制机制截然不同。这一技术最终为他赢得了诺贝尔奖，并为科学界提供了一种只靠微量 DNA 样本就能制造出数十亿复本的方法。关于 DNA 的研究方向数不胜数，用来实验的样本自然越多越好。这一技术可以帮助科学家们制造更多的 DNA，用于医学或法医学检测。

这种人工复制方法叫作聚合酶链式反应（PCR）。从名字就可以看出，它是利用 DNA 自然复制过程中所使用的酶，即聚合酶来开启一系列自我复制的链式反应。一个双螺旋变成两个，两个变成四个，不断增加——正如人体在生长发育时发生的复制循环一样。PCR 所用的聚合酶提取自一种生活在大约 72 摄氏度（162 华氏度）的温泉中的细菌。给聚合酶提供少量 DNA 样本和所需的核苷酸后，不断循环改变系统的环境温度：首先，混合物被加热至接近沸点，这能够使 DNA 的链条分离；之后，混合物被迅速降温，这样初始核苷酸就能够结合到相应的链条上；最后，混合物被加热回最佳的温泉温度，也就是聚合酶最适应的温度。这样每循环一次，DNA 双螺旋的数量就增加一倍。

通过克隆遗传基因

生命繁衍的基础是细胞分裂，一生二，二生四，不断增加。这一微观分裂将基因复本遗传到新一代细胞中，帮助生物成长和繁殖。

我们从第二章中了解到：细胞分裂时，它们的DNA会卷曲得更紧，形成叫作染色体的线状团块。这一过程可以防止携带长基因的纤维在复本DNA进入新的子细胞时缠在一起。细菌是唯一一种DNA不以此方式聚合的生物体。对于所有其他生物体来说，染色体必须在细胞中完成一系列精确的舞蹈动作。这支“染色体之舞”至关重要，它可以保证每个新细胞都能获得全部基因。

在一个处于生长发育期的身体中，染色体之舞可以使细胞制造出遗传上完全相同的细胞。细胞的基因构成——DNA分子数量和其全部基因——完全保持不变。完成这一目标的细胞活动叫作有丝分裂。对于那些拥有复杂细胞的生物（包括所有动植物）来说，有丝分裂是繁衍的微观核心。对于某些复杂的单细胞生物（例如变形虫）和通过扦插或出芽进行无性繁殖的植物来说，最终也同样是通过有丝分裂来繁衍出遗传上完全相同的个体。

染色体的克隆之舞

细胞内出现染色体是细胞即将分裂的第一个信号。细胞周期的触发因子，比如周期蛋白，会保证这一过程如期按序进行。到有丝分裂开始的时候，细胞所有的DNA分子及其基因都已复制完毕：现在每个双螺旋都是一式两份。这也就

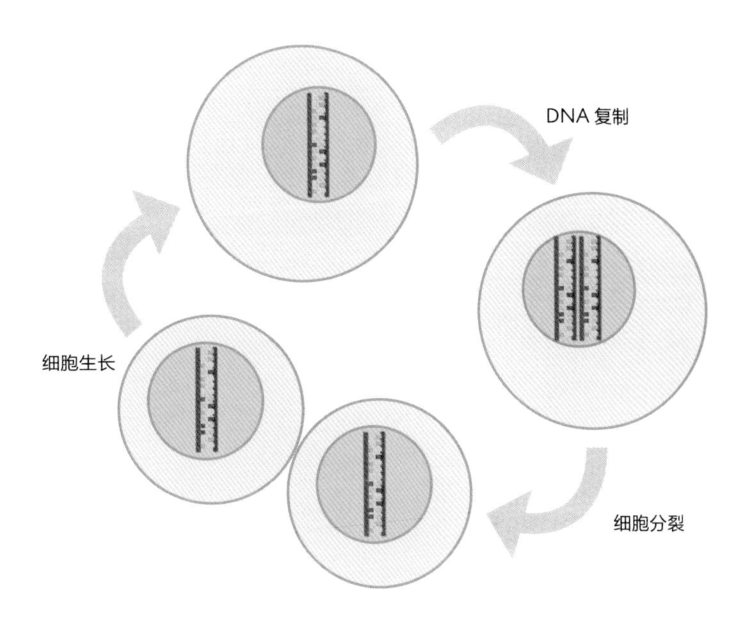

细胞的生长阶段之后就是 DNA 复制阶段，接着所有双螺旋的复本就会带着各自的基因一起被分配到新的子细胞中。

意味着，每个染色体看起来仿佛两条捆扎在一起的线绳的形态。这两条长线绳叫作姐妹染色单体，它们一开始在某处相互联结，直到分离之前会一直保持联结。不同的染色体两条单体联结的位置也不同，有些联结位置在中部或者靠近一端，使得一对姐妹染色单体看起来类似于字母“X”或者其变体的形状。与此同时，维持细胞核的薄膜会分解，这样染色体就可以更为自由地在整个细胞内移动。

重要的是，每个染色体要将两条染色单体分别送入两个细胞中。有丝分裂过程中的“舞蹈”就是为了保证染色体成功完成这一任务而跳的。首先，所有染色体会沿细胞中线排成一排，两条染色单体各面向一侧。细胞两侧的特定位置上会伸出蛋白质纤维。这些纤维连接到染色体上，牵引它们，使它们按正确的位置排成一排。一切就绪之后，这些纤维在细胞两侧铺开，将染色体固定在细胞中间。

接着，蛋白质纤维开始分解缩短，但一端依然连接在染色体上，另一端连接在生发点上。气氛越来越紧张，然后僵局终于被打破：姐妹染色单体从联结处分离，“X”一分为二。蛋白质纤维继续缩短，分离开的染色单体随之被拉到细胞两侧。这些染色单体现在都是独立的染色体了。

每个染色体都这样分裂并分离，所以细胞两侧各有一套完全一样的基因。它们周围会产生一层薄膜，把染色体囊括进两个新的细胞核内，染色体随即也松开，重新分散为不可见的 DNA 链条。最终，细胞从中间断开，一个细胞变成了两个。任何较柔软的细胞都是这样分裂的，但植物细胞由于外面还包裹着一层坚硬的细胞壁，所以无法从中间斩断。相反，植物细胞中间会生长出一道新的细胞壁，其内侧附着了新的细胞膜，这样两个新细胞核就被分隔在了两侧。

无性繁殖

有丝分裂使一个受精卵能够发育为成熟个体。经过不断的分裂，一个细胞可以变为亿万个。复制过程意味着同一个身体中的所有细胞在遗传上是完全相同的。但是在一定条件下，有丝分裂可以在代际的个体之间传送复制的基因。这种繁殖可以在没有性行为的情况下创造后代，所以叫作无性繁殖。

对于许多复杂的单细胞生物体，比如变形虫和藻类来说，无性繁殖不过是细胞常规的有丝分裂而已：通过细胞分裂创造出由新的单个细胞构成的个体。但是对于无性繁殖的多细胞生物体来说，这意味着它们身体的某些部分必须分离。许多植物靠匍匐茎或者不定根来完成无性繁殖：新植物从地下水平生长的茎或者根的末端长出。新枝与母体间的联系即使萎缩死亡，新枝也依然能生长成熟。在美国犹他州，一种叫作“颤杨”（这是俗称，因为有风吹过时它的树叶会窸窣作响）的树通过“自我克隆”形成了一片树林，占地超过 40 万平方

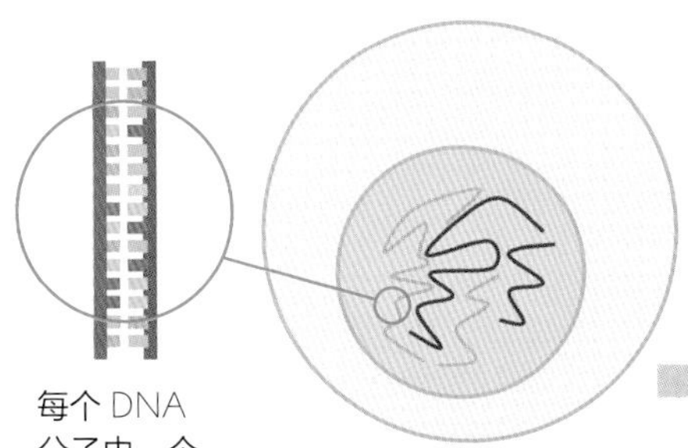

每个 DNA 分子由一个双螺旋构成

1. 有丝分裂之前，DNA 分子分散在细胞核内。细胞还处在两个分裂周期之间的成长阶段，又叫分裂间期。

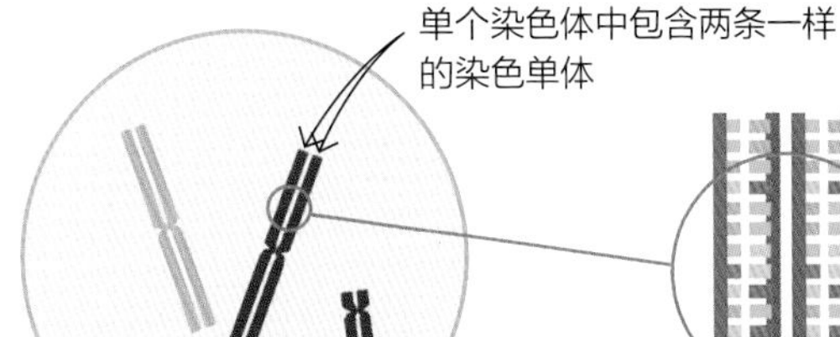

2. DNA 复制完毕后，有丝分裂开始，染色体形成，细胞核的膜消失。这一阶段叫作前期。

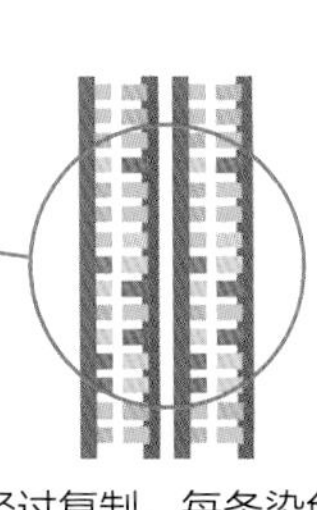

经过复制，每条染色体都含有双倍的双螺旋，分别分布在两条姐妹染色单体上。

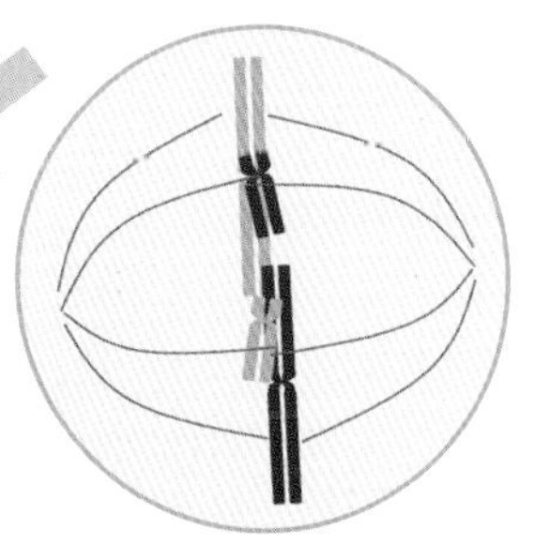

3. 蛋白质纤维引导染色体在细胞中央排成一列。这一阶段叫作中期。

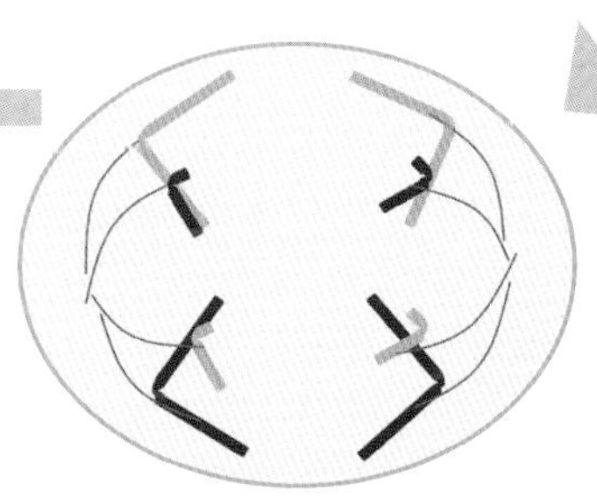

4. 随着蛋白质纤维缩短，经过复制的染色体分裂，两个复本被拉向细胞两侧。这一阶段叫作后期。

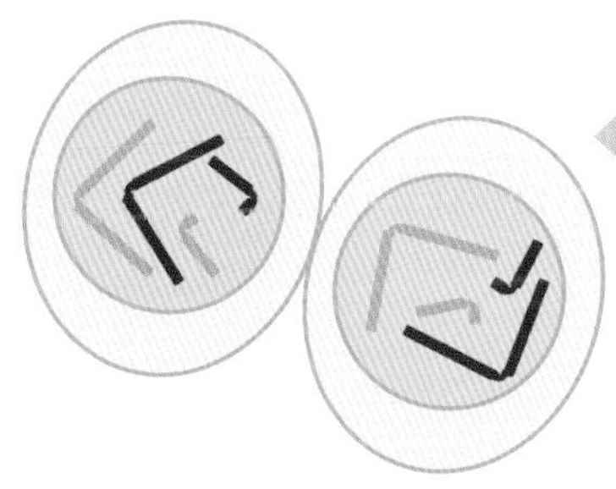

5. 围绕两套相同的染色体，各生成一个细胞核。这一阶段叫作末期。

↑ 严格来说，有丝分裂指的是一个细胞核复制为两个的过程。图中展示的是含有两套染色体的细胞。在人类身体中，全部 46 条染色体（23 对）都是以同样的方式复制和分配的。

米（600亩），据估算，树木总重达6000吨。由于这些树大多在地下依然相连，这株颤抖的“巨人”可能是地球上最大的生物体之一。

克隆是一种有效的繁殖方式，但它也有风险。如果种群中所有个体都是克隆体，那么每个个体都一样容易受某种自然灾害的影响，比如疾病等。一群克隆体想要实现遗传多样性，唯有通过基因突变：这是一个缓慢且不可靠的过程，往往弊大于利。为了避免这种遗传领域的“覆巢无完卵”，大自然进化出一种新策略，通过混合基因形成新组合来增加多样性——这就是性。

↓ 一片叫作“潘多”（Pando）的树林在美国他州森林中占据了很大一块面积，它是由“杨”的克隆体组成的。这片树林已经8万了，这些克隆体也跻身于世界上最古老的生体之列。

通过性遗传基因

有性繁殖能够确保新一代的每个个体都与其上一代的基因有所差异。这种繁殖方式通过对基因进行混合置换，增加种群的遗传多样性。

在生物的生命周期中，与另一个体置换基因以获得新的基因组合，这一过程离不开性。最明显的例子就是精子使卵细胞受精。精子和卵细胞是不同的个体用不同的基因构造出来的，当它们结合，下一代就会产生第三种完全不同的基因构成。

这只是故事的一面。我们如果后退一步，思考精子和卵细胞在母体中的制造过程，就会发现，从这些性细胞在睾丸或卵巢中形成的那一刻起，基因混编就已经开始了。这一过程中，一种特殊的细胞分裂方式保证了人体制造的每个性细胞在遗传上都各不相同。女性卵巢制造的每个卵细胞都携带着独特的基因组合，男性的精子也是一样。虽然每次射精中会释放出多达 3 亿个精子，但令人惊讶的是，每个精子在遗传上都与众不同。再结合父母双方的概率来考虑，受精时可能产生的基因组合简直是无穷无尽的。难怪除了同卵双胞胎之外，我们每个人都是独一无二的。

其他有性繁殖的生物体也都遵循着这一多样性法则，其中包括大部分动植物，还有相当一部分单细胞微生物。因此，有性繁殖创造多样性的关键不仅在于受精，更在于在性细胞的制造阶段就提高了多样性的特殊细胞分裂方式。这一方式叫作减数分裂，只在性器官中发生。

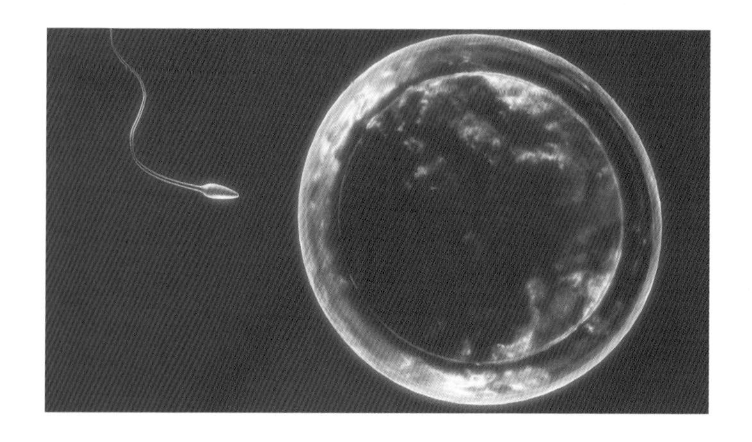

↑ 每一个精子或卵细胞都携带了一套独特的组合。

减数分裂

减数分裂之所以得名，是因为不同于保持染色体和基因数量不变的有丝分裂——减数分裂中染色体的数量会减半。考虑到整个生命周期，减数就是必需的，因为它能防止染色体数量在每次受精时都翻倍。你应该还记得，体细胞携带着两套染色体——就是所谓的“二倍体”。减数正是靠这两套染色体的分离来实现的，减数分裂后会形成两个单倍体性细胞。同有丝分裂一样，减数分裂之前，DNA 也要先进行复制，形成包含两个姐妹染色单体的染色体。这也就意味着之后必须依次进行两次分裂：第一次把二倍体变为单倍体，第二次把染色单体分开。这里还要注意，减数分裂是一趟单程旅行。精子或卵细胞一旦形成，再想要把基因遗传下去就只能靠受精了。在有丝分裂的条件下，细胞分裂周期可以无穷无尽地循环下去，但成熟的性细胞光靠自己是无法继续分裂的（在一些特殊情况下，某些动物的卵细胞可以不经过受精就自行生长）。

细胞只有在性器官中才会进行减数分裂，这一过程是由一种叫作原始生殖细胞的特殊生殖细胞发起的。在雄性体内，原始生殖细胞存在于睾丸内的微型小管中；在雌性体内，它们存在于卵巢的中心。开花植物中这类细胞则负责制造单倍体花粉粒和卵细胞。

有性的染色体之舞

减数分裂的第一次分裂用时较长。除了染色体数量减半，还要进行只在有性条件下才会出现的独特的染色体之舞，这支舞也能提高精子或卵细胞中的基因多样性。要想了解这一切究竟是怎么发生的，我们需要先回顾一下基因在染色体上是如何排布的。

↓ 减数分裂永远包含两次连续分裂：一次用来分开成对的同源染色体及其基因，另一次用来分开染色体中的姐妹染色单体。

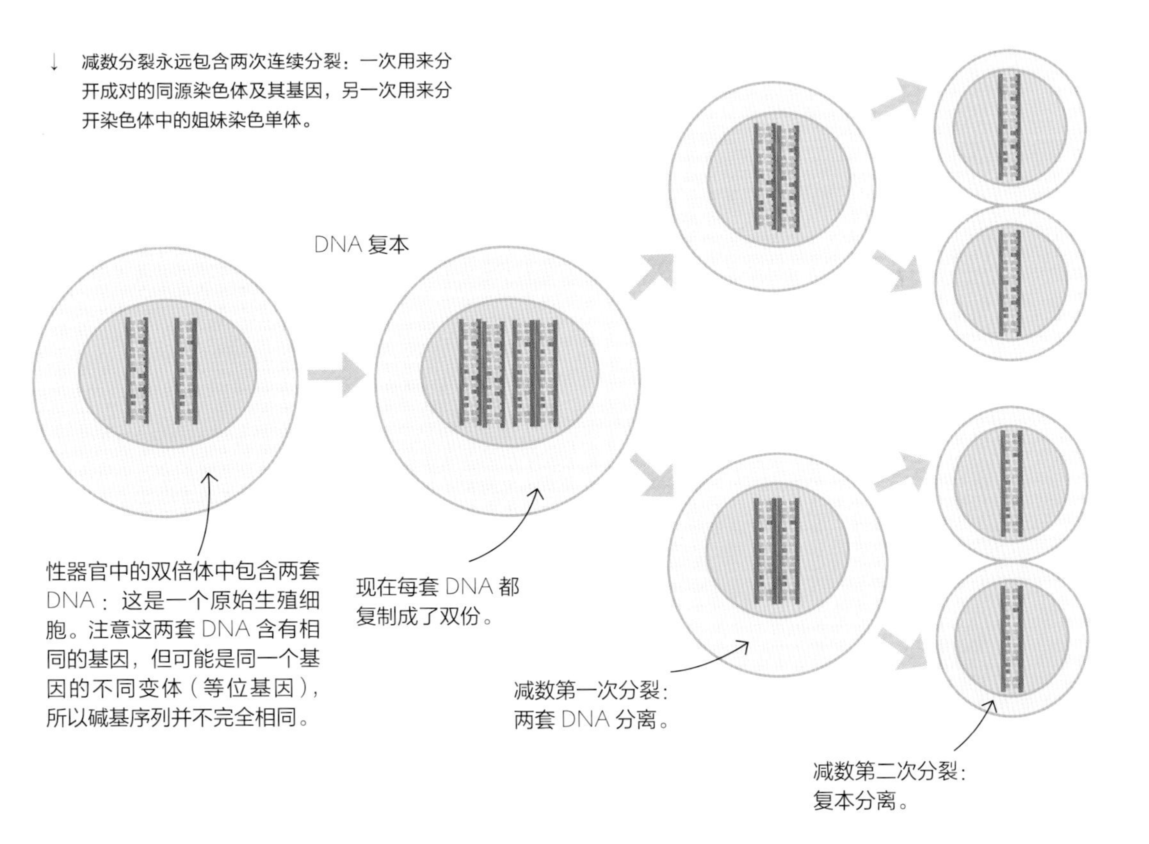

DNA 复本
性器官中的双倍体中包含两套DNA：这是一个原始生殖细胞。注意这两套DNA含有相同的基因，但可能是同一个基因的不同变体（等位基因），所以碱基序列并不完全相同。
现在每套DNA都复制成了双份。
减数第一次分裂：两套DNA分离。
减数第二次分裂：复本分离。

第一章中讲到，二倍体体细胞中的两套基因复本携带的可能是同一基因的不同变体，即等位基因。换句话说，如果一套复本中包含某种基因，比如说棕色眼睛的基因，或者是A型血的基因，另一个复本包含的可能是这些基因的不同等位基因：也许是蓝色眼睛，B型血。这样一来，细胞中基因或者说等位基因的组合就可能是蓝眼—A型、蓝眼—B型、棕眼—A型或棕眼—B型。如果我们再考虑其他性状，可能出现的组合简直无穷无尽。有性繁殖的原理就是打乱这些组合，这样每个人都是独一无二的。而这一过程正是从减数分裂的第一次分裂时开始的。

减数分裂开始时——无论是在睾丸中制造精子还是在卵巢中制造卵细胞，基因变体都会聚合到一起。这是因为相同的基因都分布在相同的染色体上，彼此贴合配对。我们通过细胞分裂的照片分析核型时，会把这些染色体分成对。但是在自然条件下，它们只在减数分裂时才会真正结对。结对的染色体叫作同源染色体，它们会在减数分裂刚开始时就乖乖地凑到一起。也就是说，在人类细胞中，我们可以看见46个染色体排布成23个同源染色体对。

出乎意料的是，这次结对只是一个序曲，在减数分裂接下来的过程中，会发生使染色体数量减半的重要分离。染色体对在细胞中央排成一列，两个同源染色体各面向一侧。同有丝分裂一样，染色体之舞也是由蛋白质纤维控制的。但是这一次，纤维收缩时分开的是染色体对，而不是单个的染色体。两套染色体被拉向细胞的两端，制造出两个新细胞，它们各含有初始生殖细胞一半的染色体。要记住，这时每个染色体依然是由两个姐妹染色单体构成的。在减数第二次分裂中，姐妹染色单体会分离，最终产生四个单倍体细胞。

第一次分裂不仅实现了染色体数量减半，还产生了两个

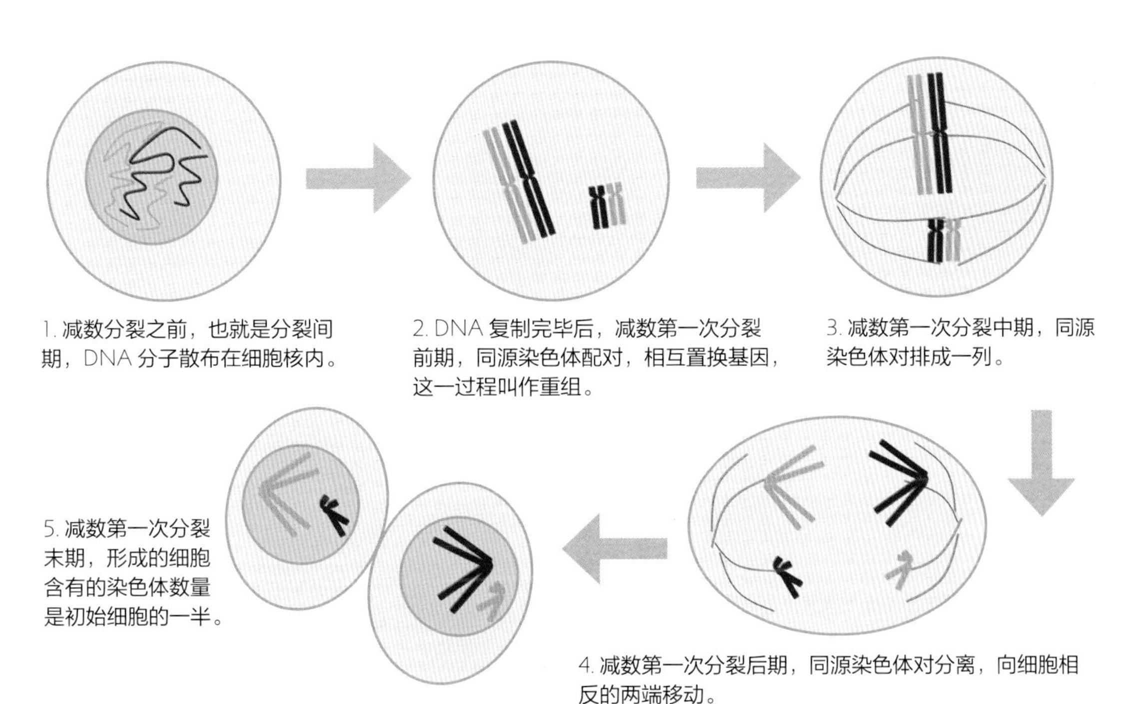

1. 减数分裂之前，也就是分裂间期，DNA 分子散布在细胞核内。
2. DNA 复制完毕后，减数第一次分裂前期，同源染色体配对，相互置换基因，这一过程叫作重组。
3. 减数第一次分裂中期，同源染色体对排成一列。
4. 减数第一次分裂后期，同源染色体对分离，向细胞相反的两端移动。
5. 减数第一次分裂末期，形成的细胞含有的染色体数量是初始细胞的一半。

减数第一次分裂结束后，两个新细胞染色体数量减半，遗传上已经出现了不同。注意上图中也同样可能是两个"黑色"染色体进入同一个细胞，两个"灰色"染色体进入另一个。

在遗传上不同的细胞：一个接收的是蓝眼等位基因，另一个接收的是棕眼等位基因（位于 9 号染色体上）。与之相伴的是 A 型血等位基因还是 B 型血等位基因（位于 15 号染色体上），则完全是随机事件：这由同源染色体分离前在细胞中央的排布方式决定。考虑到睾丸和卵巢中发生的所有细胞分裂，50% 的情况下蓝眼等位基因会碰上 A 型等位基因，棕眼就会与 B 型搭配。另外 50% 的情况下，组合正相反：蓝眼配 B 型，棕眼配 A 型。也就是说，针对这两种基因，所有精子和卵细胞总共可能形成四种组合，概率各占 25%：蓝眼 A 型、蓝眼 B 型、棕眼 A 型和棕眼 B 型。

只考虑两对等位基因（眼睛颜色和血型）的情况下，我们得到了四种可能的组合。鉴于等位基因的混编有两种方

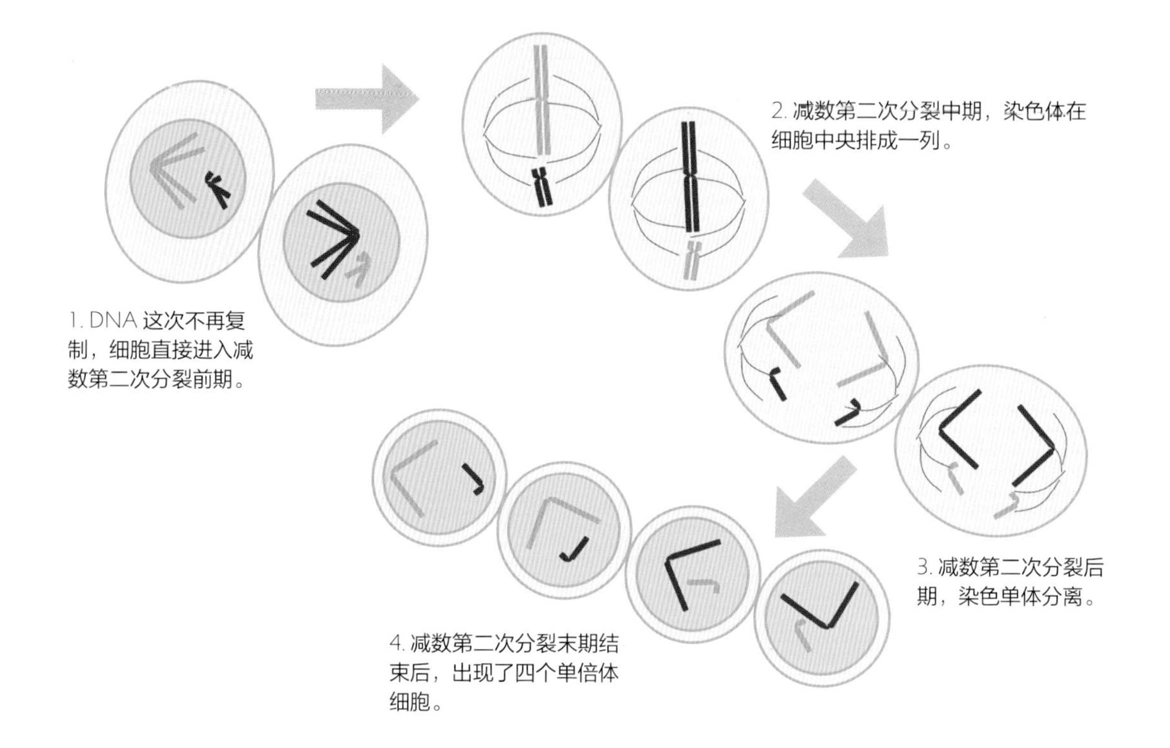

1. DNA 这次不再复制，细胞直接进入减数第二次分裂前期。
2. 减数第二次分裂中期，染色体在细胞中央排成一列。
3. 减数第二次分裂后期，染色单体分离。
4. 减数第二次分裂末期结束后，出现了四个单倍体细胞。

↑ 减数第二次分裂将染色体的两条染色单体开。也就是说，这一过程与有丝分裂相同，染色体总数只有有丝分裂的一半。

式：基因可能分布在不同染色体上，同一染色体上的基因也可以重组——可以想象一下，人类细胞中 2 万对等位基因有多少种可能的组合！

基因连锁与解锁

如果两个基因处于同一个染色体上，会发生什么情况呢？如果两个基因这样连锁起来，它们似乎会永远一同遗传下去。比如说，也许一个控制眼睛颜色的基因和一个控制头发颜色的基因处于同一个染色体上，如果有人携带着这个染色体，该染色体上又是蓝眼等位基因和金发等位基因，那么这两种性状是否就会一同被遗传下去？

基因及其控制的性状有可能以这种形式连锁遗传。实际情况也并非完全如此。一个染色体上可能有数百个基因连锁在一起，这会严重地限制基因混编的数量，减少多样性，而多样性至关重要。细胞找到了应对之法：在减数分裂开始，同源染色体配对的时候，它们可以交换一些片段，这样即使基因在同一条染色体上是连锁的，两条染色体间也可以达成基因混编。这一过程叫作遗传互换，它可以解释为什么减数分裂用时这么长。实际上，人类卵巢中发生遗传互换时，相关细胞可能长期停滞在这一阶段，数年后才能重获自由，去制造卵细胞。

遗传互换时，染色体上距离较远的连锁基因更容易发生混编。实际上，同一染色体两端的基因极易被混编，所以它们表现得也像是根本不在同一条染色体上。只有离得很近的基因才不容易被混编，相邻的基因几乎从来不会混编（虽然

当精子使卵细胞受精时，每个不同的性细胞都携带着一套不同的等位基因。遗传定律也许可以帮助我们预测新生儿会显出哪些具体性状，但特征整体则是由等位基因的组合决定的，所以独一无二，难以预测。

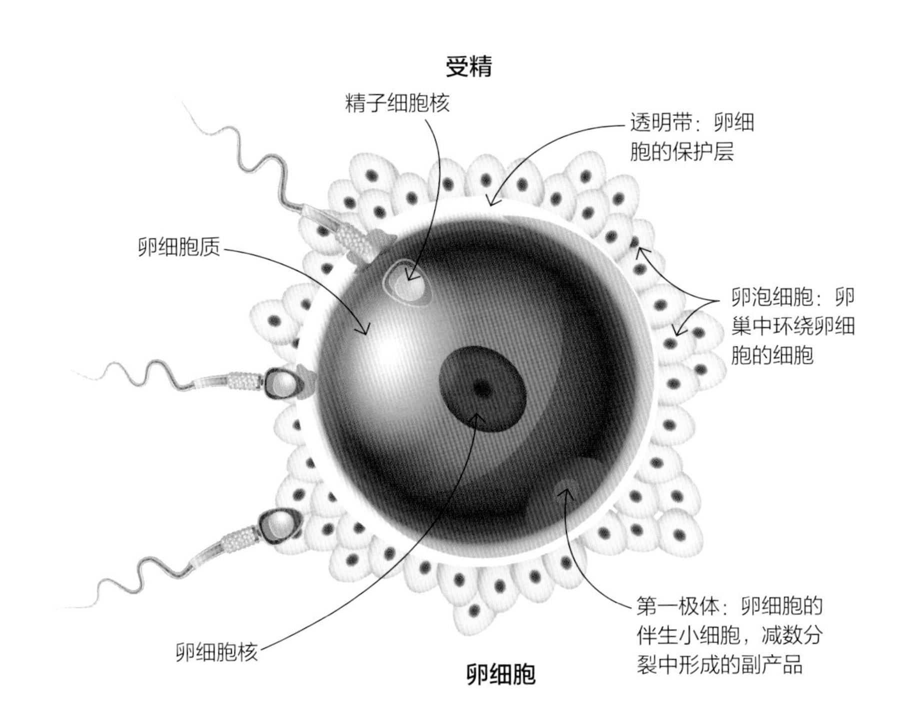

它们之间还隔着非编码 DNA，详见第二章）。

受精

没人能预测究竟哪个精子会使卵细胞受精：这在很大程度上是随机的。当然了，人类一次通常只繁殖一个胎儿。女性卵巢内孕育着卵细胞，从她还是个女孩子时这些卵细胞就开始准备了（实际上，当她还是母亲子宫中的胚胎时，染色体的互换过程就已经开始了）；青春期之后，每个月都有一个卵细胞被输送到输卵管中。那里或许有能让它受精的精子在等待着，又或许没有；如果有的话，最先到达那里的精子就是被采用的那一个。精子和卵细胞都携带了一套独特的基因，所以新胚胎中的基因组合也是独一无二的。

当然，还有很多生物体能同时繁殖很多后代。鱼类、青蛙和海葵一次会释放成百上千个性细胞，花朵则会散落出数不清的花粉粒，飘向数不清的柱头。但是每个性细胞在遗传上依然是独特的，因为减数分裂阶段的基因对不仅排布不同，还要经历互换。人类很少会一胎多子，但是只要满足一个条件，双胞胎或者三胞胎就会和多次怀孕产下的兄弟姐妹一样互不相同：只要他们来自不同的卵细胞。

什么是同卵双胞胎?

如果身体同时排出两个卵细胞，它们又在同一个子宫中同时受精，人类就会产下双胞胎。罕见的情况下，同一个受精卵会发展成不止一个胎儿。这种双胞胎在遗传上是完全一样的，因为他们携带的基因正是初始细胞中基因的复本。双胞胎携带的基因依然混合了父母双方各 50% 的基因，但是从遗传学角度讲，他们互为对方的克隆体，究其根本，他们是有丝分裂的产物。受精正常发生——一个精子和一个卵细胞结合——但是形成的胚胎在还是一小团细胞的时候，不知为何一分为二。重要的是，在这一过程发生的时候，所有胚胎细胞都还具有发育出整个人类身体的能力，所以最后长成的就不是一个，而是两个胎儿。

微生物遗传基因的那些怪事

像细菌和病毒这类小到肉眼无法看到的微生物，是天生携带着基因的最简单的细胞或粒子。

微生物的多样性无与伦比，但这些小东西要靠高倍显微镜才能看见。我们如果能潜入微观世界中，就会发现它们彼此之间的差距大得不得了。不管是从物理结构还是基因构成来看，变形虫（一种细菌）和病毒之间的差别都远大于人类和橡树之间的差别。实际上，许多微生物都拥有和动物相似的复杂细胞。变形虫和其他微观生物体，比如导致疟疾或昏睡病等疾病的微生物，其细胞都有细胞核，在细胞分裂过程中也会产生染色体。它们可以通过有丝分裂自我克隆，有些条件下甚至能减数分裂，实现微生物版的有性繁殖。但是总体来看，细菌和病毒还是相差甚远。

细菌是最小的一种细胞，一般只有动植物细胞的十分之一大。几乎所有细菌的细胞都被一层坚硬的“墙壁”包裹着，很多细菌的细胞壁外还有一层黏液或油脂。它们的DNA并没有被限制在细胞核里，细胞分裂时也不会形成结实的染色体。不仅如此，和那些更复杂生物体的DNA不同，细菌的所有DNA都是闭环结构。

病毒还要更小。实际上，它们差一点就不能算作生物了：每个病毒都只是蛋白质胶囊里的一小簇DNA或RNA。它们的遗传机制太过简陋，所以只能在另一个生物体的活细胞内繁殖。它们没有独立进食、呼吸和生长的能力，所以也缺乏一般观点中认为“活物”必须具有的性状。它们几乎就是一团由蛋白质包裹的不断复制的基因而已。

细菌如何进行性行为

按照最宽泛的生物学定义，任何通过混合置换来创造新基因组合的过程都可以称为“性”。细菌可以进行这种性行为——甚至在不以繁殖为目的的情况下也能进行。两个细菌聚合到一起，互换小段DNA，仿佛只是在交换消息。分离之后，它们还是两个细菌细胞，但是各自携带的基因已经发生了变化。这种性过程只存在于细菌中，叫作接合。

↑ 细菌能够互换基因，靠的是相互输送由环状“打包”起来的DNA团，这种环状物叫作质粒

细菌的重要基因都安全存放在一个大的DNA环上，一般情况下原地不动。其他没那么重要的基因则形成较小的DNA环，散落在细菌的细胞质中。这些小环叫作质粒。质粒上的基因能够帮助细菌生存，还可以把无害细菌变成危险的有害细菌。许多质粒上的基因都会使细菌产生抗药性，比如抵御抗生素。和细菌的DNA主环一样，质粒也能自我复制，还能通过接合从一个细胞传到另一个细胞。它们在细胞外也能坚持一段时间，这意味着基因可以从一个微生物“渗透”到另一个中去。抗药基因的迅速复制传播导致很多种类的细菌都发展出了抗生素抗药性。（这一过程也可以解释在1928年弗雷德里克·格里菲斯研究遗传化学基础的实验中，良性细菌为什么转化成了有害的肺炎细菌：详见第二章。）

不劳而获的基因

病毒把不劳而获进行到底。它们的一切活动都需要一个活的宿主细胞：它们自己什么也做不了。我们可以把病毒粒子看作移动的基因，它们乘着一个蛋白质胶囊，从一个细胞移动到另一个细胞。病毒没有细胞核，连细胞质和细胞膜也没有。它们甚至没有对于生物来说通常必不可少的酶。因此，人们常常把病毒视为无生命的化学粒子，只不过它们具有在生物体内复制的潜能。许多病毒是无害的闯入者，但有些病

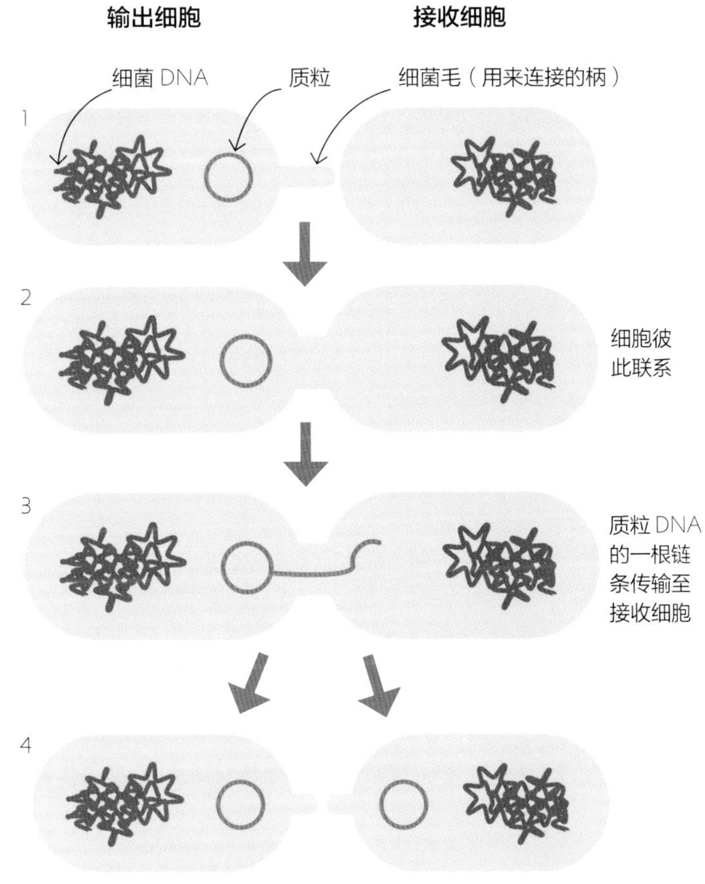

细菌聚合到一起（接合）互换基因时，它们会利用叫作质粒的 DNA 环输送基因。质粒上的 DNA 分离为两根链条，其中一根进入相邻细胞。接着，两个细胞内会各生成对应的另一根链条，这样质粒的复制就完成了。

毒却能带来最为致命的疾病，比如天花、狂犬病和埃博拉。

有些病毒含有 DNA，有些则含有 RNA，但是无法同时兼具。病毒都靠破坏生物细胞来完成自身的复制周期，大多数具有很强的针对性，专门感染某种特定的动物、植物，甚至是细菌。病毒的蛋白质外壳首先会与目标细胞的细胞膜结合，这样病毒就会被吸收。进入细胞后，病毒的目标就是利用宿主细胞的资源——酶和核糖体来复制自身的核苷酸，制造更多的病毒蛋白质。接下来，蛋白质会包裹 DNA 或 RNA 复本，制造新的病毒粒子，这些新粒子会脱离宿主细胞——宿主细胞一般会因此死亡。病毒自我复制的具体过程因其类型而异，有许多都打破了生物基本的遗传规则。例如，有一种反转录病毒携带着 RNA，它们用这些 RNA 来制造相应的 DNA“复本”。换句话说，其他细胞在制造蛋白质时，需要把 DNA 信息转录为 RNA 信息，而这些离经叛道的病毒却能利用自己的方法达到同样的目的。由于这一过程对活细胞来说太过特异，反转录病毒必须自带酶来催化这一过程：这是一种罕见的、真正的病毒酶。它们制造 DNA 复本是为了渗透宿主 DNA：这些病毒基因会插入细胞基因内，这样每当细胞分裂，病毒 DNA 也会随之复制。

病毒的性质确实十分特异，它们基因中暗藏的秘密却更为惊人。碱基序列分析显示，它们与受感染的细胞非常相似：病毒与宿主的亲缘关系原来比其同类之间要近得多。从进化的角度看，病毒似乎是狂野化的正常基因，它们脱离宿主后，变得可以自由移动，然后发展出这种不劳而获的可怕复制周期。

↓ 病毒靠感染活细胞并在其体内进行复制来传自身基因。只要有一个病毒粒子突破身体防复制周期就会开始。

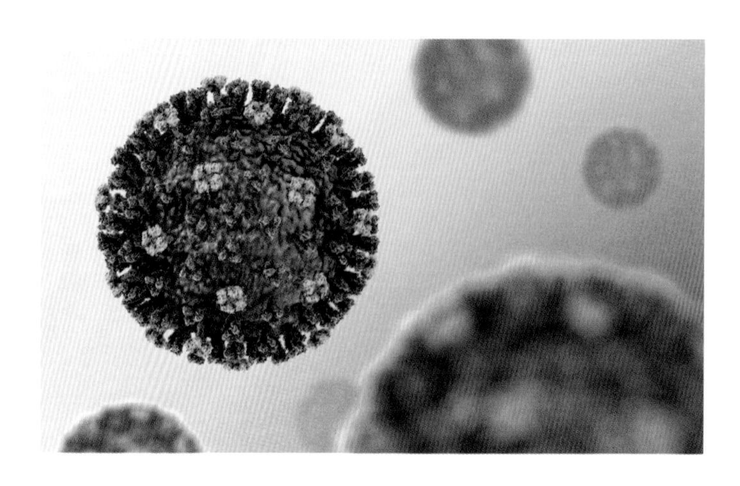

第六章

遗传定律

遗传模式

1866年，格雷戈尔·孟德尔不但揭示了遗传的奥秘，还为我们指明了如何从遗传因子（即我们如今所称的基因）的角度去理解遗传模式。

格雷戈尔·孟德尔在记述种植豌豆的经历时，回答了一个世纪难题：子代究竟是如何继承亲代性状的？他从实验结果得出：每种性状都由一个因子决定，这个因子从一代传向下一代。

孟德尔不仅解释了遗传的物理基础。他通过不断地杂交性状（例如花朵颜色、种子颜色和高度）不同的豌豆，发现了基因的传递和结合遵循着一套固定的规律。发现这些规律，意味着他可以解释某个杂交结果背后的原因，以及为什么有些性状会隔代遗传。这些定律后来被称为“孟德尔遗传定律”。

今天，孟德尔遗传定律依然是理解遗传模式的基础。虽然有些遗传模式比孟德尔想的要更复杂，但他总结的基本定律提供了进入复杂领域的敲门砖：这是人们理解错综复杂的遗传原理的一个起点。

孟德尔第一定律

孟德尔研究的过人之处在于：在缺乏显微证据的情况下，他正确地推测出了基因的遗传规律。他的推测完全以解读豌豆实验的结果为基础。他的成功很大程度上要归功于他事先作的几个缜密的安排。首先，他尽力保证手中的豌豆品种都是纯种的。换句话说，比如他先从紫色花的豌豆这个品种开始实验，那他就要保证种子来源于一个从来只开紫花的

孟德尔选择豌豆作为培育对象，是因为他可以较为方便地控制其授粉。

可靠品种。第二，他精确地控制了花粉的传播。豌豆可以自花授粉，为了防止这种情况，他把雌花都罩在了小袋子里。也就是说，他能完全控制授粉过程。孟德尔可以决定花粉的命运，所以才能决定杂交的走向。第三，他通过重复杂交来保证统计上的可信度。最后，也是最重要的一点，他一次只研究一种性状。

孟德尔的杂交实验始于一类特定的杂交：将纯种紫花豌豆与纯种白花豌豆杂交，纯种高豌豆与纯种矮豌豆杂交，不断重复。在每个案例中，孟德尔都发现只有一个品种会在下一代中继续出现。这一显性形态显然覆盖了另一种形态。他将隐藏起来的形态称为“隐性”形态。之后，他用杂交后产生的第一代（子一代）进行自交。结果在第二代（子二代）中，隐性性状重新出现了，但只占全部后代的四分之一。孟

孟德尔研究了豌豆（*Pisum sativum*）的七种遗传性状。每种性状都有两个变种。他发现一种变种（第一行），也就是显性性状，永远都会覆盖另一种变种（第二行），即隐性性状。

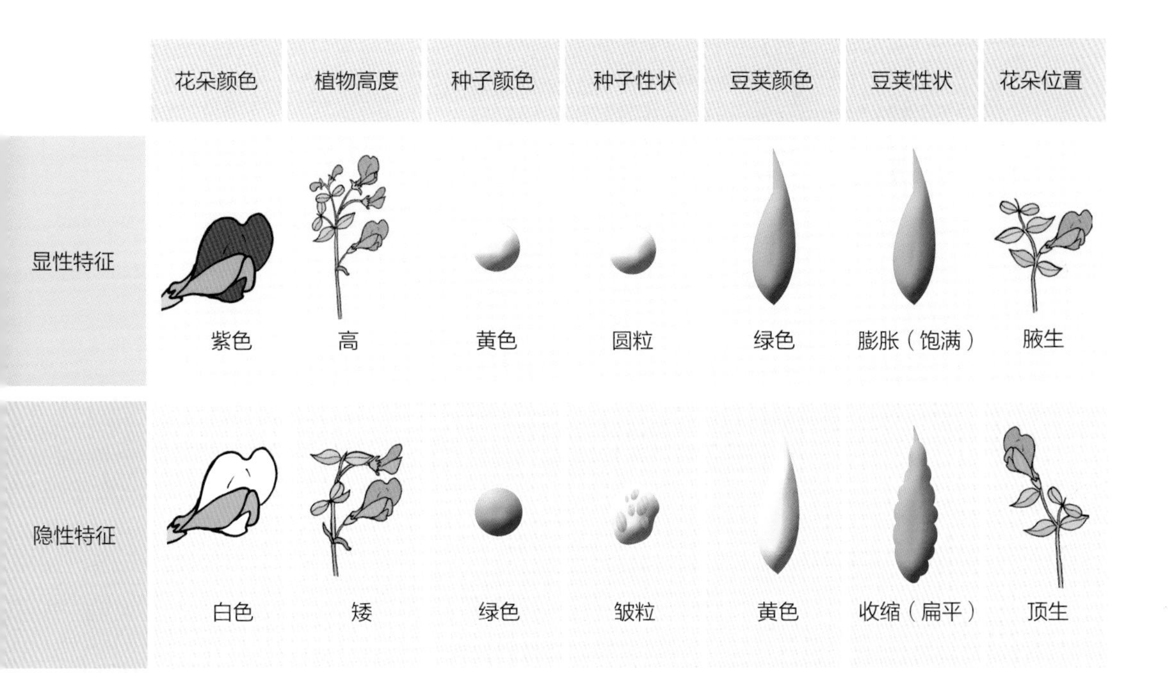

花朵颜色
植物高度
种子颜色
种子性状
豆荚颜色
豆荚性状
花朵位置
显性特征
紫色
高
黄色
圆粒
绿色
膨胀（饱满）
腋生
隐性特征
白色
矮
绿色
皱粒
黄色
收缩（扁平）
顶生

德尔在分析这个结果时用上了数学头脑，成功地倒推出子一代两株植物各有一半导致隐性特征的“因子”，而这种因子在子二代中结合了。

基于这一重要证据，他提出了第一条遗传定律：从亲代双方遗传来的“因子”（换句话说，就是基因）成对出现；这些成对因子分离后进入性细胞（花粉和卵细胞），然后在受精时结合。亲代性细胞在遗传上都是相同的，因为这些植物都是纯种。但是在下一代杂交种中，亲代的性细胞一半携带显性基因，一半携带隐性基因。今天，这一定律又被称为“孟德尔分离定律”：基因（等位基因）对分离进入性细胞。

孟德尔第二定律

孟德尔清晰地总结出第一定律，是因为他的初步试验每次只研究一种性状。也就是说，他可以用最简单的方法分析实验结果，以总结规律。但他并没有止步于此。如果他用同样的数学方法去研究同时遗传两种性状的杂交，又会得出什么结果呢？比如说，如果他把圆粒高茎豌豆和皱粒矮茎豌豆杂交，会有什么发现？

这次，他依然从纯种植物开始繁育，同时观察两种性状。他的杂交方法与上一次相同。他发现，实验结果依然符合他的第一定律：每个案例中，子一代中只出现显性特征（圆粒高茎）；但这批杂交种产生的子二代中，显性和隐性性状就混杂起来了。单独来看，两个性状依然符合熟悉的3∶1比例：显性性状（高茎或圆粒）占四分之三，隐性性状占四分之一（矮茎或皱粒）。观察性状结合的方式时，他发现第二代中有四种可能：高茎圆粒、高茎皱粒、矮茎圆粒、矮茎皱粒，并且比例还是固定的——这一次不再是四分之几，而是十六分之几。十六分之九的豌豆有两个显性性状

T：高茎等位基因
t：矮茎等位基因

亲代表现型
亲代基因型
减数分裂
性细胞
受精
子一代基因型
子一代表现型

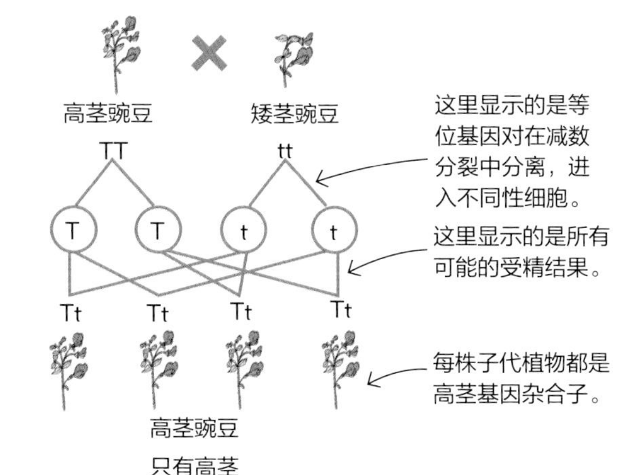

子一代表现型比例：只有高茎

因为单株亲代植物所有性细胞都携带着相同基因，所以更简单的表现方式是……

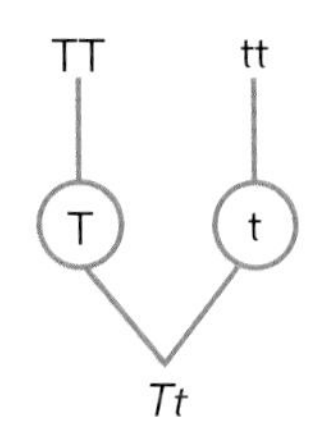

子一代表现型
子一代基因型
减数分裂
性细胞
受精
子二代基因型
子二代表现型

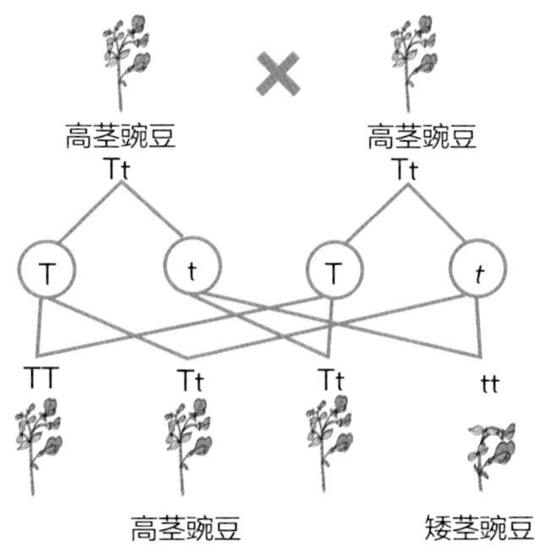

注意这一次所有高茎豌豆都是杂合子：它们也携带矮茎等位基因。

子二代表现型比例：3 高茎：1 矮茎

↑ 从纯种个体开始并延续两代的遗传杂交可以显示哪种特征是显性的，哪种特征是隐性的：隐性特征在子一代中会隐藏不现，在子二代中则有四分之一概率重新出现。

T：高茎等位基因　t：矮茎等位基因　R：圆粒等位基因　r：皱粒等位基因

亲代表现型　高茎圆粒豌豆　矮茎皱粒豌豆

亲代基因型　TTRR　ttrr

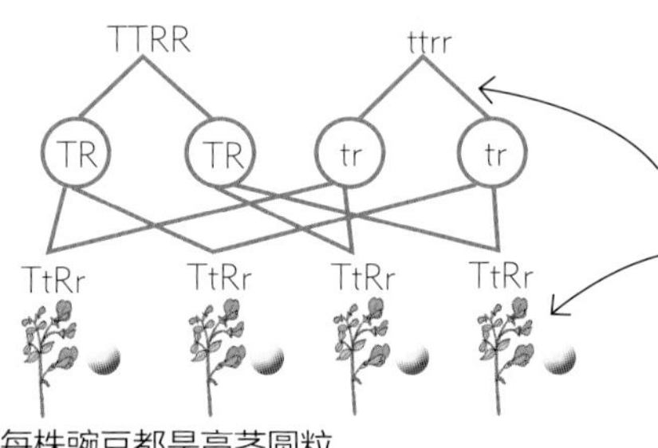

每株豌豆都是高茎圆粒

子一代表现型比例：全部是高茎圆粒

这里显示的是减数分裂阶段两个等位基因对分离进入不同的性细胞——这样每个细胞都能得到全部种类的基因。

注意现在每株豌豆都同时是两种基因的杂合子。

因为单株亲代植物所有性细胞携带的还是相同的基因，所以更简单的表现方式是……

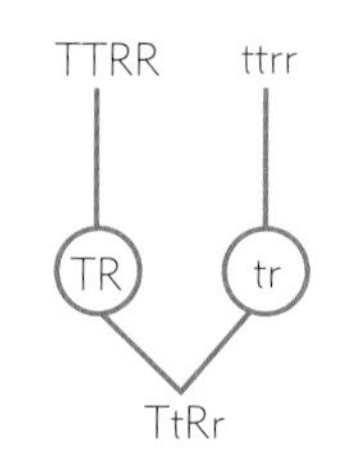

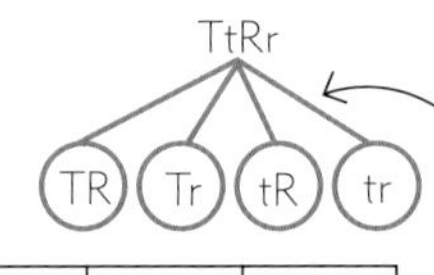

子一代表现型　矮茎皱粒豌豆　高茎圆粒豌豆

子一代基因型　TtRr　TtRr

减数分裂

性细胞　TR　Tr　tR　tr　TR　Tr　tR　tr

受精

这一次，每株亲代植物都同时携带矮茎和皱粒的基因，所以每株亲代植物都会产生四种携带不同基因的性细胞。注意控制高度的基因（T/t）和控制种形的基因（R/r）彼此独立分离。

子二代基因型

	TR	Tr	tR	tr
TR	TTRR	TTRr	TtRR	TtRr
Tr	TTRr	TTrr	TtRr	Ttrr
tR	TtRR	TtRr	ttRR	ttRr
tr	TtRr	Ttrr	ttRr	ttrr

由于拥有独特基因的性细胞会产生更多可能的组合，我们用一个表格（即旁氏表）来展示所有的可能性。

子二代表现型及比例

9 高茎圆粒

3 高茎皱粒

3 矮茎圆粒

1 矮茎皱粒

↑　同时观察两种性状的遗传杂交更为复杂，其子二代中也出现了更为复杂的9：3：3：1的比例。这个结果最清晰的展示形式就是一种叫作旁氏表的表格，如上图。

（高茎圆粒）；十六分之三的豌豆有一个显性性状，以及一个隐性性状（高茎皱粒或者矮茎圆粒）；只有十六分之一的豌豆有两个隐性性状（矮茎皱粒）。孟德尔推断，这些更为复杂的杂交遵循同样的统计学规律。

这一次，初始亲代双方的性细胞遗传上依然一致。所有高茎圆粒豌豆的性细胞都携带一个高茎基因和一个圆粒基因。另一株亲代植物提供的全是矮茎皱粒的性细胞。但是在下一代中，高度和种形基因分开独立遗传，所以四种可能的结合数量也是相等的：四分之一性细胞带高茎圆粒基因，四分之一带高茎皱粒，四分之一带矮茎圆粒，还有四分之一带矮茎皱粒。当这些性细胞结合再产生下一代时，结果就由这些比例的乘积决定了。这就能解释为什么双隐性性状的植物这么少，因为 1/4 × 1/4=1/16，所以只有十六分之一的后代为矮茎皱粒。你可以在上面的图表中看到关于所有性状组合的详细解释。

孟德尔发现基因对以此方式独立混合，这一发现被称为“孟德尔自由组合定律”。这条定律解释了为什么一个性状，例如发色的遗传能够独立于另一个性状，比如血型。

杂交的条件与注解

孟德尔的研究阐明了生物体的基因构成和我们实际能看见、能测量的性状之间的区别。基因的构成叫作基因型，而表达出来的性状叫作表现型（比如豌豆高矮）。孟德尔还发现，表现型相同的生物体的基因型可能不同。比如说，高茎豌豆可能是纯种，也可能携带了一个隐藏的矮茎等位基因。

表示基因型最简单的方法就是用大小写字母分别表示显性和隐性等位基因。所以对于控制豌豆高度的基因来说，显性“高茎”（tall）等位基因用“T”表示，隐性“矮茎”（short）

等位基因用“t”表示。具体用什么字母没有规定，但是最好选择大小写不容易混淆的字母（所以不要选M/m或者V/v）。一般情况下，就像在这个例子中，我们会选择显性性状的首字母。等位基因相同的基因型被称为“纯合子”，等位基因不同的基因型被称为“杂合子”。

孟德尔的好运气

上文也提到，许多种类的遗传太过复杂，很难只用孟德尔的两条定律来解释。但是孟德尔定律阐释了遗传的基本原则，即基因对总是分开进入不同的性细胞（所以每个性细胞只含有一种基因或者说等位基因复本）。但是要记得，孟德尔对于那些他叫“因子”而我们叫“基因”的粒子的物理基础知之甚少。也就是说，他并不知道许多基因在染色体上是连锁在一起的。如果他研究过这些连锁基因系统，一定会获得更复杂的结果，揭示更深层的定律。但是他没有。连锁基因可以不遵循第二定律所说的自由组合，因为只要一个基因存在，与它连锁的邻居也会跟上，除非它们在染色体互换过程中发生了重组。

孟德尔关于豌豆的研究纯粹是运气——因为决定他所分析的七个性状的基因正好处在不同的染色体上。我们现在已经知道，豌豆总共也只有七对染色体，所以孟德尔的选择就更加令人惊叹了。这样的好运气，概率又该是多少呢？

遗传杂交与现实

遗传杂交图表可以在已知亲代基因型的情况下预测杂交结果。我们可以运用孟德尔的分离定律预测后代的基因型。不过，重要的是要记住这种预测计算的是每种结果可能出现的概率，而不是最终的实际数字。许多人类遗传缺陷，比如囊肿性纤维化疾病，都是通过隐性基因遗传的。这意味着只有当父母双方都携带至少一个有缺陷的隐性基因时，生下的孩子才可能会患病。如果父母双方都是缺陷等位基因的携带者（杂合子），那么根据这种遗传杂交图表，可以预测他们所生的孩子有四分之一的概率会患病。但这并不是说如果他们生下了三个健康的孩子，下一个就一定会得囊肿性纤维化疾病。实际上，每个孩子患病的概率都是相等的，均为25%。

第七章

超越孟德尔定律

染色体上的基因

孟德尔的研究成果在他去世后重新被学界发掘出来，科学家们将繁殖实验与显微研究相结合，探索染色体如何携带基因。

1884年孟德尔去世时，他研究成果的重要性还未被世人所知。十多年以后，有几个事件促使他的遗传定律又重新回到了聚光灯下。19世纪末，荷兰植物学家雨果·德弗里斯展开了植物繁殖实验，得出了同样的结论，即遗传靠的是性细胞形成时分离并自由组合的因子。德弗里斯发表了实验成果之后才发现了孟德尔的研究。在一位同事的敦促之下，他承认了孟德尔的实验先他一步。1900年，英国生物学家威廉·贝特森读到了德弗里斯的实验及其对孟德尔研究的认可，当即为这一突破欣喜不已。之后几年间，贝特森成了孟德尔的拥护者，也因此成为开启科学新道路的主要推动者。德弗里斯把自己发现的因子称为“泛基因”（Pangenes）。1905年，贝特森将这一生物学的新分支命名为：遗传学（Genetics）；四年后，他的合作者之一，威廉·约翰逊将“泛基因”简化为“基因”，正式宣告了基因时代的到来。

此时，一系列微观科学研究和越来越多的繁殖实验都更深入地揭示了这些粒子的本质和它们在细胞中的位置。在一次罕有的巧合中，大西洋两岸的研究者们几乎同时得到了第一条证据。

遗传的染色体学说

德国生物学家西奥多·博韦里对细胞生物学兴趣浓厚，

科学家们花了将近 30 年才终于意识到孟德尔研究的重要性，以及他在奠定现代遗传学基础方面扮演的角色。

致力于癌性肿瘤方面的研究。在细胞生长领域，海胆历来是最受青睐的实验对象——直到今天仍然如此。海胆与海星是近亲，它们排出精子和卵细胞，受精过程发生在体外。精子和卵细胞相遇后，得到的胚胎裸露在外，非常容易通过显微镜研究。在此之前，德国科学家已经发现，染色体是在细胞中生成的。但是博韦里提出，每个染色体都是从上一代传到下一代，而且每个染色体都有自己独特的用处。通过在海胆身上展开的细致研究，博韦里证明，胚胎要想正常生长需要一整套染色体。结合这些证据，他推测染色体中携带着重要的遗传材料。

与此同时，在美国，沃尔特·萨顿根据对蝗虫的研究，也得出了相同的结论。通过解剖蝗虫的性器官，在显微镜下观察其细胞，萨顿发现了染色体总是成对出现，并在性细胞

↑ 在 20 世纪遗传学的诞生过程中，有四个人不可或缺：雨果·德弗里斯（左一）和威廉·贝特森（左二）通过基因“重新发现”了孟德尔的遗传定律，西奥多·博韦里（右二）和沃尔特·萨顿（右一）则各自总结出了染色体携带基因这一理论。

形成时分离。这似乎是孟德尔第一分离定律的现实证据。

博韦里和萨顿分别在 1902 年和 1904 年发表了研究成果，他们为遗传学这一全新领域作出的贡献后来被称为萨顿-博韦里染色体学说：孟德尔所说的遗传因子存在于染色体中。但是，依然有人质疑染色体是否真的携带基因。有些科学家对孟德尔定律本身表示怀疑。但是不久后，证实的声音恰恰来自这些怀疑者中间。

果蝇屋

1904 年，雨果·德弗里斯的一个理论引起了美国哥伦比亚大学遗传学者托马斯·亨特·摩尔根的注意。该理论认为，进化主要是通过突变来实现的：新的生命形式——突变在自然中随机出现，突变是进化最主要的推动力。当时，摩尔根既不相信孟德尔的遗传理论，也不相信染色体学说。

摩尔根需要一种生物体作为实验对象来研究突变。他选择了果蝇。果蝇是一种长着红色眼睛的小型昆虫，喜欢过度成熟的水果；它们广泛分布于世界各地，在发酵、甜腻的果浆中进食和繁殖。在一个果蝇研究爱好者团队的帮助下，摩尔根在大学实验室里用玻璃瓶子繁殖了几千只果蝇，这个实验室后来被称为“果蝇屋”。从 1908 年前后开始，摩尔根领导的哥伦比亚大学团队花了差不多 10 年时间研究基因和染色体。摩尔根之后凭借这一研究工作获得诺贝尔奖，并在研究过程中证实了他原本心存怀疑的学说：基因是由染色体携带的。

直到今天，果蝇依然是遗传学研究中的模式生物。但是在 20 世纪初摩尔根开始实验时，他首先需要找到果蝇的变异体来研究它们的遗传规律——正如孟德尔研究豌豆变异体的遗传规律一样。光这项工作就耗费了摩尔根团队将近一年的时间，但他们最终还是找到了一种产生突变的变异体，其变异清晰可见，并且能在几代之间追根溯源：突变的果蝇长了白眼，而不是一般所见的红眼。

白眼果蝇

一开始，果蝇的白眼变异体似乎遵循了孟德尔定律。摩尔根用一只雌性红眼果蝇和一只雄性白眼果蝇进行杂交，第一代后代全部为红眼，第二代则有四分之三是红眼，四分之一为白眼。这些都暗示着红眼特征是显性的，白眼是隐性的。摩尔根随后又发现，实验结果与初始那一对果蝇的性别息息相关。如果他一开始用雌性白眼果蝇和雄性红眼果蝇杂交的话，结果将大不相同：所有雌性后代都是红眼，所有雄性后代都是白眼。控制眼睛颜色的基因与果蝇的性别有某种联系，摩尔根能想出的唯一解释就是相关基因是由一种特殊的、决定性别的染色体携带的，而科学家们在几年之前就识别出了这种染色体：性染色体。摩尔根将这种遗传称作伴性遗传。

解读伴性遗传的结果

在红眼雌性果蝇与白眼雄性果蝇的杂交结果中，白眼等位基因的确表现得像是隐性基因，在第一代后代中完全隐藏了起来。如果用白眼雌性果蝇和红眼雄性果蝇杂交，不知为何却能在第一代后代身上表现出来。也许雌性身上的白眼等位基因复本比雄性要多？

摩尔根团队正是这样解读这一实验结果的，他们的解读清晰地解释了这一现象。基因位于一个集合体——染色体上，这个染色体在雌性体内出现了两次，就像雌性体细胞内的其他染色体一样。但是在雄性体内，这个染色体只出现了一次，所以雄性就只携带一个白眼等位基因。显然，染色体排列方式的不同不仅会影响昆虫的性别，还会影响其他性状，比如眼睛颜色，控制这一性状的基因也是由同样的染色体携带的。

通过研究果蝇，摩尔根发现孟德尔的基因因子理论和染

完美的动物

果蝇（*Drosophila melanogaster*）只有 4 毫米长，但是许多性状都肉眼可见，因此成为遗传学及其他生物学领域最重要的研究“模型”之一。雄性果蝇比雌性稍小，臀部有一块显眼的黑斑（如上图）。果蝇很容易在瓶子或罐子中培育。瓶子底部的材料包含成虫及幼虫所需的营养。果蝇产卵后，幼虫会爬到瓶壁上，形成浅褐色的粒状蛹，之后羽化为成虫。这一技术是由托马斯·亨特·摩尔根发明的，利用它可以培育多代果蝇。

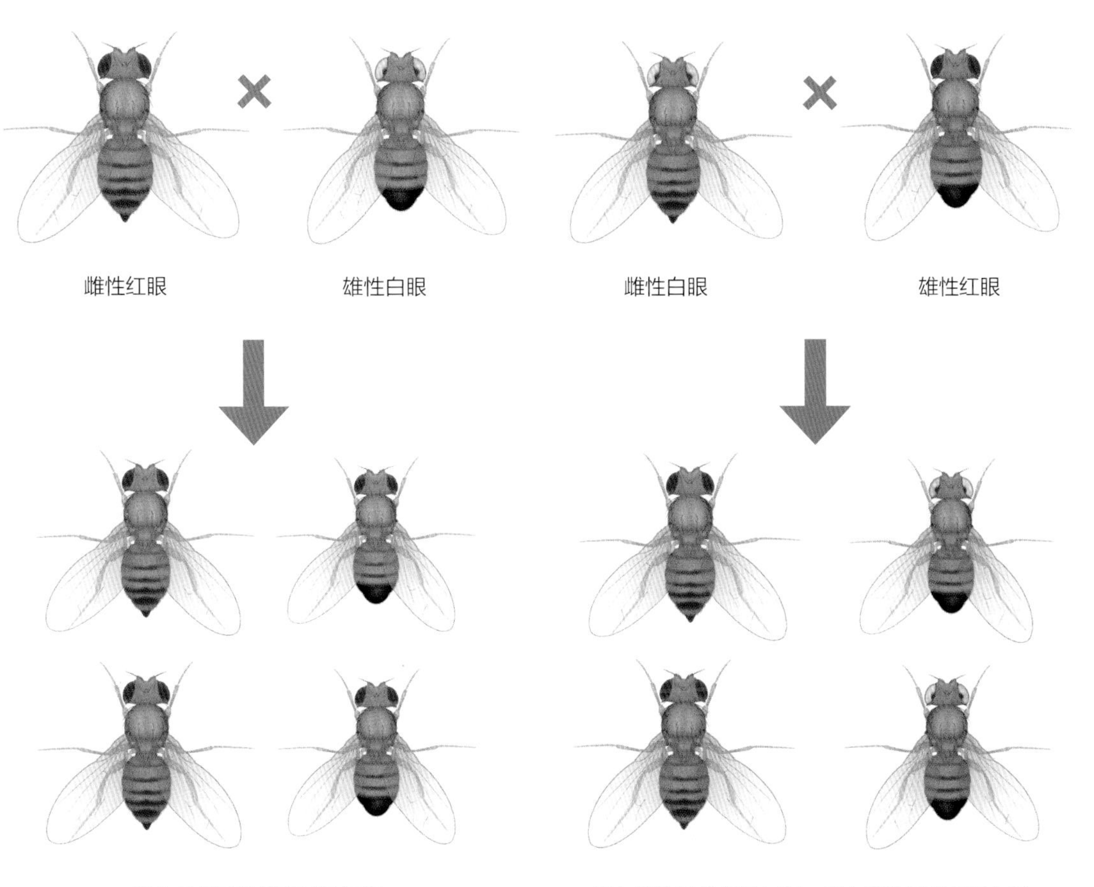
雌性红眼
雄性白眼
雌性白眼
雄性红眼
所有后代无论性别都是红眼
所有雌性后代都是红眼，所有雄性后代都是白眼

通过繁殖带有白眼突变的果蝇，托马斯·亨特·摩尔根发现其遗传方式是由亲代果蝇的性别决定的。这是科学家们首次发现孟德尔定律未能解释的复杂情况：伴性遗传。

色体学说是正确的，他自己的繁殖实验则将遗传学又向前推进了一大步。他的团队研究了更多突变体（短粗翅，黄色身体，等等）的遗传规律，其中有些突变是在实验室里通过向果蝇照射微量X射线人工创造出来的。他们的研究证明，有些性状是独立遗传的，有些则不是。后者就是那些在染色体上连锁在一起的基因。令人赞叹的是，新生的遗传学不但证实基因确实位于染色体上，还初步明确了它们之间的相对位置。

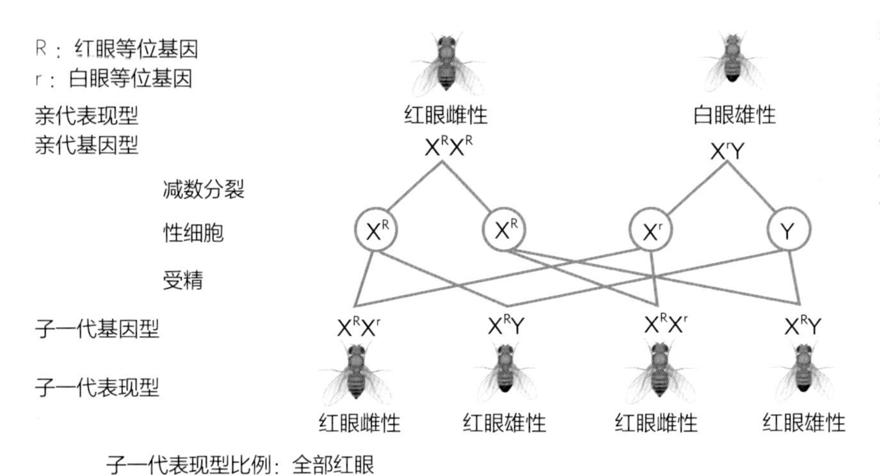

染色体写作“X”和“Y”，基因（R/r）以角标显示。注意这一基因只由 X 染色体携带；Y 染色体只存在于雄性体内，不携带该基因

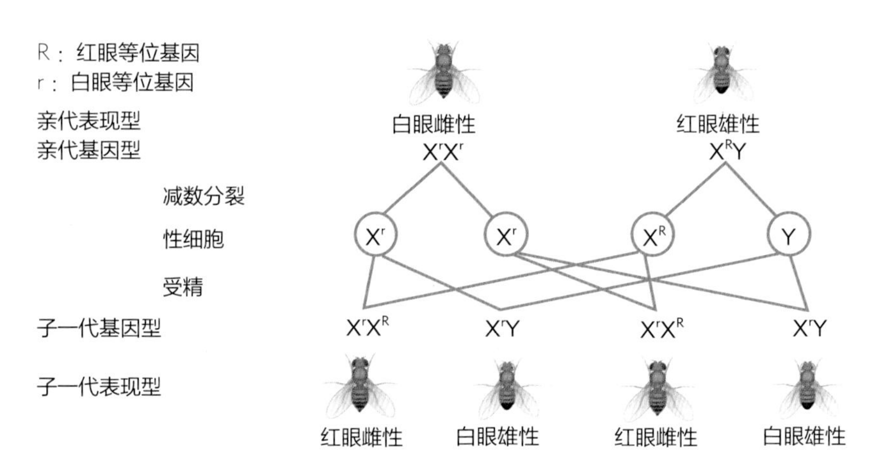

↑ 果蝇眼睛颜色的基因位于一个叫作 X 染色体的性染色体上，这一染色体在雌性细胞中出现两次，在雄性细胞中只出现一次。正是基因所处的这一位置导致了繁殖实验不同寻常的结果。

深入了解伴性遗传

当决定某一性状的基因位于性染色体上时，就会发生伴性遗传。在此情况下，携带这些性状的个体的性别将决定遗传的模式。

19 世纪末 20 世纪初，有大批学者研究细胞和染色体，美国遗传学家内蒂·史蒂文斯也是其中一员。她研究的是黄粉虫，这种幼虫在经历变态后会长成黑甲虫。史蒂文斯旅居欧洲时曾与西奥多·博韦里合作，后者教会了她如何给海胆胚胎细胞染色，以观察其染色体。史蒂文斯把这门技术带回了美国，成功地将其运用到黄粉虫身上，专门研究性别之间的差异。她发现雌性的细胞中有 20 条染色体，结为 10 对。但是在雄性的细胞中，只有 9 对染色体可以真正这样结对。最后的两条染色体则与众不同。史蒂文斯发现（至少对于黄粉虫来说）一对性染色体决定着动物的性别。后来，她对这些染色体进行了命名，雌性的称为 XX，雄性的称为 XY。

史蒂文斯的研究结果发表后，其他动物身上也发现了染色体决定性别的证据，其中包括果蝇，还有最重要的——人类。如果一种性别——比如黄粉虫、果蝇和人类的雄性个体，携带着一种不同的染色体，那么这些染色体上的基因很可能也会不同。这也就意味着，这些雄性只携带着一份伴性遗传的基因，这一因素显然会影响伴性遗传基因及其所控制的性状在代际间遗传的方式。

性染色体上的基因

就像果蝇和黄粉虫一样，人类的性染色体之间的差别也

← 黄粉虫一生的三个阶段是：幼虫（左）、茧（中）和成虫——或者说成年体（右）。

非常明显。个头较大的 X 染色体与核型分析中所看到的其他染色体没什么差别——一团长长的、紧紧卷曲的 DNA；Y 染色体却形状短粗。实际上，它是所有染色体中最小的一个。通过多年的研究，遗传学家们发现 Y 染色体正如他们所推测的那样，携带着一种决定雄性性别的基因，除此之外基本不携带其他编码 DNA。看起来，Y 染色体上只携带着最基本的遗传信息，整条染色体只有 70 个左右的基因。相比之下，X 染色体上则是基因满载：人类细胞中的 X 染色体携带着约 800 个基因。许多负责重要任务的基因都位于 X 染色体上，包括负责代谢过程中释放能量的基因、制造肌肉蛋白的基因以及负责彩色视觉的基因。这也就意味着，X 染色体上同时也携带着这些基因的缺陷变体，所以这种由等位基因造成的病症就会产生伴性遗传。如我们在第三章中所见，肌营养不良症是由一种功能缺陷的等位基因导致的，该基因本应引导人体制造名为抗肌萎缩蛋白的蛋白质。这种蛋白质可以强化肌肉，没有它肌肉就会萎缩。这一相关基因就处在 X 染色体的短臂上。另一个位于 X 染色体长臂尽头的基因控制着一种

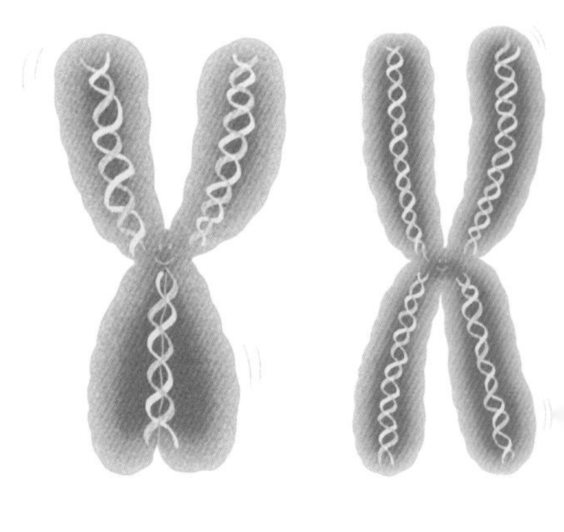

↑ 就像其他由染色体决定性别的生物一样，性染色体大小差别甚殊：Y 染色体比 X 染色体要小得多。

视觉色素的制造，有了这种色素我们才能分辨红色和绿色。因此，导致红绿色盲的缺陷等位基因也是伴性遗传的。

雄性体内 XY 型的染色体排布方式有一个重要影响：伴性遗传基因没有复本。如我们所见，体细胞都含有两套染色体或基因，形成所谓的二倍体。这也就意味着如果一对基因中包含一个缺陷变体，正常的那个复本往往可以进行补救。但是在雄性的细胞中，X 染色体上的基因在 Y 染色体上没有复本。任何一个隐性等位基因，不论有害与否，都会表达在雄性个体身上。这也就解释了为什么相较于女性，男性更容易罹患伴性遗传疾病。细胞中大多数基因都是由与性别无关的染色体携带的。这些染色体叫作常染色体，它们通过传统遗传模式（或称为常染色体遗传）传给下一代。人类二倍体体细胞中有 22 对常染色体。再加上两条性染色体，组成了人类全部的 46 条染色体。

血友病的遗传

血友病是一种格外严重的伴性遗传疾病。我们在第三章中已经讲到，这种血液病是一种基因缺陷导致的，该基因负责编码制造一种叫作凝血因子的蛋白质。缺少凝血因子，血液就难以正常凝固，所以即便是小伤口也格外危险。血友病中最常见的类型就是由 X 染色体上的基因导致的。

这一基因的正常变体呈显性，其血友病变体则是隐性。这意味着遗传到血友病变体的女孩不太可能患病，因为她们第二个 X 染色体上很可能携带正常基因。这个正常基因呈显性，所以能够指导身体制造凝血因子。（实际上，在这种情况下人体制造的凝血因子依然相对偏少，但不会患上这种危及性命的疾病。女孩只有在两种情况下才可能真正患上血友病，要么父母双方各遗传给了她一个致病基因，要么她的第二个 X 染色体发生了变异或者缺失。这两种情况都非常罕见。）

但是，在男孩身上，血友病基因则会完全表达出来，因为他们没有第二条 X 染色体来为他们提供备用的显性基因。血友病席卷 19 世纪的欧洲皇室家族堪称这方面最为著名的病例。在这一病例中，血友病等位基因最初产生于维多利亚女王的基因突变。我们得出这一结论，是因为维多利亚之前的王室成员中并没有患血友病的记录。维多利亚的一个儿子，利奥波德，却患上了血友病，这意味着他是从母亲那里遗传了一个突变基因。所有男孩从父亲那里遗传来的都是 Y 染色体，利奥波德没有“补救”的等位基因来遮盖突变的后果。之后，他把这一基因遗传给了女儿和外孙。同时，维多利亚的两个女儿，爱丽丝和比阿特丽斯，也携带着这种致病基因。这意味着，她们和利奥波德一样遗传了一个突变基因，不过她们还各自从父亲那里遗传到了一个功能正常的基因来“补救”。即便如此，她们依然会把这种基因遗传给下一代。结果，她们各导致了四例男性血友病：爱丽丝将致病基因遗传给了俄国皇室，比阿特丽斯则将致病基因遗传给了西班牙皇室。

维多利亚女王育有五个女儿，通过其中的两个女儿，她将血友病遗传给了欧洲各国皇室，西班牙、俄国和德国的皇室家族都未能幸免。

不止两个变体

在孟德尔的豌豆杂交实验中，每个性状只有两种不同的变体。但是许多性状都不止有两个变体，在这种情况下，遗传规律就不容易直接反映出来。

遗传规律广为人知，但并非看上去那么简单。一种性状可能是由一条染色体上的单个基因决定的，但除了雄性身体内的 XY 染色体之外，染色体都是成对出现的，这意味着基因也是成对出现的。此外，一个基因还有多种叫作等位基因的变体。生物体身上表达出来的性状叫作表现型，它是由等位基因的组合形式，即基因型决定的。孟德尔在研究中记录的性状都只有两种变体：高茎或矮茎，紫花或白花，等等。总是一个变体呈显性，另一个呈隐性。但是不妨想象一下，两个不同的等位基因结合到一起，得到的结果就是第三种不同的基因型。再想象一个基因并不是只有两种变体——如果有三种、四种，甚至更多变体的时候，会发生什么事情？

在现实的遗传世界中，所有这些复杂情况都可能发生，也的确在不时发生着，并且有时所有复杂因素会同时出现。这就让遗传规律变得复杂得多，我们通过一次只关注一种情况，以厘清其中的规律。

镰状细胞病与镰状细胞性状

第三章中，我们看到负责编码生成血红蛋白的基因有一个变体，它引导人体生成这种蛋白质的变体，导致红细胞变成镰刀状。人们一般说镰状细胞病是隐性的，意即当两个等

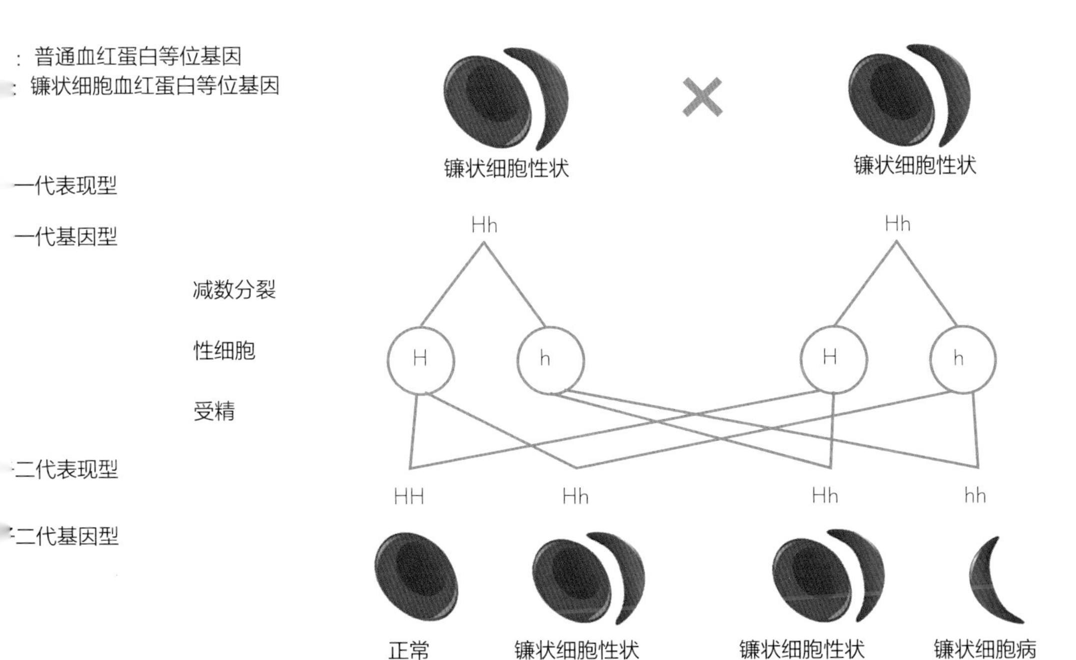

二代表现型比例: 1 正常 : 2 性状 : 1 患病

镰状细胞病患者父母双方都携带着镰状细胞性状。

位基因同时出现时，正常的等位基因会掩盖致病基因的影响。在现实中，这并不完全正确。因为如果一个人的二倍体体细胞中携带着两种不同的等位基因，即使是“隐性”的那个也会表现出来。这是由于每种等位基因都会向身体下达指示，制造其对应的血红蛋白，所以细胞最终会得到两种血红蛋白。因为两种等位基因谁都不能完全盖过对方，我们只能说它们呈共显性。但这会导致镰刀状细胞吗？会，但只有在特殊情况下才会。这两种混合的血红蛋白只有在氧气浓度很低的情况下才会导致镰刀状的红细胞。携带着混合血红蛋白的人具有镰状细胞性状，他们只在大量运动的情况下才可能会显示出一些症状（比如抽筋）。这一人群也可以归类为一种单独的表现型，所以一共有三种不同的表现型：正常、镰状细胞性状、镰状细胞病。我们说这样的遗传呈不完全显性，是因为在携带两种等位基因的杂合子中，其中一种等位基因的影响并没有完全遮盖另一种等位基因。

许多特征的遗传都可以归类为不完全显性、共显性，或者如镰状细胞一样，是两者的结合。

不完全显性

在特征能够清晰地按“显性—隐性”模式呈现出来的情况下，显性基因必然会表达出来——无论另一个等位基因是显性还是隐性。这是孟德尔从豌豆性状中发现的。携带着两个显性紫花等位基因的紫花豌豆，其花朵紫色的深浅程度，与携带了一个隐性白花等位基因的豌豆并无区别。用现代术语来说，就是在这两种情况中，制造紫色色素的蛋白质的工作方式完全相同。白花豌豆不产生任何制造色素的蛋白质。

这样的完全显性并非放之四海皆准。在金鱼草中，也有

不完全显性会产生三种不同的表现型。杂合子表现型介于其他两种表现型之间。

一个决定花朵颜色的基因：它可以让花朵呈现红色或白色。白花同样不制造任何色素。但是在这一案例中，如果存在白色等位基因，制造红色色素的蛋白质就会效率减半。只有同时存在两个红色等位基因的情况下，才能开出深红色的花朵。这种不完全显性引出了杂合子的第三种表现型：它们开粉色花。

虽然金鱼草杂交实验没有得出如孟德尔豌豆实验一般的比例，但孟德尔定律在其中依然成立。纯种红花金鱼草与纯种白花金鱼草杂交时，来自亲代双方的等位基因同样会分离重组，形成的第一代子代也均为杂合子。但是不完全显性会使它们的花朵全部呈粉色。继续杂交这些粉色的杂交种，下一代中便会既有纯合子又有杂合子，这一代的所有个体中，有四分之一开红花，一半开粉花，还有四分之一开白花。

共显性和血型

在显性和不完全显性的情况下，隐性等位基因都完全不表达。当共显性发生时，杂合子中所有的等位基因都会表达出来，产生两种不同的蛋白质。一个常见的例子就是决定人类 ABO 血型的基因。

ABO 血型系统的基础是一种蛋白质的化学修饰，这种蛋白质通常附着在红细胞表面。与我们之前谈到的基因不同，导致这种化学修饰的基因有三个变体。A 等位基因会将此蛋白质修饰为 A，B 等位基因将其修饰为 B，O 等位基因则不会引起修饰。当存在另两种等位基因时，O 呈隐性。也就是说，隐性的 O 等位基因正像是豌豆和金鱼草中不制造色素的基因。但是当杂合子中 A 和 B 两个等位基因碰到一起，又会出现什么情况呢？和血红蛋白等位基因一样，这两种等位基因会同时表达出来。它们呈共显性，表达程度相当，所以杂合子身体中的血液将同时含有 A 型和 B 型两种蛋白质。这意味着携带 AA 或 AO 等位基因的人将会是 A 型血，携带 BB 或 BO 等位基因的则是 B 型血，而只有 AB 和 OO 等位基因才会导致 AB 型血和 O 型血。

复等位基因

由于存在两种以上的等位基因，血型系统不仅有共显性特征，还是复等位基因系统的一个实例。复等位基因会创造出高度变化的性状。等位基因越多，可能出现的表现型就越多。比如说，一个决定兔子毛色的基因有四个等位基因，在特定组合中，某些等位基因会相较于其他等位基因呈显性。

人类很多特征也由单个基因的复等位基因决定，比如发色、肤色和眼睛颜色。这些案例格外复杂，因为控制这些性状的不止一种基因。因此，可能的组合种类繁多，范围极广，最终的表现型也数不胜数。

↓ 兔子的毛色是一个人们曾深入研究过的性状，它由两个以上的等位基因控制。

第八章

变异

多种多样的生物

生物多样性如此丰富，不仅不同种类的生物——从微生物到植物再到动物——千差万别，同一个物种的不同个体也各不相同。基因对于这种多样性的产生扮演了至关重要的角色。

生物在各个方面千差万别。在各个生物界[1]中——动物、植物、细菌以及其他生物——有的只有单个细胞，有的葱郁繁茂，有的拥有适应快速活动的肌肉和神经。即使在同一个物种中，差别也同样存在——虽然程度略逊，但重要性丝毫不减。比如核桃树植株高矮不一，叶子数量不齐，如此种种，正如人类有胖有瘦，发色不同。这些差别很多都可以归因于基因。基因的不同变体编码、合成不同的蛋白质，这些蛋白质发挥不同的效用，创造出不同的性状。随着基因的复制、混合并流向下一代，这种遗传变异也随之在代际流转。环境也会对个体造成直接影响，比如一棵核桃树如果长在背阴处或是土质贫瘠的地方，就会发育不好；但在基因上，它与那些生长在阳光明媚、养分充沛之处的个体没有什么不同。

基因和环境对于变异的共同影响往往不易衡量：这两种因素相互作用的方式非常复杂，不但难以辨别究竟是哪一方的作用，也为研究遗传增加了难度。

↑ 弗朗西斯·高尔顿（1822—1911）试图将达尔文的进化论应用到人类身上，倡导优生学只允许精英阶层把基因遗传下去。

1 界（Kingdom）是生物学分类中最高阶元，具体划分目前仍未统一，但一般分为 5 个界。

先天与后天

弗朗西斯·高尔顿是查尔斯·达尔文的表亲，他兴趣广泛，在多个相差甚远的领域都发表过文章，比如天气、指纹和心理学，他最出名的建树还是在遗传学领域，特别是人类遗传学。1869 年，高尔顿出版了《遗传的天才》一书，该书汇聚了他多年来搜集的各种人类生物学数据。他测量身高体型，还设法量化了智慧和美貌（偷偷地给他在乡间散步时所见的女性排位）。他还研究了家族关系，总结出智力与成就至少在一定程度上是遗传的：显赫之子必有显赫之父（他讲的永远是儿子和父亲）。他承认环境的作用，创造了“先天与后天”这个表述来阐释遗传和后天培养的相对作用，但他始终确信人生许多领域的成就都是代代相传的：个性本身也由基因决定。不仅如此，他还相信社会应该努力提高人

一组印度女性的平均身高数据。许多平滑变化的性状，比如人类身高，都符合钟形曲线的范围，大多数人拥有平均（中位）身高，较少数人拥有极值身高。

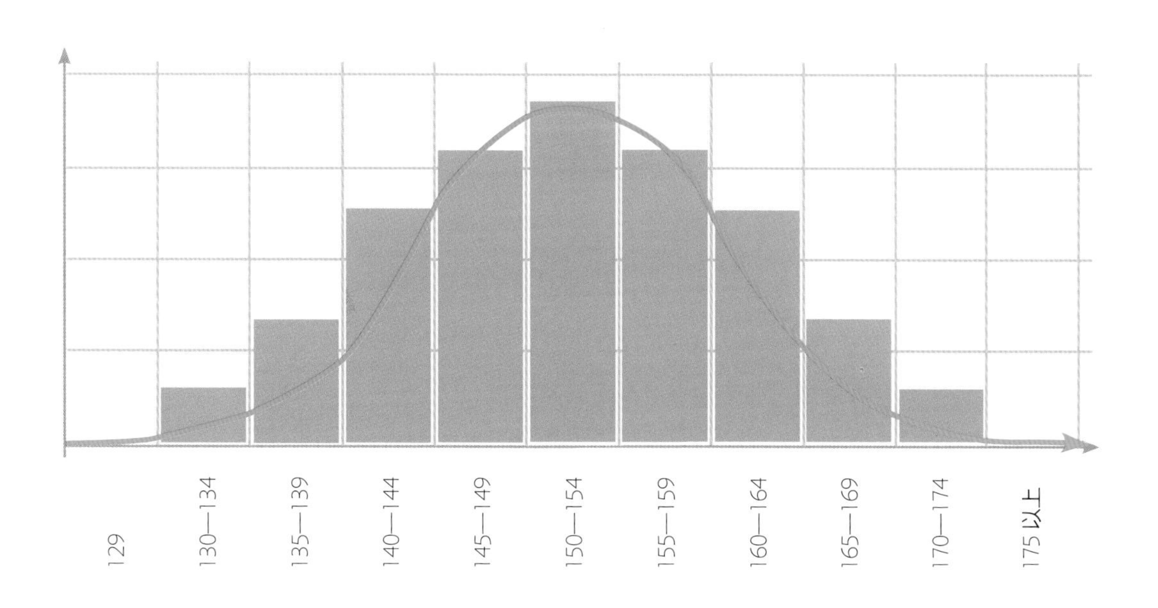

类这个种群的基因质量。高尔顿创造了“优生学”这个词，来阐述如何实现这一目标。

高尔顿的著作少有人认同，连达尔文都不同意他的观点，但他还是坚持研究，继续搜集更多数据，试图找到一条祖先遗传的定律。高尔顿提出了一个如孟德尔定律一般颇具数学性的理论，自认为解决了这个问题。他提出，一个遗传下来的性状，比如身高，是按特定比例从每代祖先处得来，父母的作用占 50%，祖父母占 25%，以此类推。他的新定律显然无法与孟德尔定律的比例数据兼容，后者早在世纪之交就得到众多繁殖实验的证实。很明显，孟德尔一直是正确的，高尔顿错了。

高尔顿的遗传定律虽是错误的，但他坚定不移的数据搜集工作促使其他人也开始了类似工作，此外他在统计分析方面的技术和技巧也产生了深远的影响。比如，高尔顿发现，人类身高等连续变异的性状，其变化范围呈钟形曲线：大多数人的身高都聚集在中部平均值，越向极值发展，人数就越少。钟形曲线这个概念没什么新鲜的，但他的研究首次将其带到了遗传学的舞台上。

连续与不连续

高尔顿和其他科学家在试图解释人类遗传时遇到了如此多的难题，这一点不足为奇。至少在身高和智力这种特征上，人类遗传机制极其复杂。那些能够展现出暗藏规律和法则的遗传模式，只是遗传模式中最简单的一类，都属于离散变异，比如孟德尔所研究的豌豆性状遗传。孟德尔能够研究出遗传定律，是因为他所研究的只是豌豆花朵的不同颜色，从而计算出不同代后代中的简单比例。这种变异叫作不连续变异，或者离散变异：只有两种或数种清晰的变体，其间没有其他变异的可能。这种变异最能直观地展现出暗藏的遗传定律。

可惜，生物的很多变异，包括人类身上的变异，都不属于离散变异。高尔顿阐述了人类身高是一定范围内的一系列中间量，分布在一个钟形曲线上。他想要测量的其他性状也都属于这一类，比如智力、美貌和“显赫程度”。人类只有那些难以研究（至少在高尔顿那个年代），甚至无法研究的性状才属于离散变异，比如血型或者囊性纤维化等遗传疾病，而当时的人们对它们的认识也极其有限。

人类眼睛的颜色由两个条件共同决定：一个是虹膜中黑色素的含量——决定了眼睛褐色的深浅；另一个是虹膜散射光的模式——决定了蓝眼和绿眼。虹膜主要有四种颜色，褐色、灰色、蓝色和绿色，每种颜色都有深浅程度不同的连续变异，这是由几个相互作用的基因导致的。

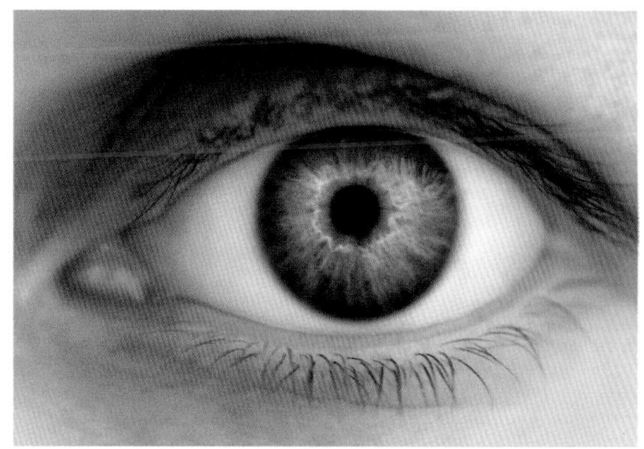

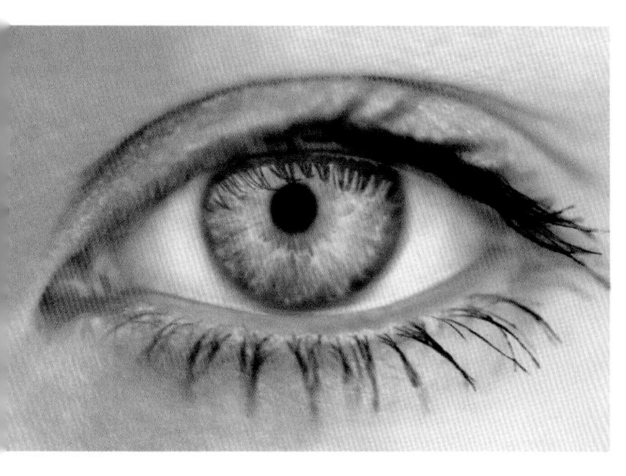

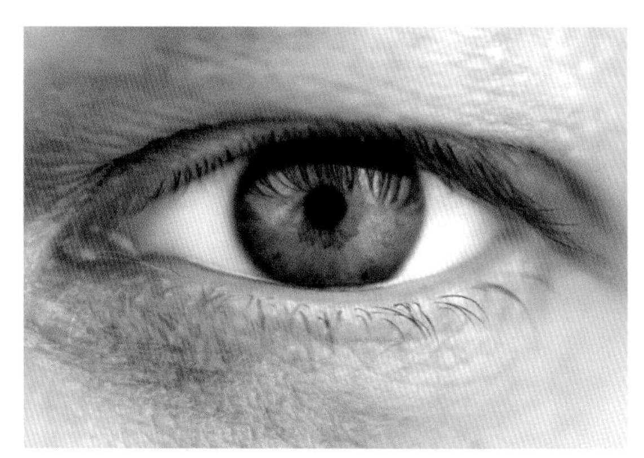

连续变异的决定因素

在第七章中我们看到，一个基因可能有多个复等位基因，而等位基因对的各种相互作用，创造出了许多不同的表现型。同一种基因可以让毛地黄呈现出三种不同颜色。一个血型基因就创造出了四种可能的血型。现在我们来想象一下，如果一个性状是由多种基因共同控制的，情况又会如何？想象该性状由 A/a 和 B/b 两种基因共同控制，每种可能的组合——如 AABB、AABb、AaBB、AaBb 等——都会制

↓ 和虹膜颜色一样，人类的肤色也由一种叫作
色素的色素决定。不同基因相互叠加作用（
们这里简化示意），创造出一系列从深到浅
肤色，这就形成了连续变异。

表现型	基因型	色素量
极深	AABBCC	6
很深	AaBBCC	5
深	AaBbCC	4
中等	aaBbCc	3
浅	aaBbCc	2
很浅	aabbCc	1
极浅	aabbcc	0

造出一种不同的表现型。这样一来，就会创造出一些中间量，使得变异的整体分布更为连续。控制性状的基因越多，变异就显得越连续。另外，有些基因还会产生叠加效果，比如生成色素的基因就可以叠加，导致更深的颜色。在现实中，人类肤色至少由八个基因共同控制，这些基因有的决定产生的色素类型，有的决定产生色素的数量。不仅如此，每个基因都可能有一系列的等位基因，甚至不止两个。结果，人类肤色就千差万别了。

环境影响也会使性状更为连续。比如说，控制人类身高或体重的基因可能会决定身体生长的潜能，但是最终的结果要视营养状况而定。同样，阳光中的紫外线也会导致肤色加深，这就进一步模糊了基因造成的差异。

相比之下，几乎所有不连续变异（包括孟德尔研究的那些变异），都是由单个基因控制的，没有叠加效果，也很少受环境影响。

基因与环境如何共创变异

大多数情况下，变异是由多种基因复杂的相互作用导致的，同时也受到环境的影响。

孟德尔研究的性状展现了最简单、最离散的变异形态，它们由只包含两个等位基因的基因控制，其中一个等位基因相对于另一个呈完全显性。在这种情况下，基因只决定两种性状变体，比如紫花还是白花，或者正常还是囊性纤维化。在很多其他例子中，特别是在人类遗传领域，遗传并没有这么直接明了。人类肤色、发色和身高都不是由双等位基因控制的。像智力这样的性状不仅由多个基因共同控制，还会受到环境的深刻影响。比如说，并不存在“聪明的基因”或者“擅长音乐的基因”，虽然这些特征毫无疑问也会受到基因的影响。

许多我们曾经以为受单一基因控制的性状，真实情况其实要更复杂。科学家以前常用耳垂和卷舌这样的微小特征来证实孟德尔得出的比例，但这实际上是错误的。传统上认为离生耳垂是显性性状，连生耳垂则是隐性性状，但实际上两者之间还有一系列中间量。同样地，将舌头两侧能向上卷成筒状当作一个显性性状来看待也是错误的。遗传学研究告诉我们，不止一个基因与这一性状相关，所以其遗传也不是简单地按照孟德尔模式来进行的。

↑ 单靠遗传学并不能创造下一个爱因斯坦或者莫扎特——成长环境也是一个关键因素。

决定单一性状的基因会有多少个？

许多性状最终由多个基因共同决定的——如果考虑到人体生长发育的复杂模式，这件事也就不足为奇了。人体的某

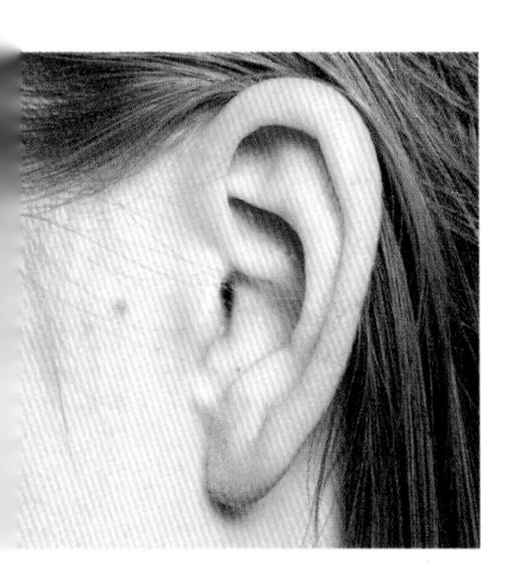
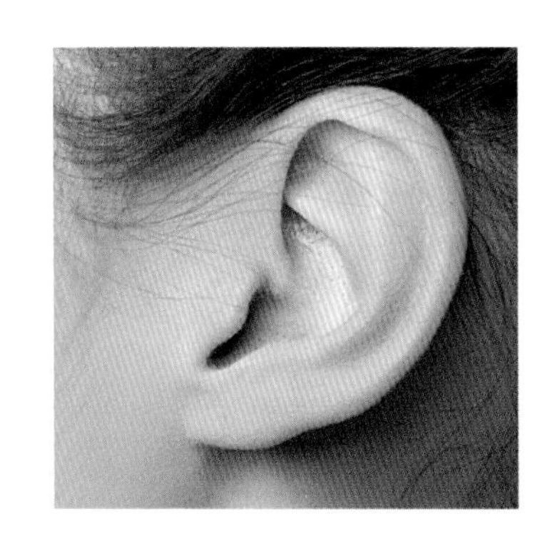
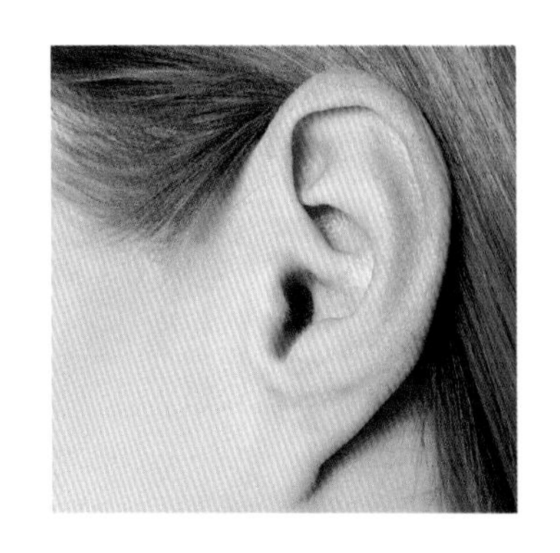

人们曾认为离生耳垂（左）是一个显性性状，对应的连生耳垂（右）则是隐性。但是，遗传学的相关研究显示，这一性状并不遵循孟德尔的简单规律，在现实中，两个变体之间还有很多过渡状态（中）。

个器官，比如心脏或皮肤，是在许多基因的共同引导下生成的，因为器官需要多种不同的蛋白质，这些蛋白质正由基因编码制造。心脏需要肌肉蛋白，还有起加固作用的胶原蛋白，等等。皮肤除了胶原蛋白，还需要无数蛋白质去构造汗腺、毛囊、皮脂腺、毛细血管、神经末梢和色素细胞，这也就意味着人类皮肤的大多数特征——毛发、色素，甚至气味，都由多种基因控制。那些相互作用的基因，与只有单一离散效果的基因，都是通过相同方式遗传给下一代的。不同的是，单一效果的基因遵循简单的遗传规律，相互作用的基因却很少如此。诚然，高个子的父母更容易生出高个子的孩子，但若要估算其确切比例或者具体身高，遗传学就无能为力了。

基因如何遮盖基因

基因的等位基因有显性和隐性之分，这表明基因并不是孤立工作的。它们如何表达，取决于细胞里的其他基因。正如我们所看到的，显性等位基因的作用凌驾于隐性等位基因之上，比如它们可以制造足够多的正常蛋白质，以避免疾病。还有一些情况下，等位基因呈共显性或不完全显性，这时会同时生成两种蛋白质，或者会导致正常蛋白质的产量不足。

这些都是同种等位基因间相互作用的例子。位于 DNA 不同位置（基因座）的不同基因也可能发生相互作用，这就使遗传规律变得更为复杂。有时候所谓的“改良基因”也会影响另一个基因的表达，这种现象叫作上位作用。比如，改良后的基因可能遮盖另一个基因，有点像显性等位基因会遮盖隐性等位基因。在第一章中，我们看到老鼠白化是一个隐性等位基因造成的，所以老鼠必须拥有两个“白化”等位基因，皮毛才会变白。这只是故事的一面，实际上，这一过程需要两种基因参与。许多哺乳动物都有着灰棕色的皮

↓ 多个基因编码生成多种蛋白质，这些基因和白质以复杂的方式相互作用，产生某种特定性状，生物体表现型的绝大多数要素都是这形成的，有些蛋白质甚至能控制编码生成蛋质的基因。此外，环境也会对表现型造成影响

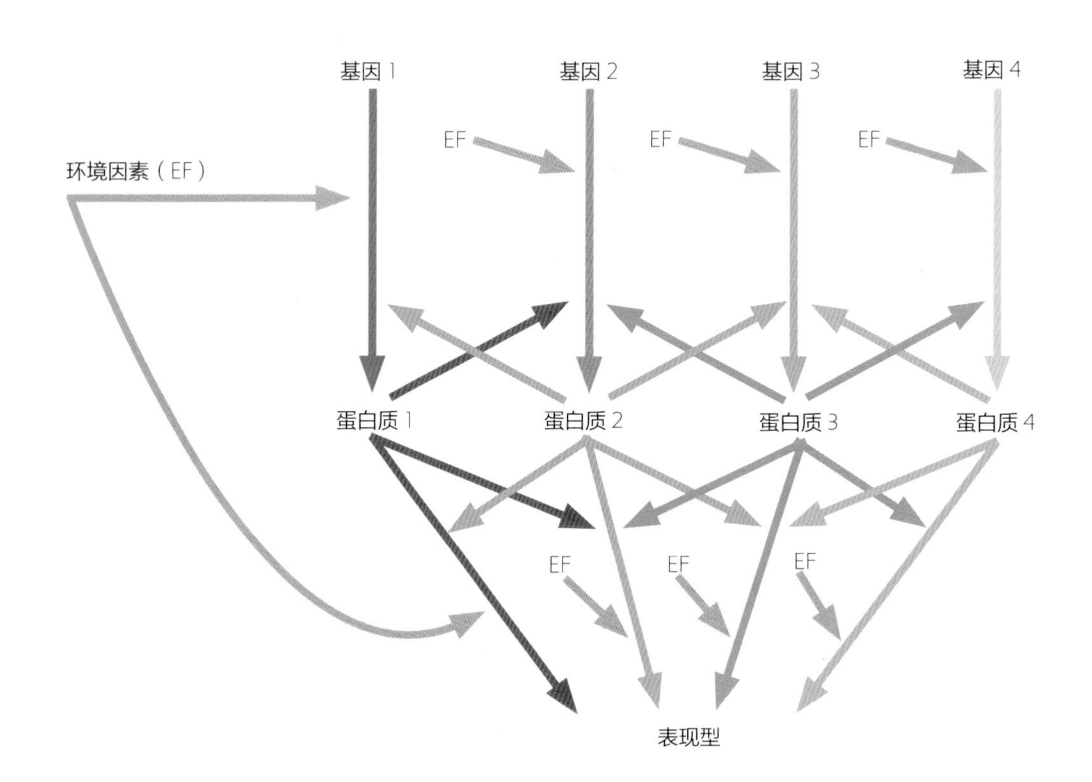

毛，但是在显微镜下我们会看到，这些皮毛其实黑黄交杂，呈现出来的总体效果近似于棕色，学名叫鼠灰色。许多被驯化的哺乳动物，比如老鼠和兔子，其“野生态”毛色都是鼠灰色。这一毛色基因的隐性变体会导致皮毛变为全黑。如果我们只考虑这一个毛色基因，它是符合简单的孟德尔遗传规律的，其中鼠灰色皮毛是显性，黑色是隐性。但是，DNA 不同位置上的另一个基因也有可能抑制这一毛色基因。任何色素（不论黑黄）的制造都离不开这个基因的参与，它也有显性和隐性两种变体。如果一只老鼠携带了两个这种基因的隐性变体，此时无论毛色基因的哪个等位基因在控制颜色，老鼠最终都会白化，因为细胞压根不会产生任何色素。色素制造基因抑制了色素类型基因——人类中的白化现象也是由同样的基因上位系统导致的。

多重效果的基因

多种基因相互作用会产生特定性状，有时候一种基因也可以同时影响多个性状。这种情况叫作基因多效性。孟德尔研究的遗传性状之一，便是豌豆种子的形态：圆粒是显性，皱粒是隐性。这种差异同样是由某种蛋白质的活动导致：豌豆出现皱粒种子，是因为它们缺少一种可以将糖变为淀粉储存起来的酶。这使得皱粒豌豆甜度更高，淀粉粒也更小。豌豆种子的形态、甜度和淀粉含量都是同一种基因的多效性所导致的结果。有时两种性状之间的联系不那么明显，但通过遗传学的研究，依然可以确定它们受到了同一种基因的影响。比如，蓝眼白猫中有 40% 的个体有耳聋缺陷。这些看似毫不相干的性状最终都指向同一个基因。科学家们认为，色素的缺乏往往与内耳的蜷曲通道中缺乏某种液体相伴，这种液体对于听力不可或缺。其中具

A 为鼠灰色（褐色）等位基因；　a 为黑色等位基因
C 为有色等位基因；　c 为白化等位基因

基因型：AACC 或 AACc
鼠灰色老鼠

基因型：AAcc
白化老鼠

基因型：AaCC 或 AaCc
鼠灰色老鼠

基因型：Aacc
白化老鼠

基因型：aaCC 或 aaCc
黑色老鼠

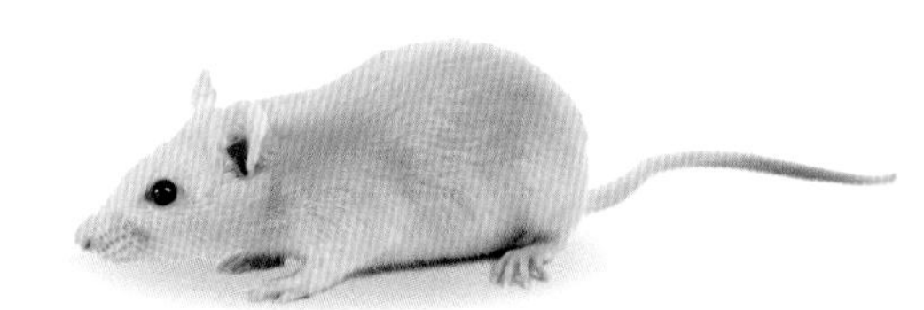

基因型：aacc
白化老鼠

↑　决定老鼠毛色的是两种基因，每种各有两个等位基因变体。这就可能生成九种组合，但是只有第二个基因对中包含至少一个制造颜色的显性等位基因（C）时，老鼠才会是鼠灰色或黑色。

有些基因有多重效果。导致豌豆种子皱粒的基因也会让这些豆子变得更甜、淀粉更少。创造出蓝眼白毛猫的基因也会导致这些猫单耳或双耳失聪。

体的蛋白质关联目前尚不明确。

最能体现基因多效性的例子，也许就是缺陷基因导致的连锁反应。苯丙酮尿症是一种人类疾病，其致病原理是一个基因无法生产某种关键的酶，这种酶可以将苯丙氨酸转化为酪氨酸。苯丙氨酸过多（酪氨酸缺乏）会导致多种症状，比如学习障碍和湿疹等；还会导致肤色变淡，因为另一种酶需要利用酪氨酸来制造色素。

环境影响

环境也会对“基因-蛋白质”系统产生直接影响。暹罗猫的皮毛有着点状纹：身体上的各个“点”——位于面部、耳朵、腿部和尾巴——比其他区域颜色要深。这种纹路是由一个等位基因导致，酪氨酸制造深色色素时需要的一种酶也是由这个基因产生；酪氨酸就是苯丙酮尿症患者缺乏的那种氨基酸。由暹罗猫的点状纹等位基因所制造的酶会受到温度的影响，只有在33℃以下时才能发挥作用，这一温度比猫身体躯干部分的体温要低，却和末梢温度相近。正如其他基因一样，这种制造色素的基因在暹罗猫全身都生成了色素制造酶，这种酶只在身体温度较低的地方才会活跃，因而造就了暹罗猫深色的面部、耳朵、腿部和尾巴。

大多数情况下，环境对基因-蛋白质系统的影响没有这么直接。实际上，环境的影响往往微妙且难以察觉，与基因影响的联动也无法捉摸。所有生物都需要依靠从周围环境中获取化学物质来维持生存，比如食物和氧气。如果生物体的一些关键需求无法得到满足，身体发育就会受阻。孟德尔研究的是豌豆的遗传变体——高茎和矮茎，但他必须小心控制，确保两种植株都能获得充足养分，生长到其潜能所允许的最大高度，然后才能对比遗传的差异。不过一般来说，影响动植物生长的基因有很多，这些基因又与环境因素——比如矿物质和其他营养物质——相互作用，使得动植物大小各异。还有其他一系列环境因素会随着生物年龄增长而逐渐开始产生影响。对于人类来说，后天培养的诸多方面都会产生深远影响，不仅影响生长发育，也包括人的健康和行为模式。

遗传力

早在弗朗西斯·高尔顿所处的时代，科学家们就已经试图了解遗传在决定生物一般性状方面究竟扮演了什么角色。这里面暗含了一个问题：变异在多大程度上归因于遗传，又在多大程度上受环境影响？换句话说，“先天和后天”到底各有多大影响？今天，一种特定性状全部变体中由遗传基因所导致的比例叫作遗传力，这个指标着实难于测量。研究遗传力的最佳方法之一是观察遗传差异为零的两组个体：对于人类来说，就是同卵双胞胎。

同卵双胞胎是从同一个受精卵发育而来，所以在遗传上

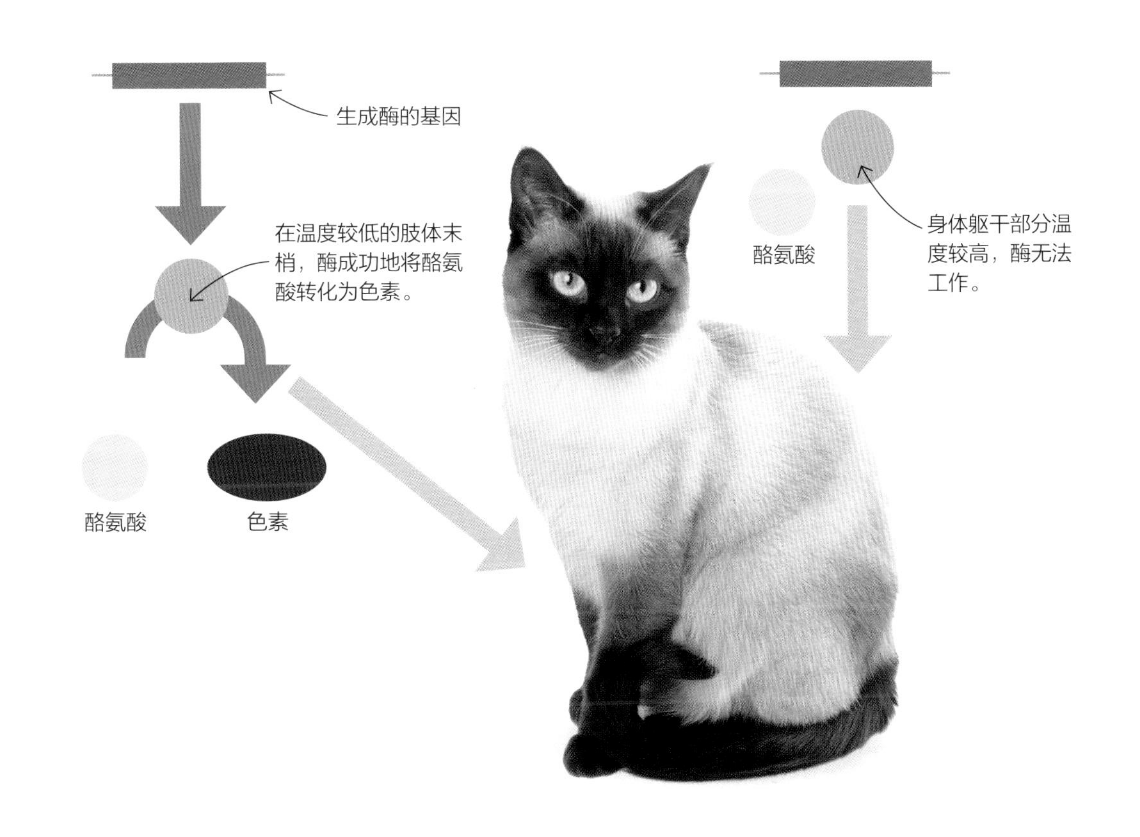

生成酶的基因
在温度较低的肢体末梢，酶成功地将酪氨酸转化为色素。
酪氨酸
色素
酪氨酸
身体躯干部分温度较高，酶无法工作。

暹罗猫“点状纹”身体的所有部分都会生产一种制造深色色素所需的酶，这种酶由基因生成，但只在猫身上温度较低的肢体末梢发挥作用。

一模一样。双胞胎研究在两个层面上都很有启发性。其一，如果同卵双胞胎都共享某个性状，那么这一性状就很可能是遗传的，而非环境影响造成：其遗传力很高。这样的双胞胎永远都有一样的血型，一样的眼睛颜色，一样的遗传缺陷，等等。这些现象告诉我们，这些特征主要受基因影响。同样，一个性状如果随着双胞胎成长保持不变——即使二人年幼时分离在不同环境下成长，长大后也依然共享，该性状也很可能是遗传性的。其二，如果双胞胎成长环境不同，他们之间的差异就很可能是环境造成的。他们中可能一个很胖，另一个很瘦，这是环境因素——比如饮食结构或疾病导致的，虽然同样的基因在一开始赋予了他们同样的体重倾向。

外显率

一些基因决定着某些特定性状。携带着两个白花等位基因的豌豆植株总是开白花，特定的基因组合也会导致老鼠皮毛是褐色、黑色或白色。同样，囊性纤维化基因型的人100%会出现该疾病的症状。然而，不是所有基因的效果都这么容易预测。

↑ 行为和成长环境会对一个人的生长发育产生要影响，即便是遗传上完全一致的双胞胎，成的样子也可能非常不同。

一种叫作 *BRCA1* 的肿瘤抑制基因可以抑制肿瘤生长。它能够编码生成一种修复受损 DNA 的蛋白质，还可以清除那些无法修复的细胞。它通过这样的机制控制细胞，使其无法打破细胞周期的控制，从而防止细胞癌化生长。这一基因的突变体等位基因则无法实现这些功能，因此会增加罹患乳腺癌的风险。但是，与囊性纤维化等位基因相比，它的效果却没那么容易预测。总体上看，携带此突变的女性一生中有80%的概率患乳腺癌，但这究竟会不会发生、什么时候发生，还受生活习惯和饮食结构等因素的影响。有时候，遗传相关疾病的发病看起来甚至是随机的，“中招”了只能责怪运气不佳。

一个种群中显示出某一基因的效果或症状的个体比例，即该基因的“外显率”。也就是说，在携带者一生中，*BRCA1* 基因有80%的外显率，囊性纤维化的外显率则是100%。许多遗传缺陷的外显率都与年龄相关，年龄越大出现症状的风险也越大。比如亨廷顿病，一种大脑退化的疾病，只在成年人身上出现，但70岁后它的外显率将达到100%。

行为和个性是遗传的吗？

本章概述了由基因决定的性状的复杂性。那些无法确定是否由基因决定的性状又是什么样的呢？我们总会从媒体上看到一些报道，说科学家新发现了某种基因，并推断这种基因和人的性格、性向或行为的其他方面相关，这里面甚至还包括控制高智商的基因，或者“犯罪倾向”的基因。真的有基因能控制如此复杂的性状吗？

行为的每个方面都或多或少受基因的影响。行为是我们神经系统的产物，神经系统又是由基因控制的复杂生长过程的产物。但是，如我们在本章中所见，单个基因简单对应单个清晰特征是很少见的。相反，基因与其他基因相互作用，表达方式各不相同，而且很多都只在特定环境条件下才会产生效果。我们在第十一章中将了解到，科学家已经发现有些基因的变体在特定人群中占比较多，比如在高智商人群或精神病患者群体中，但这并不意味着这些基因控制行为的方式总是清晰可测。

表观遗传学

环境影响性状最显著的方式就是直接影响基因。过去20年间的研究告诉我们，这在生长发育过程中是一个正常现象。

和人体中许多化学物质一样，DNA并非一成不变。它会像其他化学物质一样反应，不仅限于复制基因和制造蛋白质之类的常规反应。有些反应的影响可能十分恶劣。下一章中，我们会进一步了解到：外界影响可以靠扰乱复制来改变DNA。这种改变叫作突变，有时候甚至是随机发生的错误导致的。在一个普通的身体中，任何时间都有上万上亿的DNA组成单位（核苷酸）聚合在一起，所以不难想象，偶尔会有一两个单元出错。这些错误一旦被容纳到DNA的碱基序列中，每当这个DNA复制，错误也会随之复制。这意味着，发生改变的基因可能被遗传给下一代。

但是，这样的外界干预有没有可能不改变碱基序列就影响基因呢？传统经验告诉我们：绝不可能。这就好比说遗传来的性状也可能从环境中获得，基因仍保持不变。但令人惊讶的是，研究证明这一现象是可能的。这种影响叫作表观遗传学（Epigenetics，字面意思就是“外面的遗传学”）变化。在这类变化中，化学物质不改变碱基序列——即构建基因的指导信息，它们改变的是基因读取或表达的方式。

甲基的影响

有机物最小的单位就是甲基。和甲烷分子一样，甲基也含有一个碳原子。在甲烷中，碳原子被四个氢原子环绕，但

表观遗传学影响的意思是，同样的基因在DNA中依然存在，但它们发生了化学修饰，所以没有那么容易读取。

甲基中只有三个氢原子。缺少的那个氢原子使得甲基容易发生反应：它急着想与另一个有机物单位结合。甲基在细胞中很常见，它们负责在分子间传输碳原子。DNA 就是它们最喜欢的传输对象。

你大概记得，DNA 双螺旋拥有一套碱基对序列，它们构成了 DNA 这架螺旋“梯子”上的“梯级”。你应该还记得，一共有四种碱基，遗传信息储存在单侧的碱基序列中。其中，叫作胞嘧啶的碱基总是和叫作鸟嘌呤的碱基结对——这就是甲基的具体目标。需要注意的是，甲基一般会与胞嘧啶结合，这一结合总是发生在一个特定的地方。我们可以将其看作一个不幸的事故，效果有点像突变。增加甲基的现象叫作甲基化，它实际上是由一种细胞制造的酶催化的，也就是说这一过程并非随机发生。

DNA 甲基化会关闭基因。具体来说，甲基使得 DNA 中创造 RNA“复本”的部分失活，而这一复本是制造蛋白质所必需的。总体来说，这一现象的结果非常戏剧化：它会使基因沉默。我们如今发现，甲基化现象在细胞蛋白质制造系

统的其他方面也很常见，包括 RNA“复本”和“打包”双螺旋的蛋白质。这些蛋白质叫作组蛋白，它们负责把 DNA 卷得更紧，以形成染色体；它们同时也负责为 DNA 松绑，这样其中的基因才能被读取。如果这种蛋白质发生甲基化，DNA 就无法放松，基因也会随之沉默。

细胞允许其遗传系统出现甲基化，说明甲基化这一现象在规范基因活动中有重要的作用。基因被启动或者关闭，都是生物体生长发育过程中自然的组成部分。这种机制能够保证基因只在需要其编码生成蛋白质的细胞中才被激活。

↑ 一个 DNA 分子，中央的胞嘧啶在双链上都发生了甲基化。DNA 甲基化在很多方面都发挥着重要作用，包括表观遗传学的基因调控、生物体的生长发育以及癌症等。

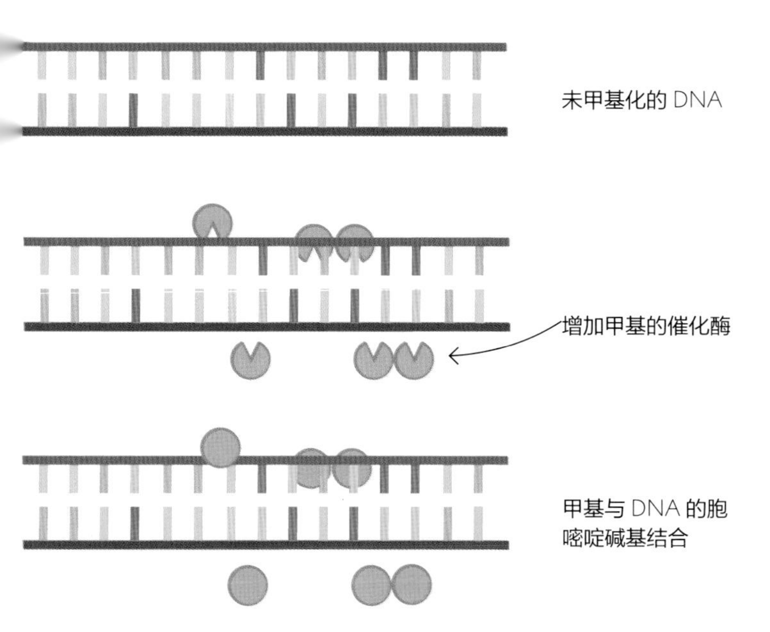

↓ 甲基化是一种化学反应，它会影响 DNA 本身和“打包”DNA 的蛋白质，从而使基因失活。最近的研究显示，这种表观遗传学影响对于控制生长发育的某些方面有着重要作用。

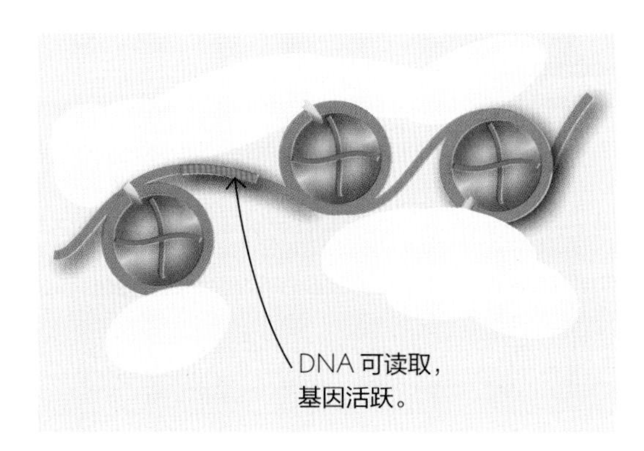

打包 DNA 的蛋白质（组蛋白）上没有加入甲基，基因活跃。

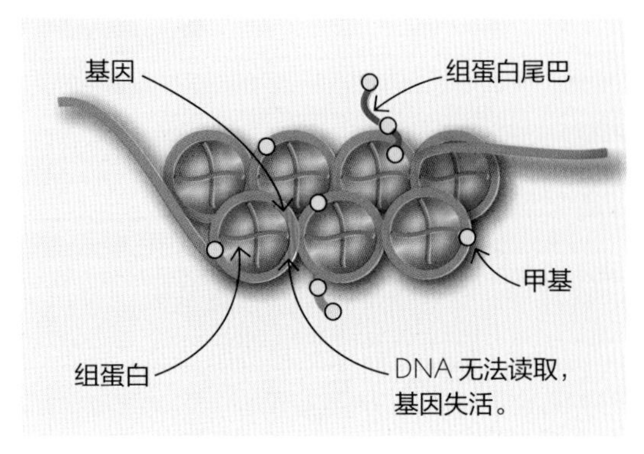

打包 DNA 的蛋白质（组蛋白）上加入甲基，基因失活。

↓ 有些实验显示，饮食结构会影响老鼠的遗传表征，其遗传变化在几代之内会从亲代传给子代。

表观遗传学影响会遗传吗?

从理论上讲，表观遗传学的影响可能会遗传给下一代。甲基这样一个贴在 DNA 上、使基因保持沉默的化学标签，有可能通过精子或卵细胞遗传给胚胎。这真的会发生吗？有些实验显示这确实有可能发生。

比如，老鼠似乎单靠饮食结构就能使自身基因发生表观遗传学变化，这一影响还可以从亲代遗传到子代。但目前看来，这些表观遗传学影响似乎都不持久：它们几代之后就会逐渐消失。但是要记得，这些都是一些微小变化，只涉及启动或关闭基因，携带着遗传信息的碱基序列都是保持不变的。

第九章

突变

错误是遗传变异之源

在细胞复制自身基因、度过分裂周期的过程中，偶尔会有错误暗暗发生。这些突变创造了非同凡响的生物多样性。

细胞具有超高速分裂繁殖的潜能。细菌每20分钟就能分裂一次，一个细胞在24小时内可以产生数以百万计的分身。动物和植物细胞，包括人类的细胞，分裂速度会慢一些，但同样也如同一台台微型复制仪。前文提到，生物自有一套机制，以确保一切生命活动不出差错。这意味着基因的复制是一个精确的过程，到了细胞分裂的时候，染色体就会适机进行分选。在生长发育或者无性繁殖的过程中，基因和染色体被全数保存在一代又一代的细胞中。但当性细胞生成时，基因便会被重新排列，染色体数量减少为原来的一半，不过在下一代的细胞中，仍然会拥有一整套基因。

错误也时有发生。DNA复制可能出错，染色体分选也可能出错。新细胞的基因可能携带一套略有不同的碱基序列；染色体（有时只是一些断裂的染色体残片）也可能出现在错误的位置。发生这种情况时，细胞的某些基因可能过多，另一些又可能不够。所有这些错误都叫作突变。

突变何时发生？

细胞的生命进程中，有两个方面可能导致基因的错误。首先，DNA在复制过程中可能会出错：核苷酸以错误的顺序结对，导致DNA的碱基序列发生改变，即所谓的基因突变。其次，与细胞分裂息息相关的染色体之舞也可能一步踏错，无论是有丝分裂还是减数分裂，过程中都可能出错：具体过程也许是一个染色体移动到了错误的位置，导致子细胞接收不到全套染色体。这种错误叫作染色体突变，它同样会影响基因，因为携带着数以百计，甚至数以千计基因的整段染色体去了不该去的地方。

身体能够察觉到其中一些突变并即时处理。前文提到，细胞中的分子级工兵——酶，在复制过程中大有功用，它们可以发现错误并及时更正；可以在突变扩散之前将那些缺陷太过严重的细胞清除。但有时，突变可能会偷偷绕过身体自然的筛选过程。

在身体生长发育过程中顽强存留下来的突变不会影响下一代，除非其涉及的器官负责制造性细胞，比如精子和卵子。在其他情况下，这些突变仅影响突变细胞所在的那部分身体。最终结果是，我们的身体成了一个遗传的镶嵌体：它由一组又一组具有不同基因的细胞组成，每一组细胞又由一个突变的细胞发育而来。如果在性细胞产生的过程中发生了突变，那么突变就可能会被遗传给下一代。这就是通常所说的生殖细胞和基因。只有生殖细胞的突变可以在代际遗传。

突变十分稀少：人类基因中的碱基对在一年的周期内复制出错的可能性大概为五千万分之一。概率听起来很低，但考虑到人类身体由数以万亿计的细胞构成，其中又有多少细胞正在分裂，你就会明白，突变几乎不可避免。

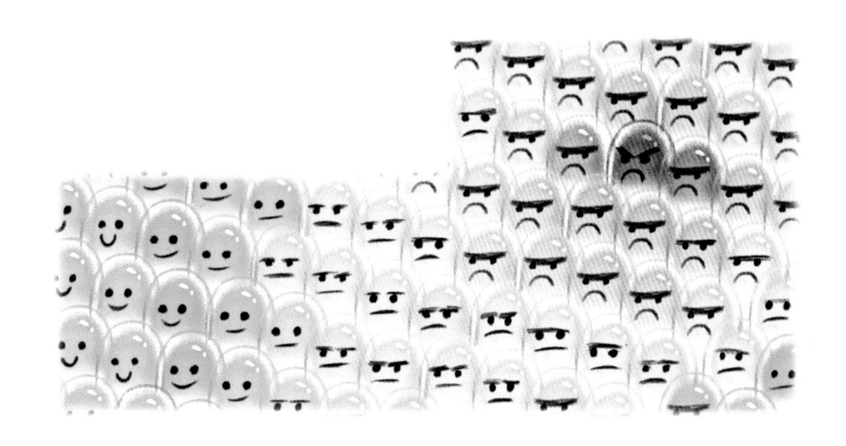

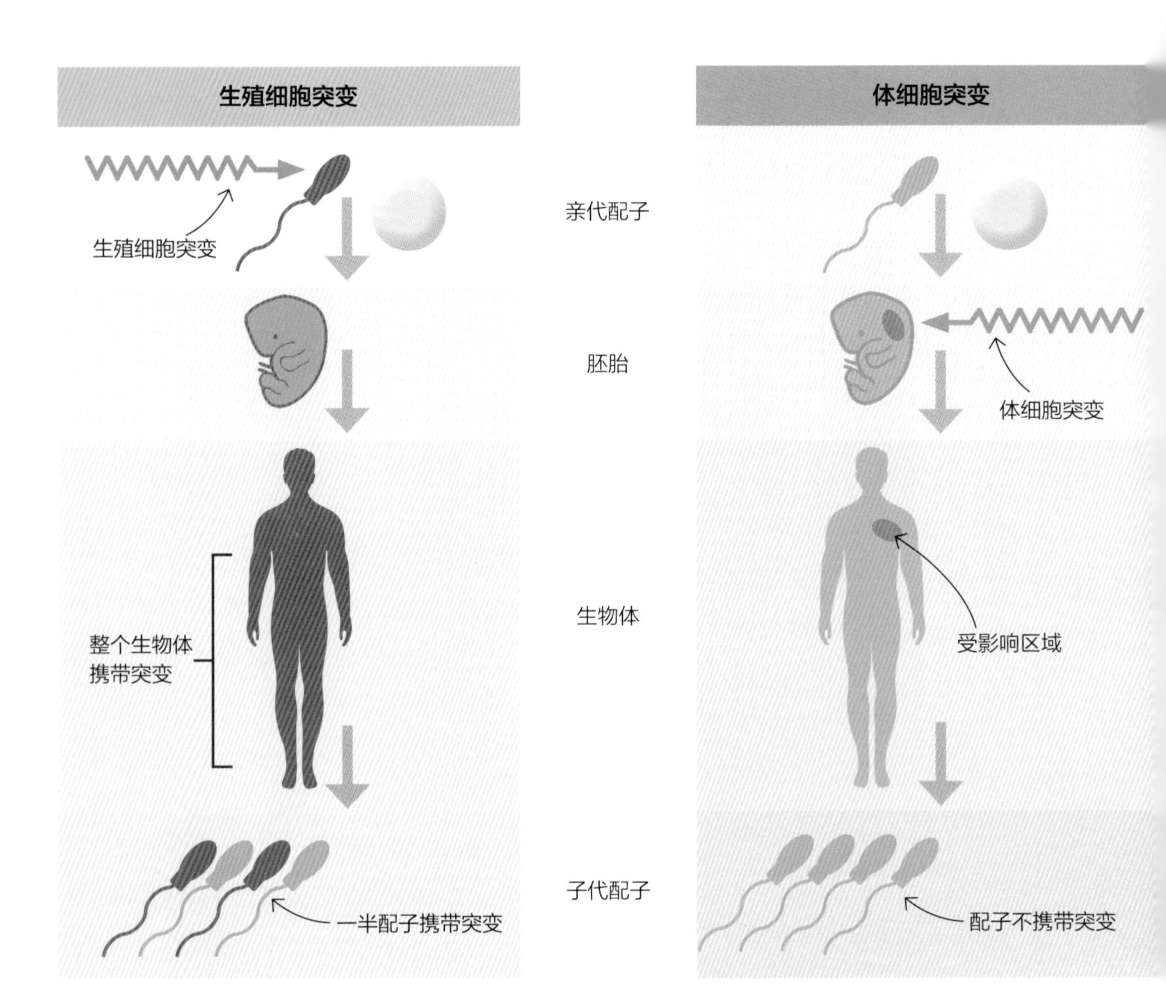

↑ 我们一般将亲代遗传给子代的基因或突变称作生殖细胞或突变："生殖"细胞是性细胞的旧称。影响身体部分区域的基因错误，则叫作体细胞突变。

突变与衰老

人体的普通细胞并非长生不老。人体有许多机制可以修改错误、弥补损失，但随着年龄的增长，细胞机能会不可避免地陷入衰退。一般来说，在一个多细胞生命体中，衰老会在 50 轮左右的细胞分裂后发生。这很大程度上与不断累积的突变影响到了细胞机能有关。蛋白质折叠发生了轻微的改变，所以无法正常地完成它们的任务，能量释放和养分吸收的效率也都逐渐降低。

不过，染色体行为中的一个环节与衰老有着特殊的联系。染色体的末端戴着由特殊的非编码 DNA 序列（这些 DNA 叫作端粒 DNA）组成的“帽子”，保护着藏在染色体的更深处、DNA 最重要的编码部分。但是，随着细胞度过一个又一个分裂周期，这些“帽子”会逐渐磨损，使得下面的编码部分也受损，细胞机能因而显著衰退。

端粒可以解释为什么普通细胞和生物体无法长生不老。即便如此，生物体所携带的基因却可能永生不灭——基因被不断复制，从亲代传递到子代，在代际间绵延不衰。

创造变异

这个星球上所有不同生命形态的信息几乎无一不在暗示着：它们起源自一个共同的祖先。所有已知的细胞，从细菌到动物再到植物，都使用着同一种分子级工具来维持繁衍和存活，无一例外。它们依靠 DNA 和 RNA 携带遗传信息，借助蛋白质实现各种功能，甚至使用同样的遗传密码创造新生命。这一深刻的相似性远非巧合：这意味着一切生命都是从同一起源进化而来。那个共同的祖先毫无疑问是一个单细胞生物，关于其真实面目有许多不同的理论，我们将在第十章中讨论。现在，我们只需要知道生命始于至简至朴，不过数个基因而已。

年龄增长带来的损失

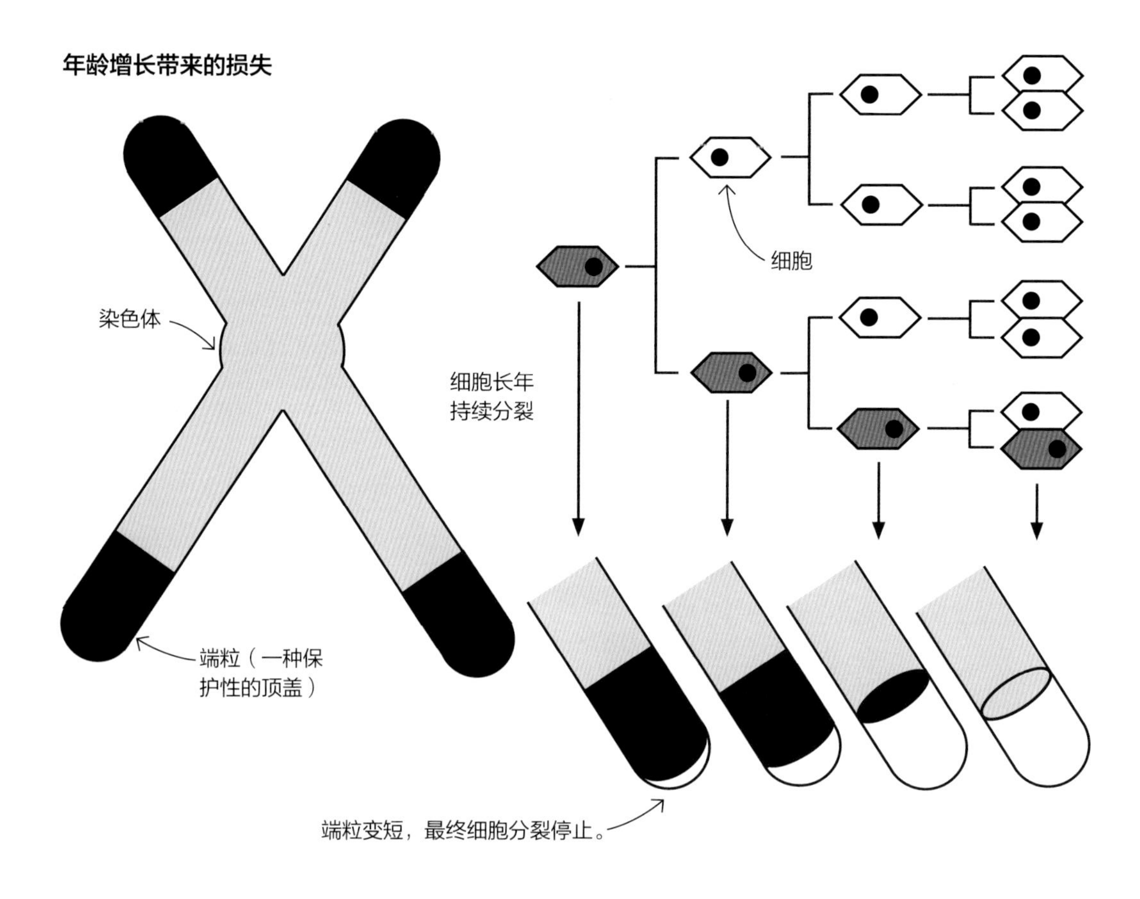

染色体
端粒（一种保护性的顶盖）
细胞
细胞长年持续分裂
端粒变短，最终细胞分裂停止。

↑ 在人类和其他脊椎动物体内，染色体上的端粒是由短小的碱基序列经千百次堆叠构成的。随着年龄衰老，它们会缩短至初始长度的约三分之一。

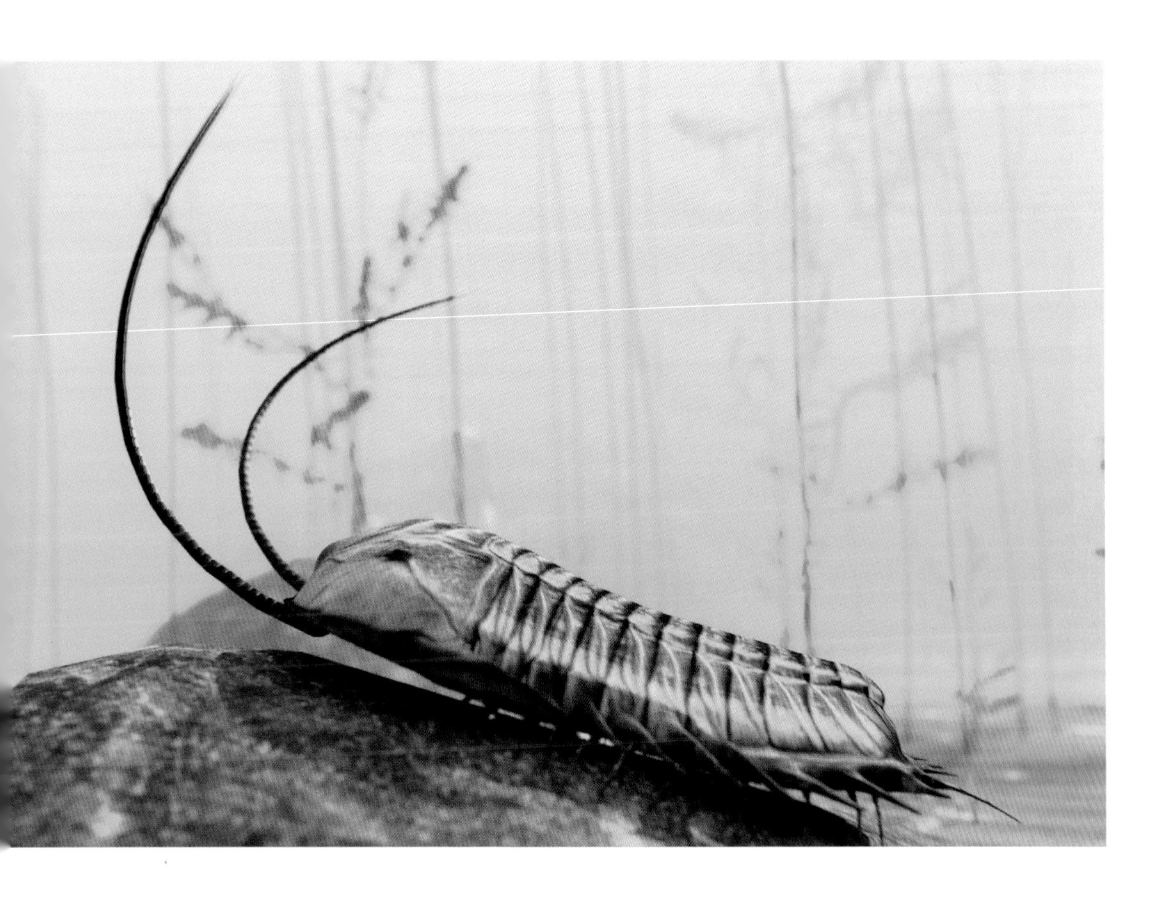

大约 5.4 亿年前寒武纪大爆发的时期，涌现出了许多新生物体，其中包括三叶虫。突变提供了创造这一独特生命形态的新基因。

时至今日，哪怕最简单的细菌也包含着数千个基因，更复杂的多细胞生命形态所包含的基因更是数以万计。这么多基因究竟从何而来？答案就是突变。大多数的 DNA 复制错误会导致某种功能紊乱，但如果在足够长的时间里有足够多的突变发生，总有一些突变会产生有益的结果。现代生物体中那些早期生命所不具备的基因，比如与视觉、思维相关，或者帮助细胞组合形成多细胞生物体的那些基因，同样是最早的生物细胞中那些古老基因的后裔。数十亿年间，历经无数次细胞分裂，存留下来的错误创造了新的基因种类，这些新基因又不断地发生新的突变。

基因突变

基因中的信息存储在按一定顺序排列的碱基中。碱基的顺序一旦发生改变，就会引发基因突变，这些突变对生物体的影响可小可大：小的可能不值一提，大的却可能带来灾难性的后果。

你应该还记得，在DNA分子这一层面，一个基因就是双螺旋上的一段片段。具体来说，它是这条蜷曲的“梯子”其中一侧上的一段，而这架“梯子”是由一种按特定顺序排列的化学单位——碱基所组成的。碱基架构出了梯子的每一个“梯级”，一个基因便是由梯子一侧的一些梯级——即一段碱基序列——组成。碱基共有四种，一般以首字母表示：腺嘌呤——A（Adenine）、胸腺嘧啶——T（Thymine）、鸟嘌呤——G（Guanine）和胞嘧啶——C（Cytosine）。碱基的排列顺序至关重要，它决定了细胞要制造哪种蛋白质。蛋白质是分子级的工兵，承担了一切与生命相关的工作——从主导关键的化学反应到输送物质。基因的碱基顺序一旦发生改变，蛋白质组成单位（氨基酸）的顺序也随之改变，构造出的蛋白质也就无法发挥功用。一个基因可能有几万个碱基的长度，但往往一个碱基的改变就足以将蛋白质扰乱到如此地步。我们在第三章讲到，这可能会导致遗传疾病，比如镰状红细胞，或是囊性纤维化。

基因突变往往发生在DNA复制阶段。在这一过程中，DNA双螺旋的两侧分离，DNA的组成单位在旧阶梯空出来的一侧配对排列生成新的阶梯。每一个组成单位（核苷酸）都携带着一个特定的碱基，它们的排列顺序由双螺旋裸露出来的碱基顺序决定。具体过程可以参考本书第五章。如果补上去的是错误的核苷酸（也就是错误的碱基），就会造成基因突变。

DNA 可能会在复制阶段发生突变，其形式包括碱基对增加、缺失或便于替换。

基因突变的种类

从突变产生的整个过程来看，最常见的一种突变是由一个碱基对替换了另外一个而产生的突变。基因碱基序列中这样一个单点的改变，会导致蛋白质中某个氨基酸被置换为其他氨基酸。这是因为蛋白质中的每一种氨基酸都对应着基因中由三个碱基组合形成的三联体。比如，基因中的三碱基组合“CCC”代表甘氨酸，如果突变为“TCC”，就会变成精氨酸。即使在拥有 100 个氨基酸的蛋白质中，这一处改变也会导致蛋白质链折叠成另一种形态，蛋白质也就无法顺利完成它的任务。

增加或减少碱基的突变会造成严重的后果。这种突变大多是移码突变。如果基因中某处多了（这叫作插入）或者少了（这叫作缺失）一个碱基，这一点之后的整段编码的读取都会出现问题。这是因为三碱基组合是按顺序被读取的。比如说，想象一下我们一开始得到了下面这个碱基序列（三个分为一组，便于你看清楚样式）：“AAA—AAC—AAT—CGC”，然后在第一个三碱基组合中加入一个“C”。这样一来，细胞就会把这段序列读取为“AAC—AAA—CAA—TCG—C”。换句话说，插入碱基之后，所有三碱基组合都会移位，会影响到更多的氨基酸。移码突变可能会导致一些蛋白质根本无法构造出来。

为什么会发生基因突变?

大多数基因突变都是在 DNA 复制或修复过程中自然发生

的。在分子层面，一些化学作用也可能引发基因中碱基序列的随机变化。有时候，这种变化可能始于一些貌似无害的事件，比如一个氢原子被放错了地方。作为一种有机分子，DNA 中遍布着氢原子，但哪怕是一个“离经叛道”的碱基中的一个氢原子错位，碱基配对也会出错。还有些情况下，碱基可能会发生更令人瞠目的改变，甚至双螺旋的两侧发生“滑移”，出现对接错误。上述突变，都是源于一个简单的事件：相关化学反应中的一个微乎其微的环节没有做到完美。

有时候，外部因素也会打破平衡。这些外部环境影响叫作诱变效应，具体有两种表现形式：化学和辐射。很多化学物质都会和构成 DNA 双螺旋的成分发生反应，进而破坏它的结构。其中一些是与 DNA 碱基物理结构相似的分子。这种相似度意味着，细胞（具体来说，是细胞中负责催化的酶）可能把它们误认为真正的碱基，拿它们当作组成单位使用。但它们终究与真正的碱基不同，所以最终复制便出错了，碱基序列也随之发生改变。

构成 DNA 的各种成分也可能被辐射的能量打乱阵脚。伽马射线和 X 射线的能量强到可以把电子从原子上剥离。电子携带负电荷，它们剥离后留下的部分就会带有正电荷，这对分子结构会造成大麻烦。如果这种情况发生在 DNA 中，双螺旋和碱基序列可能会被损毁到导致细胞死亡的程度。紫外线虽然没有那么大的能量，但依然可能有害。紫外线会导致同一链条上相邻的胸腺嘧啶自行结对，从而打乱了由正常碱基对组成的 DNA 阶梯的“梯级”。这样的改变可能会破坏 DNA，导致复制彻底停止。

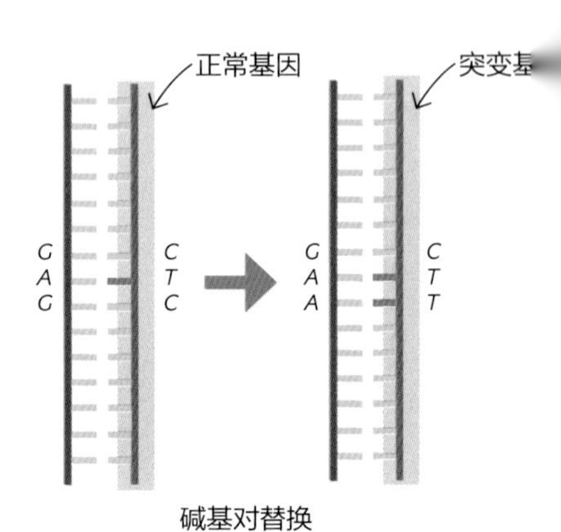

碱基对替换

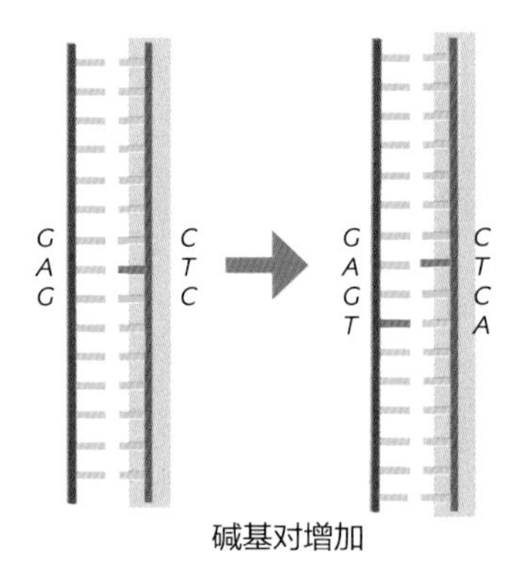

碱基对增加

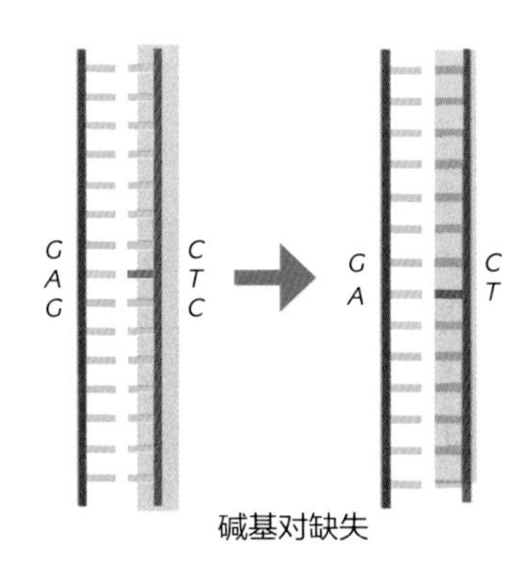

碱基对缺失

↑ 基因突变往往与 DNA 碱基序列的改变有关
包括碱基对替换、碱基对缺失和碱基对增加。

基因突变的影响

基因碱基序列的变化可能给生物体带来许多不同的后

果。有些突变毫不影响生物体正常的生存繁衍，另外一些却可能影响恶劣——杀死携带突变的细胞，甚至长久地损害整个生物体。影响的大小取决于蛋白质的变化。

基因的碱基序列决定了其生成的蛋白质中氨基酸的顺序。这也进一步决定了蛋白质链如何折叠，其化学特性，以及如何产生功用。我们在第三章中曾讲到，对于血红蛋白来说，仅仅一个碱基发生替换，就会导致谷氨酸变成缬氨酸，最终导致镰状红细胞疾病。不过，有些替换根本不会产生影响。比如“CCC”在DNA编码中代表甘氨酸，它如果突变成“CCT”，所代表的依然是甘氨酸，蛋白质也就会保持原样。这是因为有些不同的三碱基组合会编码出相同的氨基酸。这种突变被称为“沉默突变”：它们不会产生任何可观测的影响。

移码突变（插入或缺失）是所有突变中害处最大的，它会影响突变点之后的所有氨基酸，甚至导致蛋白质受损过于严重，完全失去功能，抑或根本无法被制造出来。导致囊性纤维化的一系列突变中，有一些就与移码突变有关。不过，在另外一种突变中，一整组三碱基都集体缺失，最终结果只是损失一个氨基酸，其后也未发生移码。

直观来看，任何基因突变带来害处的可能性都远大于带来好处。因为对于蛋白质这样一种构造复杂的物质来说，随机变化往往有害无益。这就好比一辆汽车或一台计算机中发生一处随机变化，对其正常功能往往造成有害影响。然而，在极大量的突变中，总会有那么几次突变从长远来看是有益的。有时候，突变偶然间也会创造出一种新的、工作效率更高的蛋白质，甚至是具有全新功能的蛋白质。这种突变留存下来，为生物的进化提供了原材料，我们会在第十章继续讨论这一问题。

辐射

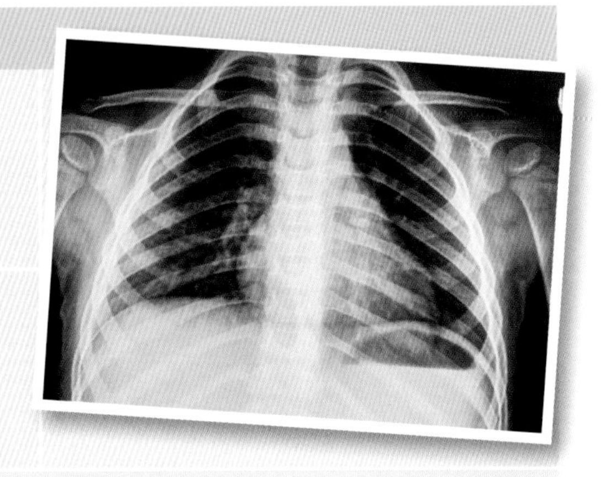

紫外线辐射
包括自然光照和美黑床的光照

X 射线
医学、牙科、机场安检扫描

化学物质

香烟烟雾
包含多种可能导致突变的化学物质

硝酸盐及硝酸盐防腐剂
热狗及其他半成品食品中

烧烤
食物中含有导致突变的化学物质

过氧化苯甲酰
某些产品中的常见添加剂

感染物

幽门螺杆菌
通过变质食品传播的细菌

人乳头状瘤病毒（HPV）：
通过性行为传播的病毒

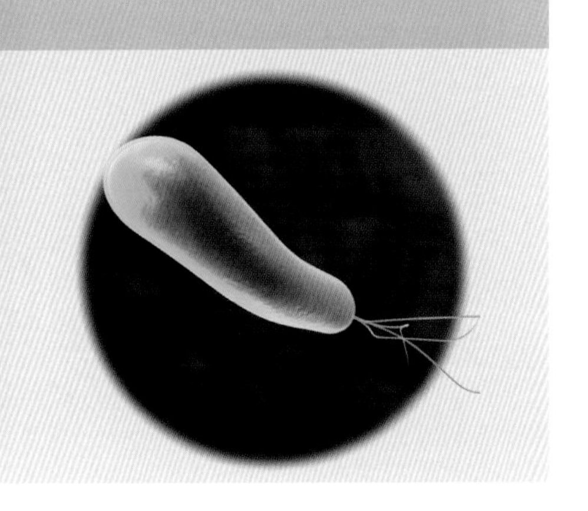

← 基因突变不仅会在遗传时出现，一个人的生命进程中也随时可发生。比如在细胞分裂时便有可发生突变。还有，环境因素也会DNA造成损害，例如辐射、化学质和病毒。

染色体突变

细胞分裂过程中发生的错误可能会影响染色体数量，或导致染色体部分移位。在显微镜下，我们可以观察到这些染色体突变，它们会影响基因的数量或排列。

由复杂细胞构成的生物体（包括动物和植物）的基因都精确地排布在DNA分子上，这些DNA分子在细胞分裂时聚集得更为紧密，呈现出清晰的绳索形态，形成染色体。染色体在DNA复制后才出现，每条染色体中都含有两套相同的DNA。此后，细胞的分裂还需要经过一场严格受控的运动——“染色体之舞”，以将染色体正确地分配到子细胞中去。在有丝分裂过程中，这意味着拆开两套DNA，创造出两个遗传上完全相同的细胞。在减数分裂过程中，需要经过两次分裂，首先分开同源染色体，再分开两套DNA。减数分裂还会在染色体之间置换等位基因，以增加基因组合样式，进而确保性细胞的基因排布拥有最大限度的多样性。

染色体突变之所以发生，是由于“染色体之舞”并不总是完美无缺。也就是说，子细胞最终得到了数目异常的染色体。如果这一情况发生在与身体发育相关的有丝分裂中，身体中便只有部分细胞带有这种异常，其他细胞则不受影响。这类异常会导致有些细胞不再分裂，有些会快速增殖。不过，和基因突变一样，只有在性细胞形成过程中——即减数分裂过程中——发生的突变，才会遗传给后代。有些染色体突变会成为遗传变异的源泉，推动生物进化，这一点和基因突变很相似。还有很多染色体突变会为生物体的发育带来麻烦。

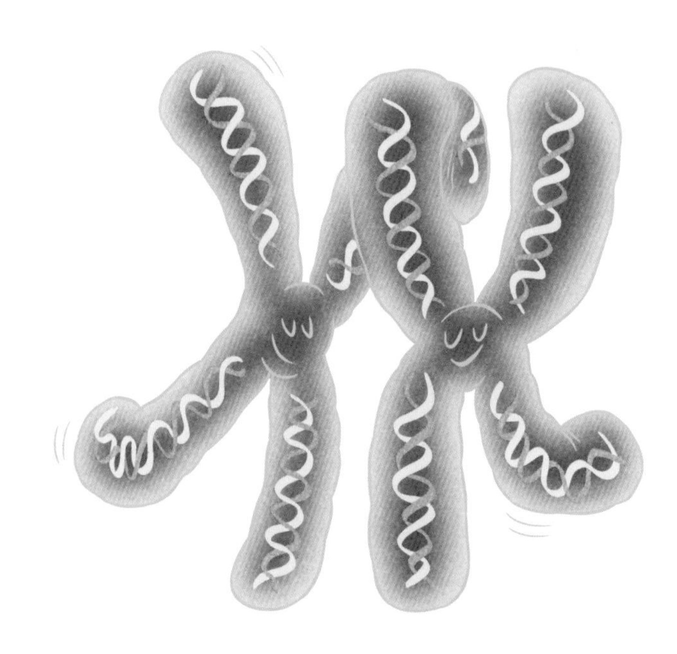

↑ 在细胞分裂过程中，染色体会进行一套复杂的舞蹈，以确保子细胞得到正确的遗传信息。

多倍性

有一种常见的染色体突变，它刚好在子细胞形成之前打乱染色体的分离。在形成性细胞的减数分裂中，染色体数量会发生减半：染色体成对在细胞中间排成一列，然后分离，每对染色体中的一双伙伴都各奔东西，去往不同的细胞。这些成对的染色体叫作同源染色体，它们携带着同样种类的基因（可能是等位基因，具体形态不尽相同），这样每个精子、卵子或花粉粒都只能得到一“套”。换句话说，减数分裂产生的是单倍体细胞：只含有一“套”基因或者染色体。如果没有这一步的分离，染色体数量不减半，产生的性细胞就会和普通体细胞一样携带二倍体数量的染色体。这种失误叫作染色体不分离。此后如果成功受精，后代就会有两套以上的染色体。

出乎寻常的是，染色体不分离的现象在某些生物体（尤其是植物）中非常多见。在所有种类的植物中，大约 25% 拥有含多套染色体的细胞。它们打破了“二倍体规则”，即体细胞中只能有两套染色体。这种突变叫作多倍性，具体的染色体套数对应着不同的术语。三倍体生物有三套染色体，四倍体有四套，六倍体有六套，八倍体有八套。这种情况为什么频繁地发生呢？各种生物的情况不尽相同，在某些生物体中多倍体发展得更好，有时甚至比普通的二倍体要好得多。这也许是因为多出的几套基因可以提供更多的防护，遮盖掉有害的隐性等位基因，或者改善蛋白质的生产过程。在某些动物中，多倍性也很常见，尤其是鱼类和两栖类。在第十章中我们会看到，多倍性也可以成为生物进化的一股强大助力。但对于其他种类的生物体来说，它可能会阻碍正常发育：多倍体的人类胚胎最终只有流产一途。

对于多倍性生物体来说，常理上只有双数多倍体才能正常繁殖。这是因为正常减数分裂需要对染色体进行减半，如果多倍体是单数，比如在一个拥有三套染色体的三倍体细胞中，减数分裂便无法发生了。

非整倍性

有时，虽然出现了染色体不分离，但这只影响到其中一个染色体，其他染色体并不受影响，这种情况叫作非整倍性。非整倍性意味着生物体没有多出整套染色体，而只多出或缺少了某一个染色体。与多倍体不同，许多非整倍体都是有害的。有些染色体比其他染色体更容易发生不分离。比如人类，大约 1000 个卵子中就会有一个含有未分离的 21 号染色体。减数分裂产生的两个细胞本该各含有一条 21 号染色体，实际上这两个细胞却一个含有两条，另一个根本没有。缺少的那个细胞不会存活，但多出染色体的那个细胞却可以

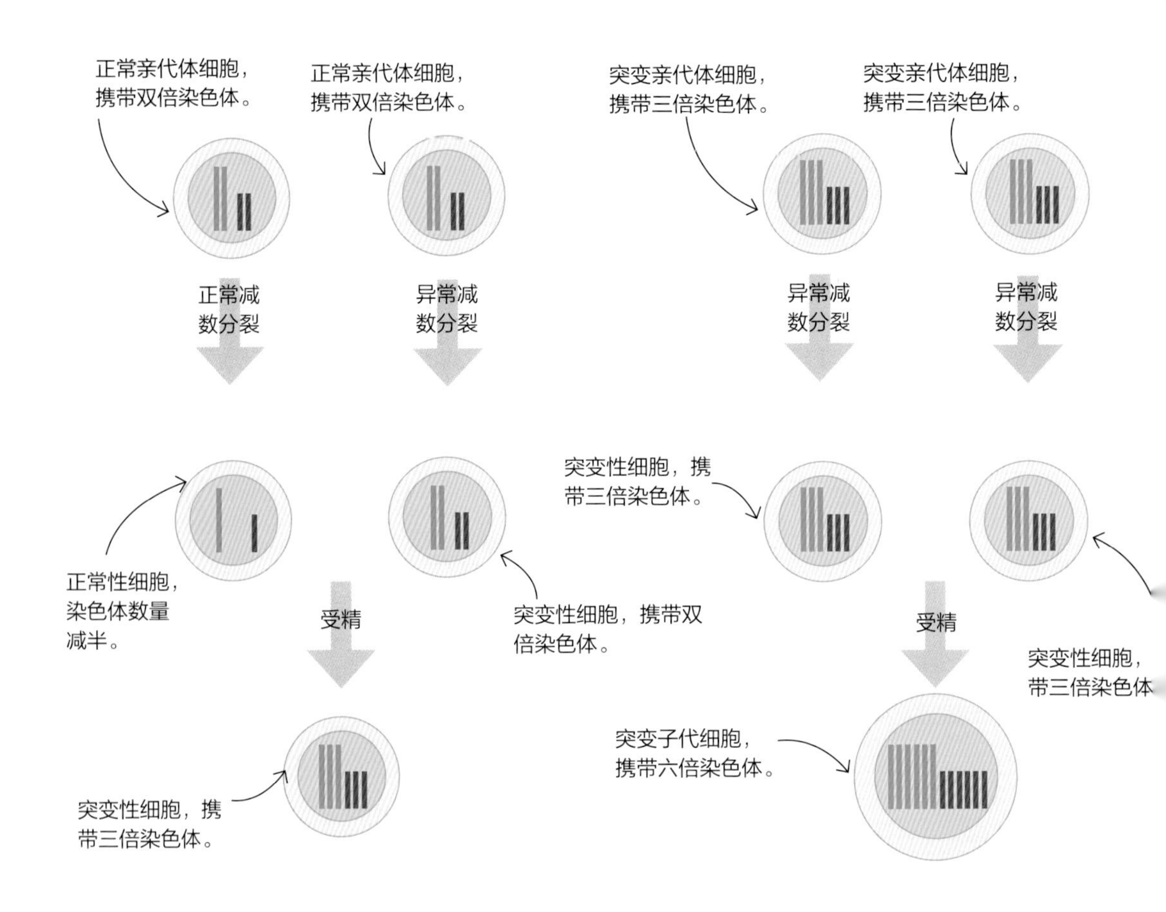
正常亲代体细胞，
携带双倍染色体。
正常亲代体细胞，
携带双倍染色体。
突变亲代体细胞，
携带三倍染色体。
突变亲代体细胞，
携带三倍染色体。
正常减
数分裂
异常减
数分裂
异常减
数分裂
异常减
数分裂
突变性细胞，携
带三倍染色体。
正常性细胞，
染色体数量
减半。
受精
突变性细胞，携带双
倍染色体。
受精
突变性细胞，
带三倍染色体
突变子代细胞，
携带六倍染色体。
突变性细胞，携
带三倍染色体。

↑ 如果染色体不分离发生在一个二倍体亲代身上，后代就会是三倍体：拥有三套染色体。奇数染色体在正常减数分裂中无法半分，所以这样的个体无法繁殖后代，除非染色体不分离再次发生，这样产生的后代就是六倍体。

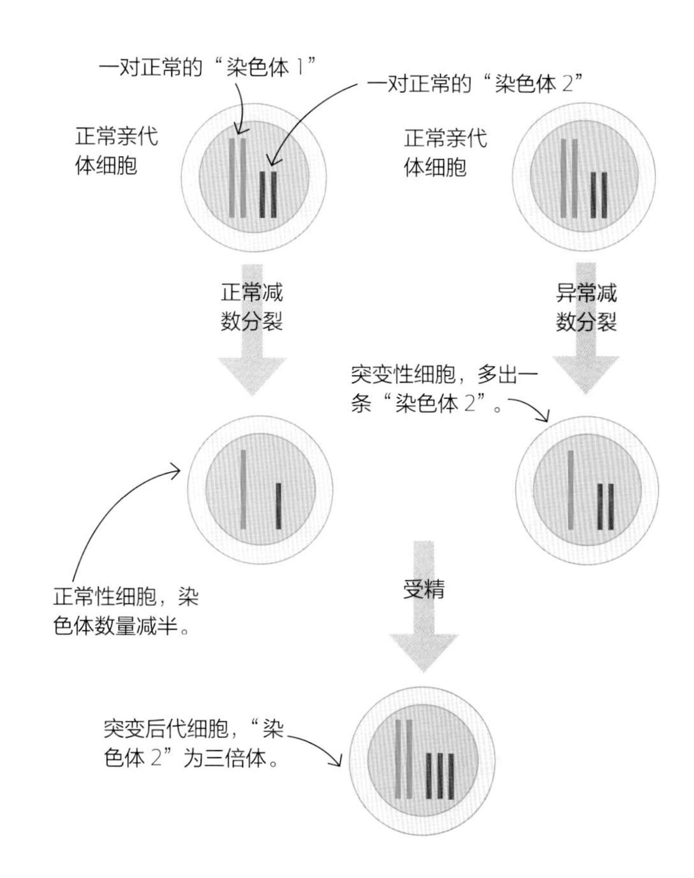

↑ 只涉及一条染色体的不分离叫作非整倍性。具体来说，一个后代会获得三“套”某个特定的染色体，我们称此现象为某染色体三体。

正常受精，产生含有三条 21 号染色体的胚胎。这一情况被称为 21-三体综合征，俗称唐氏综合征。受此影响的人会拥有 47 条染色体，而不是通常的 46 条。其他人类染色体也可能会受到非整倍性的影响，导致一系列遗传异常。当异常发生在性染色体上时，就可能出现 XXY 或者 X 这样的基因形态。

结构性染色体突变

有些染色体突变更为隐蔽。染色体数量看上去很正常，但仔细观察这些聚合的 DNA 就会发现，染色体上的一些部分异常地联结在一起。这种情况之所以发生，是因为正常的减数分裂需要先将同源染色体配对联结。如我们在第五章中所见，这是个必要环节，在分离同源染色体上相联结的基因时可以达成基因的互换。但这一互换过程一旦出错，就可能导致结构性问题。长时间的互换之后，当染色体分离时，染色体上的某些部分可能会依然保持联结，导致基因无法等分。一条染色体上的某一片也许会顽固地附着在另一条上。染色体的某些区域甚至可能会扭曲转向，这种情况同样会导致生物体发育不良。从这几种隐蔽的突变可以看出，基因在染色体上的正确分布同基因本身的功用一样重要。

唐氏综合征病例中，大约 3% 是由于一长段多余的 21 号染色体联结在 14 号染色体上导致的。这一情况叫作染色体易位。在这种情况下，细胞中含有 46 条聚合的 DNA，与人类正常的染色体数量无异，但这些染色体上携带着会导致病症的多余基因——一个结构性问题最终导致了这样的状况。

第十章

进化

种群中的基因

进化发生在种群层面而非个体层面，随着种群一代又一代生息繁衍，不断进化出新的特性，这一种群的基因构成也在不断变化。

变化是生命不可或缺的一部分。个体依据周边环境调整自身行为，比如植物弯折生长以朝向阳光，动物四处移动以寻找食物。随着生物年龄的增长，一些速度更为缓慢、影响更为深远的变化逐渐发生。从出生到死亡，这种变化伴随每个生物体一生。

不过，虽然生物体不能长生不死，它们的基因却有不断延续的潜能。基因在生物体中复制，从亲代传向子代。随着生物体的交配繁殖，基因不断混合再混合，在新的生命中创造出新的基因组合。我们之前提到，依据孟德尔的遗传定律，这样的混合可以使一些性状隔代遗传。这意味着子代虽然与亲代样貌不同，基因本身却完整地传递给了下一代。在一个无限大的种群中，光靠遗传无法改变种群内基因种类的数量或比例。假定一半个体只携带显性基因“A”，另一半只携带隐性基因“a”，在没有其他条件干预的情况下随机交配，数代之后种群内等位基因“A”与“a”的比例依然是各占50%，不会发生改变。

在现实中，会有其他因素导致比例发生改变。这些因素可能会增加基因某个变体的比重，甚至使其他变体趋于灭绝。基因突变还会创造出全新的基因：这就是遗传变异的源头。

当一个种群的基因构成发生这样的变化时，我们称之为进化。理解进化的关键是要从种群而非个体的层面来思考。

→ 古希腊哲学家柏拉图（公元前 427—公元前 347）相信，所有变体都是一个理想“原型”的不完美变体。

在种群层面思考

在查尔斯·达尔文解释进化现象之前，生物学长期被一个误解蒙蔽，它阻碍了人们探究生物种群真实状态的步伐，其根源要追溯到两千多年前的希腊哲学家柏拉图。柏拉图认为，人们日常经验中的各种形态都只是它们抽象本质的粗劣投影。形状、物体、（柏拉图所谓的）现实世界中的生物，都是理论中的那些真正本质的变体。这个观点来自完全基于几何学的世界观。比如说，一个真正的正方形其实只存在于想象中，一旦我们试图画出一个正方形，误差就会出现。博物学家们在研究动植物时，也采纳了柏拉图的观点。他们认为，一只理想的庭院蜗牛是存在的，其他任何壳的形状、颜色的变异都只是对“原型”的偏离。也就是说，物种都是创造出来的，不会再发生改变。

对达尔文和所有现代进化生物学家来说，理想“原型”这种东西则根本不存在。相反，每个物种都由众多天生不同的个体组成，任何对于这个物种性状的描述都必须考虑到所有的变异。没有变异，就没有进化。突变引发的进化创造出新的基因、新的变体，随后，进化又通过各种方式，一代一代地逐步改变基因配比。

↑ 查尔斯·达尔文（1809—1882）关于物种起的观点与柏拉图不同。他相信世界上没有什理想原型，即使在理论中这样的原型也不存在自然变异对于进化性演变来说则是必要的。

种群遗传学

19 世纪中叶，查尔斯·达尔文在构建他的进化论时指出，栖居在同一环境中的生物体中，只有那些最适应环境的个体才最有机会生存下来，将它们的性状遗传下去。与此同时，格雷戈尔·孟德尔正进行着豌豆杂交实验。孟德尔总结出，性状能够遗传，是因为人们称作“基因”的那些小东西被传给了下一代。同种基因的变体叫作等位基因，分为显性和隐性两种。当隐性的等位基因被显性基因遮盖时，它所携带的性状在下一代中将不会出现，但依然会隐藏在种群中的许多个体中。20 世纪初，当孟德尔的研究成果再度引起世人的重视时，科学家们开始致力于将他的遗传理论和达尔文的进化论融合起来，创造出一个更全面的理论，它后来得名“现代综合论”。随着种群遗传学这一新领域的研究不断深入，许多生物学家指出，这两种理论的融合需要解决诸多难题。

特别是，我们并不清楚种群的基因多样性是如何维系的。有观点认为，某种潜在的机制会自动增加显性性状，与此同时隐性性状则会逐渐消失。但生物学家们在自然界中所观察到的实际情况并非如此——各种变异都安然无恙地留存下来。这一问题最终被用数学方法解决。1908 年，两位学者——英国数学家 G. H. 哈代和德国医生威廉·温伯格，找到了这一问题的答案，即后人熟知的哈代–温伯格定律。

英国数学家 G. H. 哈代（1877—1947）是哈代-温伯格定律的两位作者之一。这一定律指出，排除进化因素的影响，一个生物种群的等位基因频率在代际保持不变。

等位基因的平衡

假设有一大群果蝇，它们身上携带着某个基因，有些果蝇呈显性性状，有些果蝇呈隐性性状。举个简单的例子，假如这个基因控制着果蝇翅膀的生长。正常翅膀由显性的等位基因决定，我们称之为“N”；隐性的等位基因“n”则会导致翅膀短小，无法飞行：这一病状叫作残翅。由于正常性状是显性的，种群中有些翅膀正常的果蝇也可能携带隐性的等位基因，这意味着它们的基因型（基因的组合）有可能是 NN 或者 Nn；残翅的果蝇只可能是 nn。现在假设有一个种群，其中等位基因 N 和 n 各占一半。这样一个种群中可能包含的基因型比例如下：25%NN，50%Nn，以及 25%nn。有些隐性等位基因“隐藏”在基因型为 Nn 的个体中，所以种群中只有 1/4 的果蝇是有残翅的个体。

现在这些果蝇开始随机交配。每个个体的交配都符合孟德尔定律。比如说，如果两只 Nn 果蝇交配，它们的后代有 1/4 会有残翅。如果 NN 与 nn 交配，则不会产生有残翅的后代。如果 Nn 与 nn 交配，则会有一半的后代有残翅。哈代和温伯格预测，将所有随机的可能性都考虑在内，即使在数代之后，等位基因 N 和 n 的比例也将保持不变，基因型（NN、Nn 和 nn）的比例也同样保持不变。所以，只要 N 和 n 各占 50%，即使在随机交配的条件下，我们依然可以作出基因型的比例将保持不变的预测。换句话说，种群的基因构成会保持一种平衡状态，代代如此。

哈代-温伯格定律预言，在只有遗传（而没有进化）的情况下，大种群中的遗传变异会一直保持这个状态。这一理论适用于所有遗传变异，即使那些遗传规律更为复杂的遗传变异（比如伴性遗传）也不例外。他们的理论成为种群遗传学这一新领域的基石，证实了孟德尔的遗传定律与整个种群

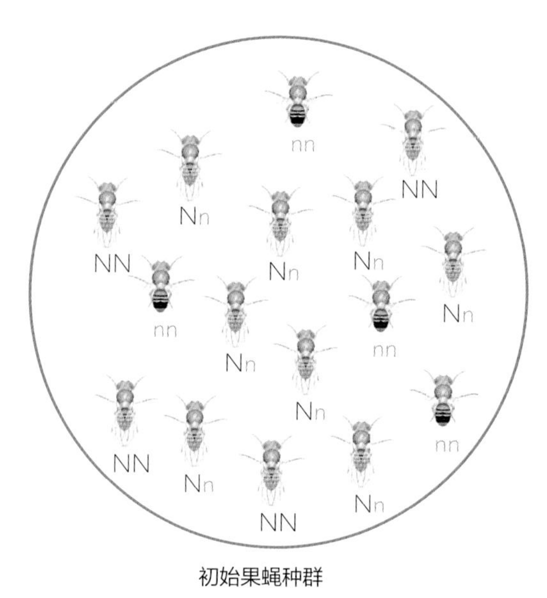

初始果蝇种群

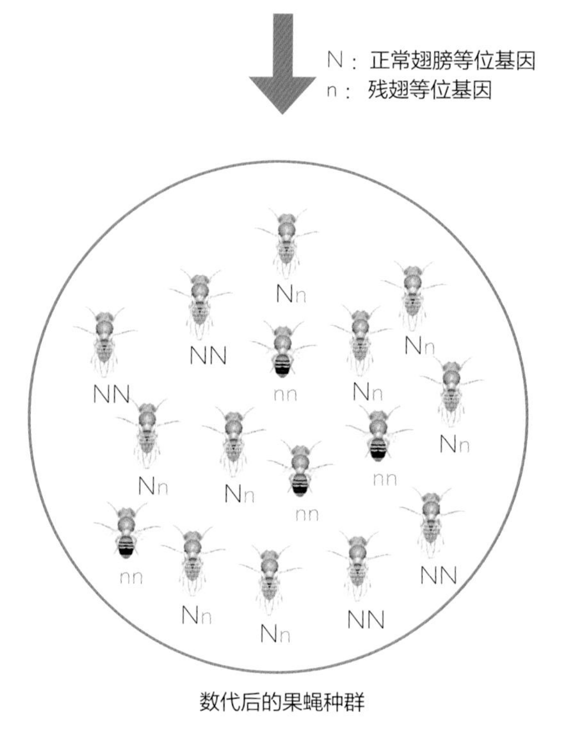

数代后的果蝇种群

← 遗传本身不能解释一个种群的基因构成在随
交配条件下的变化（除非引入遗传漂变理论—
详见第 172 页）。在图示中，16 只果蝇总共
带了 32 个翅膀基因（每只果蝇携带两个），
中一半是正常基因，另一半则是隐性的残翅
因。几代之后，虽然老果蝇不断死亡，新果
不断出生，基因构成依然保持平衡：在等位
因各占一半的情况下，这一平衡永远包含 1
正常翅膀的非携带者果蝇（NN），一半正常
膀的携带者果蝇（Nn）和 1/4 残翅果蝇（nn
我们可以根据不同的等位基因比例预测不同
基因型所占的比例。

当一个种群的基因构成发生变化时，就产生了进化。在图示中，果蝇种群发生了进化，创造出了更多残翅果蝇。其原因可能是条件发生了改变，更适合这些变体繁殖。要注意的是，等位基因频率（比例）发生了改变：现在只有25% 的等位基因是 N，其余 75% 都是 n。

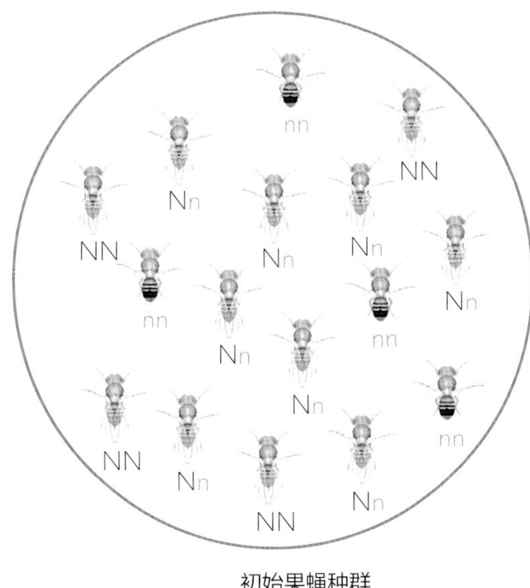

初始果蝇种群

N：正常翅膀等位基因
n：残翅等位基因

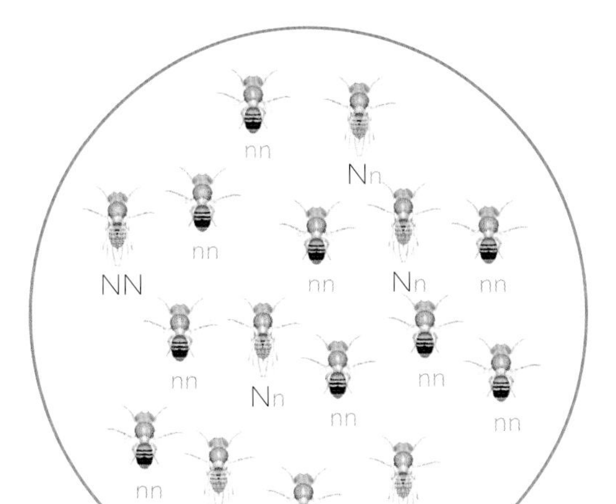

数代后的果蝇种群

保持基因多样性并不矛盾。这个理论同时还证明，遗传本身并不能改变种群的基因构成。那么造成这种改变的究竟是什么呢？

进化性演变

哈代-温伯格定律及其预测的结果提供了一种稳定的条件，我们据此对进化中的种群进行对比，还可以探究在进化中究竟是哪些因素导致了种群性的变化。

突变是能够打破哈代-温伯格平衡的要素之一。我们假定，在那群果蝇中，有一只果蝇的翅膀基因发生了突变，这样种群中就出现了第三种等位基因，N 和 n 的比例也将发生改变。再假设这个新的等位基因可以促进果蝇生长繁殖。那么在一代代的繁殖中，这个新基因的比例就会逐渐增加，相同位置的其他等位基因则逐渐减少。随着新等位基因的比例上升，旧等位基因比例下降，所有等位基因的比例便不再处于平衡状态。一段时间之后，种群的基因构成就会改变——也就意味着产生了进化。

在现实中，自然界中很少有种群处于哈代-温伯格所预言的完全平衡的状态。大多数种群中都存在某种进化性的演变。我们稍后会讲到，虽然进化性演变可以在短时间内发生，但大多数其实非常缓慢。从长远来看，历经数百甚至数千代之后，即使是缓慢的演变也会清晰可见。进化最大的推动力之一，同时也是自然适应这一现象的根源，就是自然选择。1859 年，查尔斯·达尔文发表了伟大的作品《论依据自然选择即在生存斗争中保存优良族的物种起源》（即人们熟知的《物种起源》），详细地解释了这一过程。

进化的规律

人们一般将种群中代际基因构成的改变视作进化的标志。进化是由突变和选择共同导致的。

地球上所有的生命形态都暗含着联系。这一结论的必然性在于，至少在细胞和分子这一层面（包括 DNA），所有生物都是相似的。那些最基础的生命活动，比如制造蛋白质或产生能量等，都是由基因控制的，这些基因在各类迥异的生物体中却几乎一模一样，无论是细菌、橡树或大象，无一例外。令人难以置信的是，所有的证据都指向一个事实：所有生命都来源于一个共同的祖先。

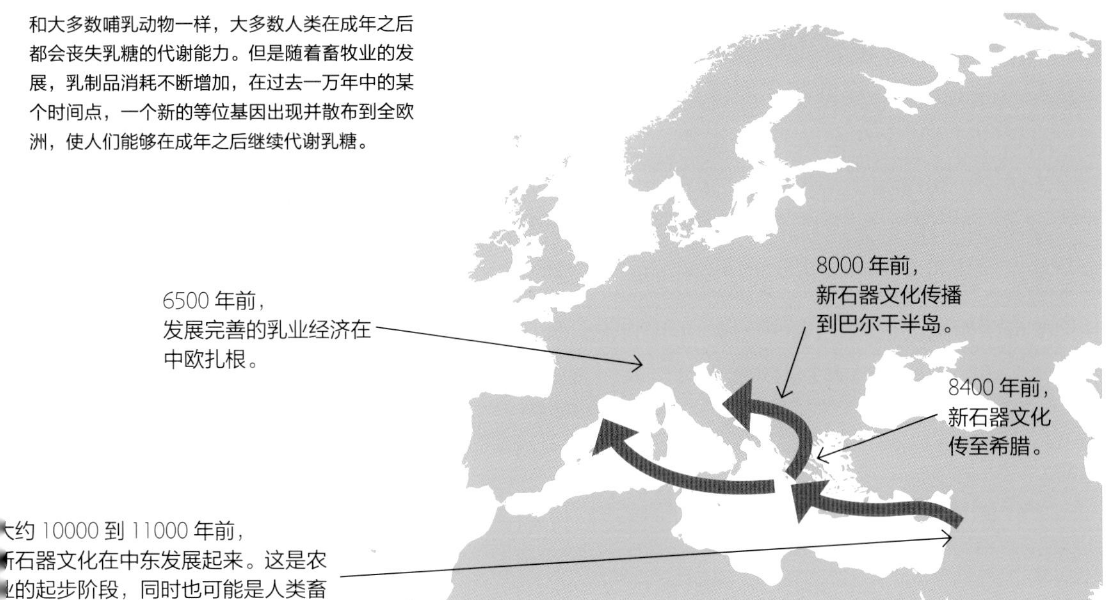

6500 年前，
发展完善的乳业经济在
中欧扎根。
8000 年前，
新石器文化传播
到巴尔干半岛。
8400 年前，
新石器文化
传至希腊。
约 10000 到 11000 年前，
石器文化在中东发展起来。这是农
的起步阶段，同时也可能是人类畜
产乳动物的开端。

和大多数哺乳动物一样，大多数人类在成年之后都会丧失乳糖的代谢能力。但是随着畜牧业的发展，乳制品消耗不断增加，在过去一万年中的某个时间点，一个新的等位基因出现并散布到全欧洲，使人们能够在成年之后继续代谢乳糖。

今天，我们对生命如何在无数代间进化，以及生物多样性又是如何产生的，有了前所未有的深入了解。我们不仅可以从基因行为的角度解释这一现象，还可以在实验室里高速生长的生物体身上目睹它们的发生。通过观察活体与化石证据，我们得以了解这些明显的代际变化如何在数百万年间不断累积，最终创造出了不同的生物体。

何谓进化？

当一个种群的基因构成发生了代际变化，也就意味着发生了进化。严格来说，这一现象的决定因素是某些等位基因的比例——或者说频率——的改变。一个种群进化中会打破平衡（即哈代-温伯格平衡），其遗传变异状态不再一成不变。比如，控制乳糖代谢酶的基因比例增加，非乳糖代谢的变体的比例相应减少，这便是进化的一个实例。世界上大多数成年人无法消化乳糖，但随着乳牛业在人类历史中不断发展，代谢乳糖的等位基因出现的频率也增加了。进化大多源于这类微妙的变化，在数代之间缓慢发生，但随着时间流逝，进化的效应也会愈发显著。

当然了，在现实中，进化给许多不同的基因都带来了变化。这些变化导致的效应累积在一起，创造出一些全然不同的新性状，携带这些性状的生物体也被划归为新物种。这些长期效应叫作宏观进化，我们在下一节中讨论。现在，我们先从小一些的、单物种内的进化性演变谈起：微观进化。

适应

不管哪一种进化理论，除了需要解释种群代际变化之外，还需要解释适应现象。适应，是指生物体拥有的利于融入生存环境的特征。生物多样性的一个明显特征是：生物需

许多遗传性变化，比如突变，都是完全随机的，无法解释适应现象。查尔斯·达尔文的自然选择理论为适应性变化提供了有力的解释。

要适应生存环境。这些特征并不是随机分配的。比如，两极严寒地区的生物体特别耐寒，有些自带防寒的化学物质；那里的动物，无论猎食者还是猎物，通常都有一身白色的皮毛，可以在冰雪中藏身。

现代综合论的发展

19 世纪末 20 世纪初，一些生物学家对达尔文的自然选择理论能否完全解释进化现象心存怀疑，另一些生物学家则怀疑孟德尔的定律能否解释遗传现象。但是，随着新生的遗传科学逐渐探明基因与染色体的作用，达尔文的理论与孟德尔的理论开始融合，形成进化生物学的一种新视角，即“现代综合论”。在哈代和温伯格证明孟德尔的遗传定律在自然种群中同样成立之后，其他生物学家开始对种群遗传学进行更细致的研究。到 1930 年，以罗纳德·费雪和 J. B. S. 哈尔

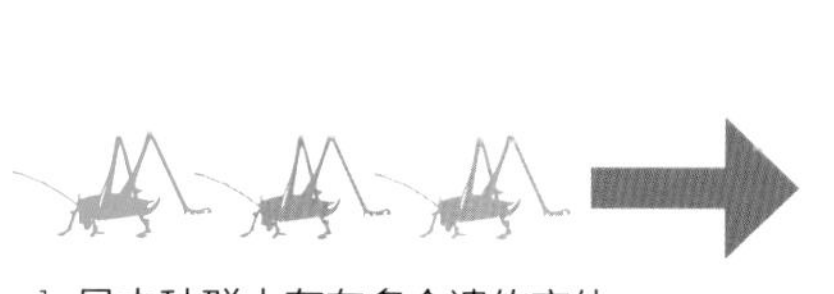

1. 昆虫种群中存在多个遗传变体（原因是突变）。

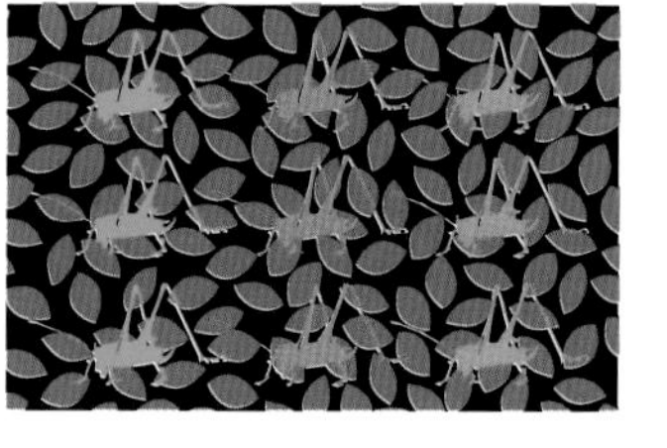

2. 特定的性状使一些个体生存能力优于其他个体。在这个例子中，携带使外表呈绿色的等位基因的个体可以逃避捕食者（绿色是它们的保护色）。鸟类看粉色和橙色的昆虫比看绿色的更清楚，所以只捕食粉色和橙色的昆虫。

3. 存活下来的个体会交配繁殖，赋予它们生存优势的等位基因遗下去。所以，绿色昆虫会繁殖出多绿色昆虫，最终大多数昆虫都绿色的。

达尔文对进化的解释

恩培多克勒等古希腊哲学家们认为，生物是从某一祖先衍化而来的。此后的几个世纪中，大部分博物学家都摒弃了这一观点，他们相信生物是按神的意志创造出来的固定模型。直至 19 世纪，科学家们才开始从物理的角度理解生物学。1809 年，法国博物学家让–巴蒂斯特 · 拉马克提出，生命形态通过进化变得更为复杂，在这一过程中，它们遗传前代的性状，这些性状中有一些因为“有用”而进一步发展，有些则因为“无用”而逐步退化。在拉马克看来，长颈鹿的脖子之所以那么长，是因为其祖先为了能吃到高处的树叶而不断伸长脖子的结果，长脖子又进一步遗传到后代的身上。时至今日，我们知道决定脖子长度的基因不是这样发生转变的。拉马克却提出了最初的一种进化理论，至少对适应现象作出了解释。

查尔斯 · 达尔文用了几十年的时间发展出他自己的进化理论。最为关键的是，他的理论建立在物种高度多样化的前提下，而非局限于某一类型。达尔文设想，有些变体相比其他变体更具优越性，使得它们更有机会生存下来，繁衍更多后代。如果变异是可以遗传的，那么这些更为成功的变体就能把它们占优势的性状传给后代。与拉马克的理论不同，达尔文的理论先假设存在一个脖子长度各不相同的原始长颈鹿种群，由于长脖子的长颈鹿能吃到更多食物，更为健康，能够繁育更多后代，从而进化。这一理论的关键是变化能够遗传，而非简单的用进废退。

1858 年，达尔文在伦敦林奈学会与另一位学者联合发表了他的著作。这位学者也是个博物学家，名叫阿尔弗雷德 · 拉塞尔 · 华莱士，他独立发现了与达尔文相同的理论。达尔文在《物种起源》中进一步扩展了自己的理论，将其命名为“自然选择”，因为生物生存的环境最终选择了那些最具优势的变体。

按照自然选择理论的构想，那些携带优势基因的个体寿命更长，能繁育更多后代。随着这些“更适应”的个体越来越多，物种也就适应了它的生存环境。如果环境改变，另一些个体就可能更具选择优势，于是进化就会推动新的适应。

丹为首的英国遗传学家，已经能够证明自然选择可以改变等位基因出现的频率，从而导致达尔文描述的进化现象。同时，科学家们还发现，种群包含的遗传变体远比预想的要多：等位基因出场频率的改变程度远高于进化所需。现代综合论确认，突变和选择等因素可以改变等位基因出现的频率，进而催生进化。

突变导致的进化

第九章中讲到，突变是所有新变体的根源。新的等位基因和全新种类的基因都来源于 DNA 在复制时出现的错误。这些新基因中有些有害，有些有益，其余的则对生物生存发展毫无影响。然而，所有这些新基因都会增加种群基因的多样性。

与自然选择不同，突变是随机的，所以突变本身无法解释那些帮助生物适应其生存环境的性状是如何不断出现的。

自然选择导致的进化

只有自然选择导致的进化才能解释那些促进生物适应性的进化现象："适合"生存环境的生物体才会被选择。自然选择依靠的是突变产生的遗传变体。有变体，就意味着种群中的个体适应程度各不相同。有些变体能生存得更好、更久，能繁衍更多的后代，更有机会把那些帮助其胜过竞争者的基因遗传下去。有一个因素不容忽略，决定哪些基因占优势的是环境。一旦环境发生改变，在选择中占优势的也可能变成其他基因。无论是哪一种情况，后代总会遗传相应的基因，而一个种群总体遗传下来的性状也会逐渐适应其生存环境。

在现实中，我们可以观测到这一过程。华法林是一种常见

的处方药，可以降低高危患者（如心脏病患者）中风的风险，这一药物也被作为控制鼠患的农药使用，其工作原理是通过阻断凝血过程中所需要的一种酶，在鼠类体内导致致命的大出血。从1950年开始，人们把它作为农药使用，由于它对其他动物毒性较低，此后一直被使用。但仅仅8年之后，苏格兰便出现了对它有抗药性的褐鼠。这种褐鼠带有一种能阻止该药物扰乱凝血功能的突变。此后，世界各地相继发现了携带类似突变的大鼠和小鼠。在这一案例中，华法林就是那个选择具有抗药性的鼠类的环境因素。换句话说，使用华法林的地方，有抗药性的鼠类生存下来，没有抗药性的鼠类死亡了。结果，自然选择推动了华法林抗药性在鼠类种群中的扩散。

↑ 自然选择，即环境中最“适应”的物种将逐淘汰不“适应”的物种，为进化过程提供唯合理的解释。

自然选择的类型

华法林抗药性在鼠类中的扩散是定向选择的案例之一：这一选择会导致某种特定的等位基因出现的频率增加。在华法林抗药性的例子中，导致抗药性的等位基因增多了，

英国大量出现具有农药抗药性鼠类的区域（橙色区域），均为使用了农药的地区——鼠类通过突变和自然选择获得了抗药性。英国各地——苏格兰、威尔士和英格兰，引发抗药性的突变各不相同，相互之间毫无关联。

“正常”的非抗药性等位基因的比重也因此降低。这个故事还有后续转折。在不使用华法林的地区，情况又如何呢？出乎意料的是，在这些地区，没有抗药性的鼠类更具有生存优势。华法林抗药性帮助鼠类战胜了这一药物，但这个胜利是有代价的：它们需要摄入更多的维生素 K——复杂的凝血过程中所必需的。在使用华法林作为农药的地区，抗药性带来的这一缺陷，远没有保护自己不受农药毒害的优势明显。在不使用华法林的地区，这一缺陷就足以打破平衡，令那些不具有抗药性的鼠类明显占优势。结果就是，自然选择不再看好极端变体，而倾向于“正常”鼠类：这种选择叫作稳定选择。

实际上，大多数情况下，在种群中发挥作用的都是稳定选择。相比之下，定向选择一般与环境变化更为相关。稳定选择通过淘汰某些异常性状来维持种群稳定。在过去，自然选择促使许多鸟类进化出观赏性的羽毛，因为外表多彩的雄性更容易吸引雌性。这就是所谓的性选择，它可以解释为什么雄孔雀会进化出色彩斑斓的长尾羽。但对于野生孔雀来说，长尾羽不利于逃避捕食者：羽毛完全长成的雄性孔雀飞行能力很差。稳定选择会淘汰那些导致尾羽过短的等位基因，因为这样的个体无法吸引雌性。但如果尾羽过长，相应的等位基因会导致其携带者成为捕食者的目标。

还有同时有益于多种遗传变体的第三种自然选择：分裂选择。丛林葱蜗牛是一个常见的欧洲物种，其种群中包含深褐色壳、黄色壳和条纹壳三种个体。分裂选择维持了遗传的多样性，因为这三种颜色都是保护色，可以分别在以下三种栖息地帮助蜗牛躲避捕食者（主要是鸫科鸟类）：阴暗林地、开阔草地和阳光斑驳的树篱。有时候，分裂选择不那么容易被观察到。镰状细胞疾病源自一种导致红细胞变形的突变（详见第三章）。在缺乏医疗救助的国家——主要是热带地区，患者可能无法生存到育龄。但在这些地区，是否携带这些有害的隐性等位基因却不会给生存状况带来明显差别，原因在于携带者的这一“特质”使他们更能抵抗疟疾——一种依靠蚊子传播的疾病。结果就是，分裂选择在热带地区既选择了携带者，也选择了具有正常血液的人群。

随机遗传漂变

假设有一个果蝇种群，由正常和残翅两种个体构成。上一节中我们讲到，遗传本身无法在代际改变翅膀等位基因的频率，只有进化性演变，比如突变和选择，才会导致这一结果。但是有一种进化性演变——随机遗传漂变——

↓ 三种不同的自然选择对种群的遗传变异有着同的影响：稳定选择倾向于最普通的个体，向选择倾向于极端进化的个体，分裂选择则致了两种或更多种形态的出现，这一现象叫多态性。

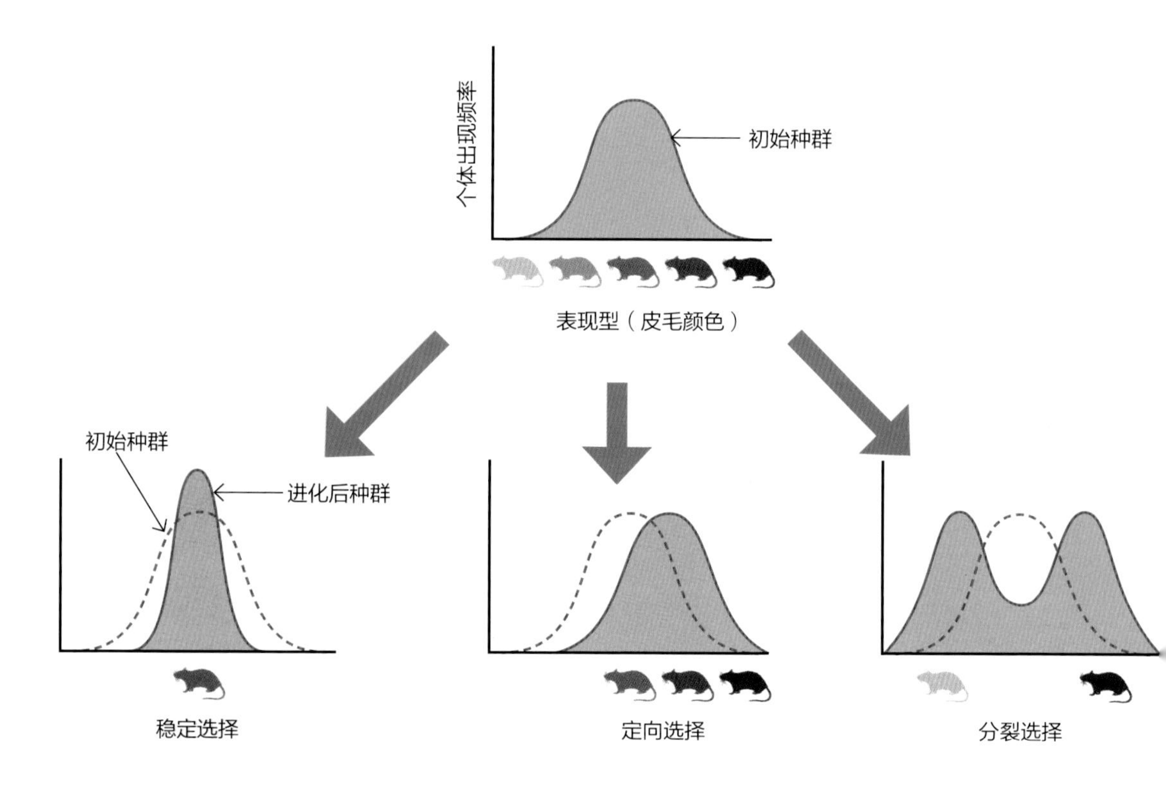

进化在岛屿上会发生得更快，这大概是随机遗传漂变的结果。奠基者种群很可能数量较小，只包含了数个从远方大陆上分散过来的个体。岛屿上的物种，例如渡渡鸟（见上图）或者象龟，经常与它们大陆上的近亲大相径庭。

的作用比较微妙。从名字就可以猜出，它的随机影响不会导致适应。

如果果蝇种群非常大，所有个体都正常交配，那么即使在数代之后，等位基因的频率也会保持不变。现在我们改换一下思路，假设种群非常小，比如说只有六只果蝇，结果又会如何？在这种情况下，发生随机遗传变异的可能性就大大增加了。这是因为，虽然果蝇随机交配，但遗传到下一代的等位基因很可能无法完全表现亲代的多样性。比如说，在完全随机的情况下，六只果蝇中可能有大比例的残翅个体相互交配，进而导致更多残翅等位基因遗传给下一代。每一代新生个体都会携带亲代种群等位基因的一套样本。遗传漂变是等位基因显现频率的一种随机变化。在现实中，遗传漂变对任何一个种群都会产生影响，但对那些小种群的影响尤为明显。

随机遗传漂变可以帮助我们解释为什么自然中数量较小的那些种群，比如说孤立于小岛上的种群，有可能比大陆上数量较大的种群进化得更加迅速。

自私的基因

生物个体在奋力进化以求生存的过程中生生死死，看上去似乎个体才是进化（由自然选择驱动）的主要影响对象。但在 1976 年，英国生物学家理查德·道金斯在其《自私的基因》一书中，反驳了这一观点。道金斯提出，基因才是进化性选择最基本的“单位”。他认为自我复制的基因受自然选择的控制，而非由生物体支配，生物体不过是基因的运载装置。基因在生物体内共同协作，但最终，每个基因都有其自私的目的，因为每个基因都由复制的本能所驱动。携带动机最为强烈的基因的那些个体才能生存得更好，繁衍得更多。

道金斯提出自私的基因这一观点，是为了驳倒一个流行理论，那就是整个种群或群体都是自然选择的结果。道金斯认为，以基因为中心来看待自然选择，才是正确的着眼点：基因本身才是真正重要的单位。这也可以帮我们解释那些明显的利他行为。比如，工蜂没有生育能力，它们辛苦劳动只是为了产卵的蜂后。从进化的角度来说，这样的牺牲似乎毫无道理。自然选择怎么会青睐无法生殖的工蜂呢？实际上，因为工蜂都是蜂后的女儿，它们都遗传了蜂后的基因。这也就意味着，指令无生育能力的工蜂辛勤劳作的那些基因，其实是在间接保证蜂后能不断地创造自己的复制体。

↓ 工蜂为了保护蜂群蜇刺人类后，会失去它的
命。但此举可以保护它的母亲，也就是为蜂
繁衍后代的蜂后的安全，蜂后则会不断产下
含工蜂基因的卵。

从旧物种到新物种

大规模的进化性演变可能会导致一些个体的样子与其他个体大相径庭，乃至无法与其他个体交配。这些新兴的种类就是新物种。

20 世纪二三十年代，在生物学家和数学家们苦心孤诣地研究种群的基因表现的过程中，相关讨论转向了生物多样化导致的新物种诞生。达尔文的著作虽然题为《物种起源》，但他所关注的其实主要是自然选择如何推动进化性演变。他避开了一个棘手的问题，即这一演变是如何脱离一个物种的轨道，产生一个新物种的。

我们在日常生活中所熟知的物种概念，主要建立在生物外表的巨大差异上，有些生物有着某些共同的性状，很可能也沾亲带故。我们一般可以很轻松地从到访花园喂食器的鸟类中认出燕雀、山雀等。物种之间有明显的区隔：它们不但看着不一样，行为也各不相同。但如果进化是一个如此渐进的过程，与占主导地位的基因变体的变化息息相关，那么一个物种究竟是如何转变成另一个物种的：导致这种跨物种进化，或者说宏观进化的，到底是什么因素呢？

要回答这个问题，生物学家首先要问自己一个更基本的问题：物种究竟该如何定义？

定义物种

1937 年，出生于苏联的遗传学家费奥多西·多布然斯基发表了一部名为《遗传学与物种起源》的著作，它融合了当时多方面的进化理论。此前，多布然斯基已移居到了美

↑ 自然选择可以产生一大批性状各不相同的物种

国，开始与托马斯·H.摩尔根合作研究果蝇，后者证明了基因是由染色体携带的。除了实验室的工作外，多布然斯基对研究野外环境中的生物体种群同样感兴趣。他的著作综合野生种群突变和选择的相关观点，以他的野外经验和观测结果为佐证，提出了一个重要的观点：隔离可以导致物种进化。当种群中的个体不再杂交，种群就有可能分化成不同的物种。

多布然斯基的著作发表几年后，德裔生物学家恩斯特·迈尔抓住“隔离”这个关键，将物种定义为：一个能够内部繁殖，但无法与其他种群杂交的种群。即与其他种群存在生殖隔离的种群，便是物种。生殖隔离使得一个物种在遗传上区别于其他物种，因为它的基因与其他物种的基因无法混合。换句话说，物种与物种的基因库各不相同，无法相容。迈尔的“生物种概念”被各领域的博物学家一直沿用至今。两种生物体可能在样貌行为上无甚差别，但如果它们无法杂交，根据迈尔的定义，它们就要被划归为不同的物种。比如说，褐头山雀与沼泽山雀是两种长相非常相似的

褐头山雀

沼泽山雀

褐头山雀与沼泽山雀是两种亲缘相近的鸟类，它们都生活在欧洲的树林中。在 1897 年以前，人们一直以为它们是同一个物种，但不同的叫声（区分二者最可靠的手段）意味着它们是两个不同的物种。

鸟，它们都在林地栖息，觅昆虫为食，但它们的叫声截然不同，这说明它们并不跨物种求偶，也从不相互杂交。

地理屏障

确定了物种的定义之后，生物学家们就可以着手解决新物种如何从旧物种进化而来这个问题了，即所谓的物种形成。多布然斯基和迈尔的研究为我们理解宏观进化打下了基础。要产生进化，必须在个体之间制造某种生殖屏障——即一般所说的生殖隔离机制——以阻断个体之间的基因混合。要达到这一目的，最简单的途径就是一道实际存在的地理屏障。

生物体所生活的世界并不是永恒不变的。达尔文已经告诉我们，环境与栖息地的变化可以创造条件，使得新变体能在自然选择下兴盛起来。但在漫长的地质史上，经过千百万年和无数代的变迁，地球的表面已经发生了翻天覆地的变化。现代科学有足够证据证明大陆曾发生过移位——陆地相撞破碎，山峦耸起，峡谷深陷。在恐龙称霸的侏罗纪，南美洲、非洲、马达加斯加、印度和南极洲曾经有数亿年是相连的，但最终它们逐渐分裂，不断漂移。当印度与亚洲相撞时，喜马拉雅山脉被推挤而出。在南美洲，随着安第斯山脉的隆起，洪水淹没了亚马孙盆地。所有这些变化对生物都造成了深刻的影响：随着屏障的出现与消失，种群也在分裂或融合。

随着地理屏障的出现，例如新山脉或河流的形成，同一物种的种群可能会发生分化。比如，一个适应了低海拔的物种无法翻越高山的顶峰。这也就意味着，分离在新屏障两侧的种群会各自独立进化。有时，它们的生存环境会大相径庭：也许山脉创造出一片雨影区，导致一个种群的栖息地多雨，另一个种群的栖息地则干旱少雨。这就导致自然选择向不同的方向推动进化。又或许，种群会完全随机地向不同方向进化：这要依靠随机遗传漂变或者突变。无论哪种情况，

↓ 仅仅几百万年之前，北美洲和南美洲还是完分开的两块大陆，但随着大陆的漂移，它们中美洲大陆桥处相遇联结。这一地理变化将多太平洋和加勒比海上的海洋生物种群分隔来，使得其中很多种群，例如枝异孔石鲈，化为不同的物种。比较这些各自进化的物种因，可以帮助我们弄清楚这一切是如何发生的

1000 万年前
500 万年前
现在
中美洲东部，加勒比枝异孔石鲈体色更白。
中美洲西部，巴拿马枝异孔石鲈体色更黄。

在经过许多代的进化之后，这两个种群的差异会大到即使见面也无法进行杂交。它们会进化到产生生殖隔离：已成为不同的物种。

深化区隔

多布然斯基和迈尔认为，许多新物种都是由于地理屏障而生成的。这种现象叫作异域物种形成，异域（Allopatric）一词由希腊语 *allos*（意为“他者”）和 *patris*（意为“祖地”）衍生而来。在实验室中进行的果蝇实验也证实了这一理论，在这一实验中，多组果蝇被隔离在不同的环境中。数代之后，当这些分隔的群组重新相聚，果蝇依然会倾向于组内交配。物种在野外的自然分布也为这一观点提供了佐证：亲缘相近的不同物种往往生存在某个地理屏障的两侧；亲缘更紧密的那些物种之间甚至会存在一个杂交带，这意味

物种的形成必须伴随生殖隔离，这样才能阻止新生物种与旧物种杂交。与异域性的物种形成不同的是，同域性的物种形成可以不依靠地理屏障就做到这一点。

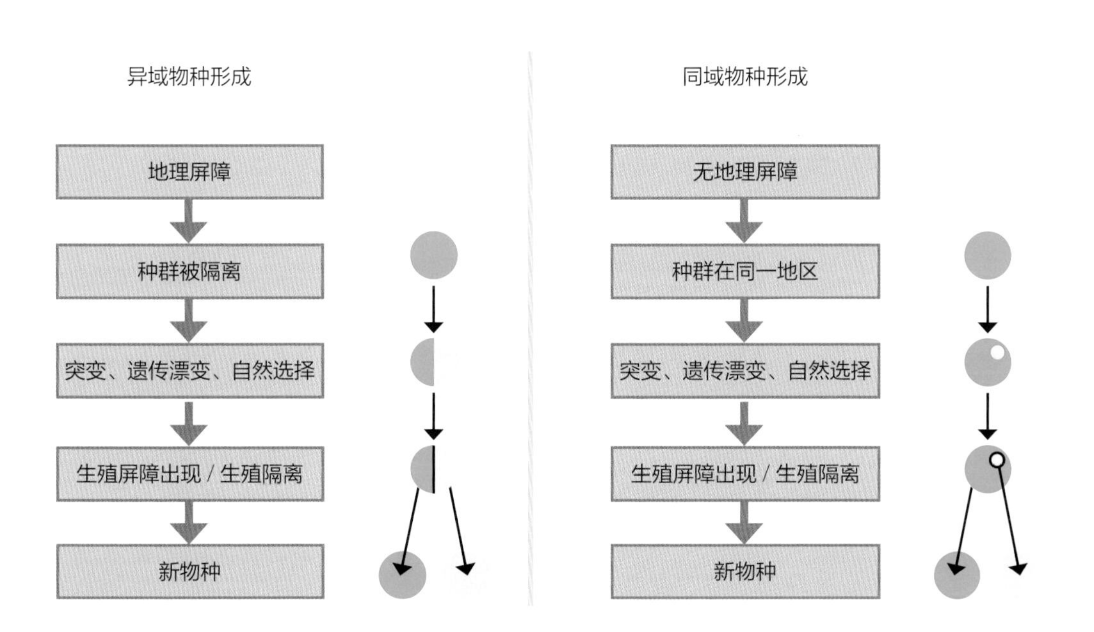

着物种形成的进程还没有发展到两个物种完全不相容的地步。

两个物种重聚后是否还会维持两个物种不变，取决于它们长时间积累下的遗传差异。如果遗传差异大到让两个种群看起来大相径庭，那么个体可能根本就不会去尝试杂交。研究表明，杂交物种比我们之前所设想的要常见，但许多生物学家认为，杂交本身也促进了物种形成的过程。随着分离开的两个种群携带的基因和染色体不断进化，它们之间的差别也越来越大，即使日后地理屏障被打破，它们也多多少少会变得不那么相容。比如说，将经历了不同进化过程的遗传物质相结合，创造出的杂交种可能无法生存。当这种情况发生时，自然选择就会继续淘汰这些“不适应”的杂交物种。一段时间之后，两个物种会比刚刚重聚时更为分化，因为只有在物种内部交配的那些个体才能把自身基因遗传下去。

无地理屏障

异域物种形成有太多进化的例子作为佐证，使得这一理论仿佛成了唯一合理的解释。恩斯特·迈尔尤其坚定，认为其他理论都行不通。不过，在20世纪四五十年代，一个备受争议的进化理论却已在酝酿之中了，直到1966年，英国生物学家约翰·梅纳德·史密斯以论文的形式将其发表。他在这篇论文中提出，即使没有地理屏障阻碍基因流通，新物种也有可能在旧物种的分布范围内形成。这一理论后来被称为同域物种形成，“同域”（Sympatric）一词意为“共同”和“祖地”。

梅纳德·史密斯指出，如果一个种群中的遗传变异足够多，它自身的基因库就可能出现分流（详见179页图示）。

1. 大嘴地雀（*Geospiza magnirostris*）

2. 中嘴地雀（*Geospiza fortis*）

← 分布在加拉帕戈斯群岛中不同岛屿上的雀类，由于异域物种形成而分流，但有些同一岛屿上的分流是同域物种形成导致的。这些是达尔文亲手绘制的图样。

3. 小嘴树雀（*Geospiza parvula*）

4. 加岛绿莺雀（*Certhidea olivacea*）

达尔文雀

达尔文曾以太平洋加拉帕戈斯群岛上的一个雀科鸟类种群为例，来阐释其自然选择理论。1835 年，达尔文在环游世界之旅中经过这片岛屿。与传说中不同的是，他当时在岛上采集的鸟类样本并没有带来“灵光闪现”的一刻。回到伦敦两年后，他意识到这些样本可以在他不断发展的自然选择理论中起到关键作用。他的朋友、鸟类学家约翰·古尔德辨认出，这些样本属于不同种类的雀科鸟。达尔文本以为它们都属于某个由乌鸫和蜡嘴鸟的杂交物种。它们虽都拥有雀科的标志性性状，相互之间却又差异很大，可以确定属于不同的物种。特别是它们的喙各不相同，有的如食昆虫的鸟的喙一般尖细如针，有的却又大又厚，明显是以植物种子为食。

达尔文雀并非随机分布：这几个不同的物种是在不同的岛屿上发现的。达尔文在《物种起源》中对其作出了解释，它们起源于同一个来自附近的南美洲的祖先，自然选择促使它们向不同方向进化，以最大程度获取各自岛屿上的食物。从那以后，生物学家不断拓宽我们对于进化的理解，如今达尔文雀已经是人类研究最为深入的鸟类之一。1947 年，英国鸟类学家大卫·莱克发表了一部关于达尔文雀的里程碑式的著作。英国生物学家彼得·格兰特和罗斯玛丽·格兰特夫妇也从 20 世纪 70 年代起，不畏艰险，对其进行了几十年的田野调查。

这些研究结果表明，达尔文雀在遗传学上确实是南美和加勒比海地区雀类的近亲，最初迁徙到群岛上的雀由于异域物种形成产生了趋异。但是在某些岛屿上，也发生了同域物种形成。分裂进化选择了大小反常的喙，于是在没有地理分隔的情况下，这些物种依然向着截然不同的方向展开了进化。

他的解释是，自然选择可以同时选中两种或者多种变体，所以趋异可能是由分裂选择推动的。

多染色体进化

我们曾在第九章中看到，当染色体突变导致染色体数量发生变化时，会给生物体的基因构成带来怎样剧烈的变化。具体来说，如果性细胞生成时结对的染色体没有分离，后代体内就可能出现多组染色体：我们称这一状况为多倍性。

对于某些生物体，比如很多植物和一些鱼类来说，多倍性可谓司空见惯。在这些物种中，多倍性会在同一代之内造成生殖隔离。虽然出现同样突变的个体可以相互交配，但染色体差异会阻碍它们和其他个体交配。许多例子都可以证明，这种生殖隔离可能导致新物种在一代或很少的几代之间形成。这就创造了一种几乎能够在瞬间完成的物种形成方式。

→ 山羊胡子（*Goatsbeard*，学名婆罗门参属）是菊科的一员，通常生长在欧亚地区。该属下的一些种也传到了北美洲，包括长喙婆罗门参（见上图）和草地婆罗门参（见中图）。20 世纪 50 年代，爱达荷州和华盛顿州发现了一个新种。这一新种是在长喙婆罗门参和草地婆罗门参杂交过程中产生的多倍体，它被命名为莫斯科婆罗门参（见下图），是一个四倍体：具有四套染色体的物种。

漫长岁月中的进化

在数万甚至数亿年的时间中，进化不断发生，新物种逐渐趋异，生物体彼此之间差异越来越大。在漫长的地质年代中，一个又一个全新的生物类别不断产生，生物多样性也不断增加。

在漫长的岁月中，地球上的环境不断变化，物种也随之生生灭灭。一种植物或者动物也许会在几百万年后灭绝，或者进化成完全不同的样子。总有那么几个物种格外顽强，从恐龙年代甚至是更早的时候坚持至今，几乎不见任何变化；而另外一些物种，特别是那些繁殖更替比较快的物种，可能只需要几个世纪就会变得面目全非。但是只要它们存在一天，物种就会保持自身特性，不断交配繁殖出更多的同类。

我们可以比较那些存活至今的生物体的性状和基因，据此推测出它们的进化史，绘制出一幅生物的族谱，阐明这一新物种源自哪一分支。现存的物种均位于这幅族谱的末端。从这个角度来说，新生物类别的进化和新物种的进化是相似的，只不过规模更大、跨越的时间更长。人类在遗传上与猿类和猴类相近，与鸟类和鱼类较远，与昆虫和植物则差别更甚。但是追根溯源，所有已知的生物多多少少都有血缘关系，因为所有生物都源自同一个祖先。

跨越地质年代的进化

地质年代涵盖了地球诞生以来的全部时间，也就是45亿年多一点。通过一些物理学方法，可以测量出我们脚下岩石的年龄。最古老的化石差不多有35亿岁，它们定位了生物进

↑ 地球上生存着或生存过的物种数不胜数，它
的源头却都可以追溯到一个共同的祖先物种。

化的时间起点。在这漫长的时间跨度中，不同的植物、动物、真菌和微生物种类都是从简单的单细胞祖先进化而来的。

现存的物种比生物出现之初要多得多，换句话说，地球生物的进化史恰如一棵开枝散叶的大树。物种形成的持续过程保证这棵树不断有新枝生成。随着这棵树成熟壮大，新物种与最初的分支点相距甚远，其差别可能大如蕨类与玫瑰，或者虫子与鲸鱼。进化中这种不断分枝散叶的过程叫作分支演化，生物萌生的每一条新枝叫作一个演化支。演化支从种开始，但是随着时间流逝可能会分化成全新的科、门，甚至是界。

进化性演变的累积在未形成分支的情况下也可能发生。即使异域性物种形成和同域性物种形成都没有发生，一个物种经过一定的时间之后依然可以变成全新的物种。一个存活了百万年的种群，在遗传上不可能和最初时保持一致，其改变可能大到即使与百万年前的个体相遇，也无法交配。这种在生物之树的一个分支上逐渐发生的改变叫作前进演化。

种群在漫长的时光中不断积累基因变化，或一路进化成与祖先不同的物种（前进演化），或分化为一个以上的新物种（分支演化）。

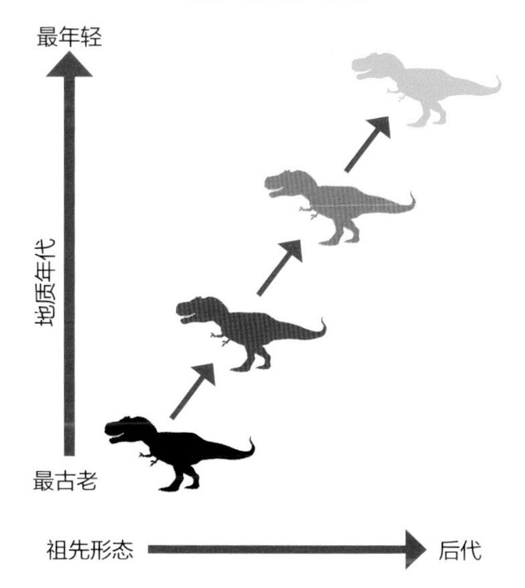

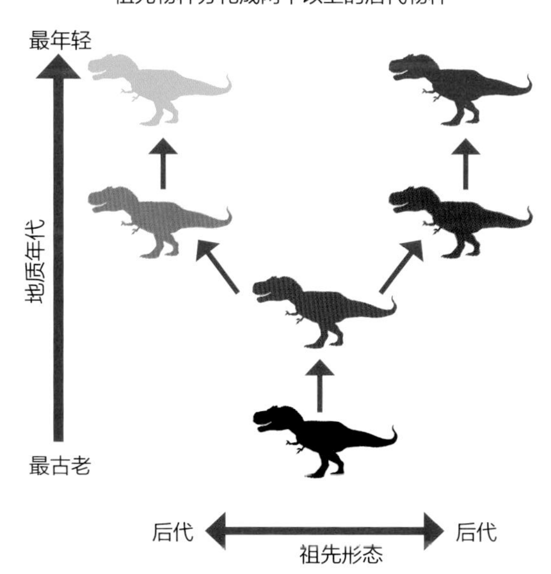

亲缘的证据

亲缘关系最紧密的生物体的基因最为相似。我们可以通过一系列方法甄别相似或相异的基因。配合统计学手段，我们可以将比较结果绘制成最为准确的树状图，来展现多样性是如何形成的。

当然，生物学家以前是得不到基因提供的这些证据的。在分子生物学出现之前，博物学家只能依靠解剖学证据或观察生物行为来判断进化中的亲缘关系。在很多情况下，这样得到的研究结果是可靠的，但这一研究方法也有其弊端。特别要注意的是，亲缘关系很远的物种也有可能进化出相似的特性，因为自然选择会把它们向同一个方向推动。

进化上趋同这一现象在分子层面也有可能发生，但只有比较整段 DNA，得出的结果才更可信，尤其是同时比较多段 DNA。同样的碱基序列是不太可能无缘无故地自行产生的。有些基因或 DNA 片段不容易受自然选择的影响，它们才是精准判断进化上的亲缘关系的关键。物种之间的差别是由一段时间内积累的随机突变所导致的，所以差别的大小可以侧面证明物

↓ 鱼类、鲸类和某些史前海洋爬行动物都进化
流线型的身体，生有鳍或蹼，这是因为在自
选择中，这些适合水中生活的特征占据优
换句话说，它们的特征融合了。

种之间进化的“距离”。化石物种的研究很少能用到基因证据，因为它们的 DNA 一般都退化消失了。但是最近的基因比对研究，在现代物种之间的亲缘关系方面有了一些新发现。

遗传学研究确认鲸类有两个分支：齿鲸（如海豚）和靠过滤海水摄食的须鲸（如蓝鲸和小须鲸）。这一分类此前已由解剖研究证明。这些研究还探测出鲸类是一个偶蹄哺乳动物（如黄牛）分支的“姊妹”支。但在 20 世纪 90 年代，基因分析显示鲸类实际上是从偶蹄哺乳动物内部分化产生的，具体来说它们和河马是两条并行的分支。

绘制整棵生物之树

基因研究帮助我们厘清了生物之树上主要分支之间的关系。历史上生物被分为动物和植物两类。当时人们认为动物包括许多会移动的单细胞生物体，比如变形虫；植物则与许多“静止”的生物，比如真菌和细菌混为一类。但微观细胞研究以及后来的基因分析都显示，这一分类是错误的。在

根据基因比较的结果绘制出的生物之树，反映了生物种群在百万年间是如何进化和趋异的。

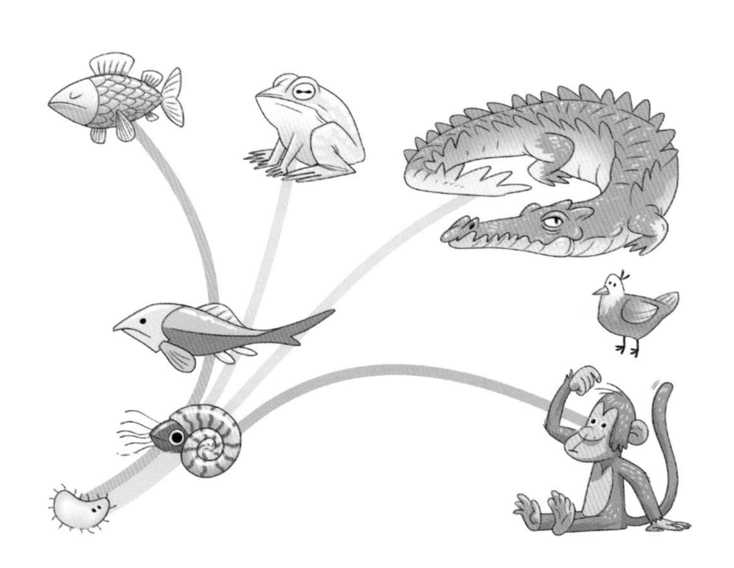

20 世纪 30 年代，人们发现细菌与其他生物差别极大，所以把其划归为一个独立的界。之后的几十年中，藻类和真菌也被单独划分出来。

今天，基因证据显示生物之树的根部同样有很多分支，使得它不像一棵真正的“树”，倒更像是一丛灌木。在 20 世纪 70 年代，人们发现之前被划归为细菌的一些单细胞生物在遗传上其实与细菌相差甚远，其亲缘距离不亚于真正的细菌与人类之间的差距。这一全新的类别叫作古细菌，其中包含一些非常奇异的生命类型，它们似乎是遥远的史前时代的幸存者，有些至今仍生活在滚烫的酸性温泉中，或是在食草动物的胃里合成甲烷。同时，基因研究还显示，真菌与动物的亲缘关系其实要比与植物的近，还有一大批复杂单细胞生物体与动物和植物都相差甚远。

生物的起源

令人难以置信的是，有证据表明，所有已知物种都是从同一个祖先进化而来的：“最早的共同祖先”（last universal common ancestor），简称 LUCA。但 LUCA 自己到底是一种什么生物呢？

我们可能永远都无法知道确切的答案。目前最古老的化石可追溯到 35 亿年以前，但即使是它们，看上去也太大、太复杂了，不太可能是我们要找的生物。实验表明，生物分子，例如氨基酸，可以由一些更简单的化学物质混合生成，这些化学物质可能在地球形成之初就已经存在了。目前的理论指出，通过聚集和催动这些混合物，深海火山口也许起到了生物孵化场的作用。复杂分子一开始自我复制，生物就开始通过复制错误和自然选择进化了。今天的遗传系统，究其根本，与两种复杂分子相关：DNA 和蛋白质。DNA 是复制

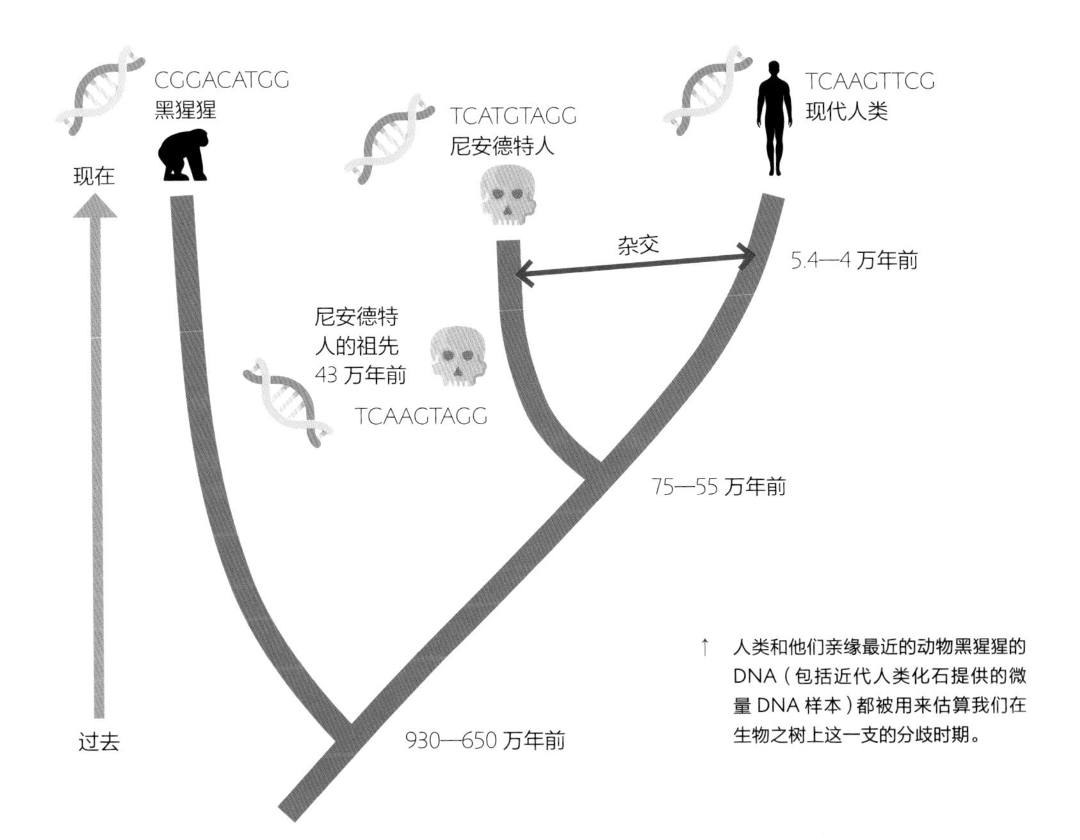

↑ 人类和他们亲缘最近的动物黑猩猩的DNA（包括近代人类化石提供的微量DNA样本）都被用来估算我们在生物之树上这一支的分歧时期。

分子钟

1968年，日本遗传学家木村资生提出，许多长时间积累下来的遗传变异是由随机的突变或漂变导致的。这一分子级进化学说即所谓的中性理论，其中一些方面至今仍无定论，但基因的碱基序列会积累“中性”突变这一观点已为实验观测证明。木村据此又提出，这些突变的累积以恒定速率在长时间内发生，因为它们并非自然选择的影响所致。从这个角度来说，与这种演变相关的遗传性差异，可以作为钟表来测量时间的流逝。也就是说，至少在理论上，遗传学家可以计算出不同的物种是在什么时候开始发生分歧的。

如今，这一分子钟被用来估算系统发生学[1]的生物之树上不同分支出现的时间。虽然仅靠这座“时钟”，我们只能比较不同的分支点，而不能给出确切的时期，但结合其他方法就可以作出校准。比如说，化石的年代可以靠测验岩石确定，这样就可以将其融入生物之树的系统中，放置在靠近关键初始分支点的位置。利用那些靠近这些分支点的化石，我们就可以估算出物种分歧的时期。

1　系统发生学（Phylogenetics）是一门通过研究遗传性状来研究物种进化关系和历史的学科，其研究结果就是本章介绍的“生物之树”，又称系统发生树（Phylogenetic tree）。

者，蛋白质则用于实现各种功能。但是，蛋白质只能通过DNA编码生成，如我们在第五章中所见，DNA复制也需要蛋白质（具体来说是催化的酶）。如果它们互相依赖的话，到底是哪个在先哪个在后呢？

最近的学说提出，这两者可能都不是生物的起源。最初的生物形成于两者之间的媒介：RNA。今天，RNA一般作为“跑腿”的信差为我们所熟知，它们负责将DNA的基因信息传递到生产蛋白质的地方（详见第四章）。但是有些形式的RNA也有催化功能。如今，许多科学家都认为数十亿年前，可以繁殖的生物刚出现的时候，是一个“RNA世界”。

↓ 生命也许始于深海，始于那些富集多种矿物质的火山口。时至今日，依然有许多独特的生命形态在海底围绕这些“黑烟囱”生存着，比如太平洋里火山口周边的管虫。

第十一章

我们如何读取 DNA

检测遗传性疾病

通过生物的外部性状，我们可以在很大程度上判断它携带了何种基因；如果想要确定某种具体基因的存在，就必须依靠实验检测。基因检测就是从探寻如何诊断遗传性疾病开始的。

我们在前面的章节中看到，遗传基因对于生物体的生长影响巨大，同时又微妙而复杂。基因以繁复的方式相互作用，单凭可见性状就清晰准确地判断出一个生物体携带了何种基因十分困难，甚至可以说全无可能。只负责控制简单的遗传性状的基因，比如决定豌豆花朵颜色或老鼠毛色的基因，只是基因中的极少数。要探寻个体的基因构成，就需要一个决定性的测验来告诉我们，个体中存在哪些具体基因。这类基因检测，正是科学家们在试图理解和诊断遗传疾病的过程中逐渐发明出来的。

20 世纪初，威廉·贝特森和同事们正试图重新研究孟德尔的遗传定律。在此期间，其中一员，一位名叫阿奇博尔德·加罗德的英国医生将当时飞速发展的遗传学知识运用到了疾病研究上。具体来说，他对一种黑尿症非常感兴趣，罹患这一病症的患者身体会生产过多的褐色素，从而影响尿液的颜色。加罗德注意到，这一病症不但在婴儿出生不久后就会出现，还似乎会在家族内遗传。他知道这是人体内的化学反应异常导致的，称之为“先天性代谢异常”。此后的半个世纪中，人们一直认为这种异常是蛋白质（例如酶）受到基因突变的影响导致的。今天，我们知道黑尿症的病因是一个本应控制生产一种消化特定氨基酸

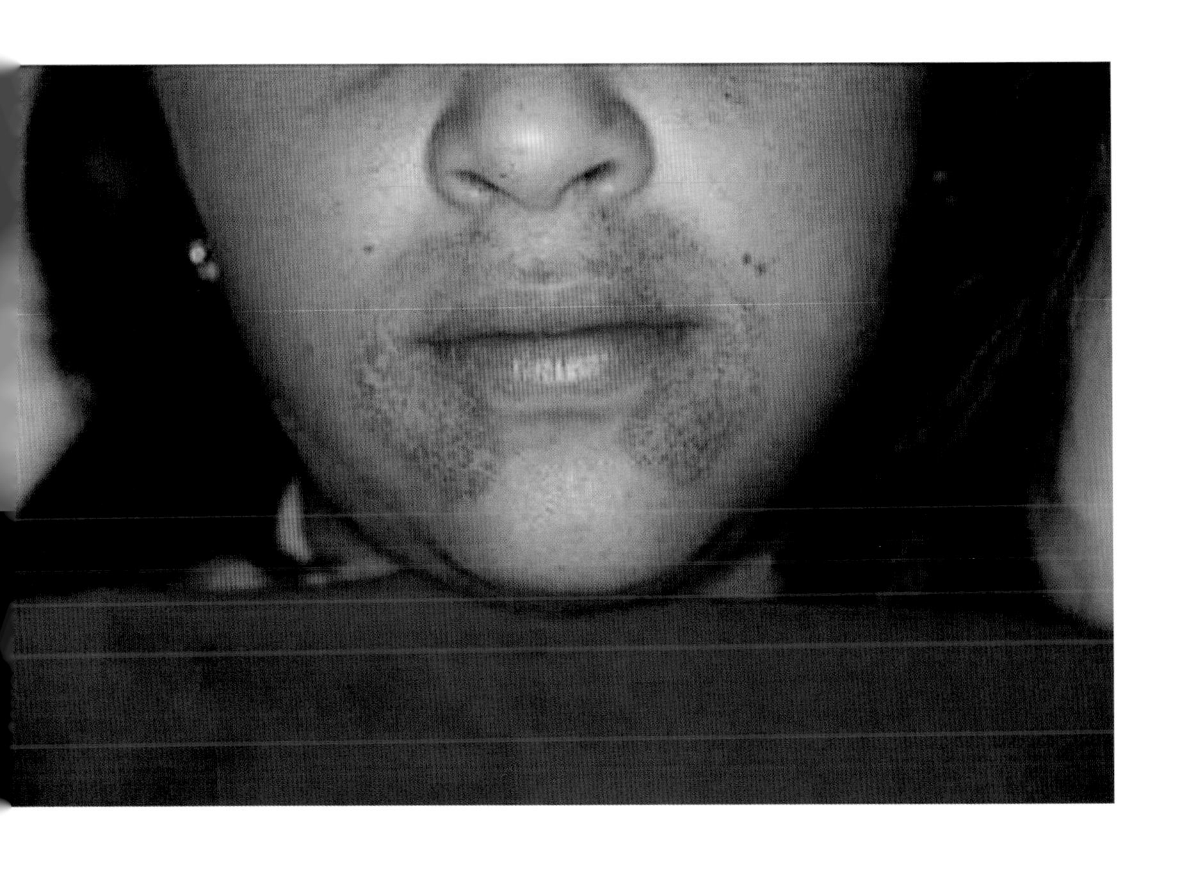

↑ 黑尿症是一种罕见的遗传性基因异常，其症状包括尿液呈褐色、关节疼痛，以及皮肤出现色斑（见上图）。

的酶的基因发生了突变。没有了这种酶，色素类化学物质就会在人体内积累。但在当时，基因能对人体造成具体的化学影响这一事实证明了——至少在理论上——基因是可以靠化学实验检测出来的。

与此同时，随着显微实验的观察证明了遗传的媒介——基因是由叫作染色体的线状物体携带的，生物学家们开始意识到染色体的构成在诊断其他遗传疾病中的重要性。

观察染色体

最早的明确针对染色体的研究是在染色体样貌最为清晰

的生物体上进行的。这些研究证明，生物体要想正常生长，需要一整套染色体（详见第五章）。科学家们确认染色体携带基因之后，显微镜下的观察便成为最初的“基因检测”。直到 20 世纪 50 年代，人类染色体的构成依然难以探测，甚至没有人能确定人类染色体的数量。大多数学者都认为人类一共有 48 条染色体。突破终于在 1956 年来临，出生于印度尼西亚的遗传学家蒋有兴借助精密的显微镜技术发现，人类实际上有 46 条染色体。

对染色体进行分析并将其图像按大小、形态成对排列成系列叫作“核型”，随着这一工作的不断深入，我们逐渐能够诊断染色体异常了。1959 年，法国医生杰罗姆·勒琼和玛尔特·戈蒂耶发现，唐氏综合征是由一条多余的染色体导致的：确切来说，多出了一条 21 号染色体。

基因效应的化学检测

根据基因编码生成蛋白质的过程，在理论上，可以通过一些化学实验判断身体中是否存在某些基因，或者说基因的突变形态。比如说，一个基因可以编码生成一种酶。酶是一种可以产生化学催化作用的蛋白质：它推动着身体中 A 物质变为 B 物质的化学反应。如果基因发生突变，不再生产这种酶，化学反应也就无法发生，于是 A 物质不断累积，B 物质消耗减少。这两种现象都可以通过血检，或者酶的缺失性检测来发现。这就是检测基因功能的基础。

1961 年，美国生物学家罗伯特·格思里设计出了第一个这方面的实验，以检测一种遗传性代谢缺陷。他的研究关注苯丙酮尿症（PKU）。和阿奇博尔德·加罗德研究的黑尿症一样，PKU 也是一种氨基酸的代谢缺陷，但是它的后果要严重得多，可能导致一些危及生命的症状，比如抽

↑ 人类染色体的数量一直无法确知，直到 20 世纪 50 年代，一个灵光一闪的瞬间，再加上不断进步的显微镜和染色技术，科学家终于确认正常的体细胞里有 46 条染色体。

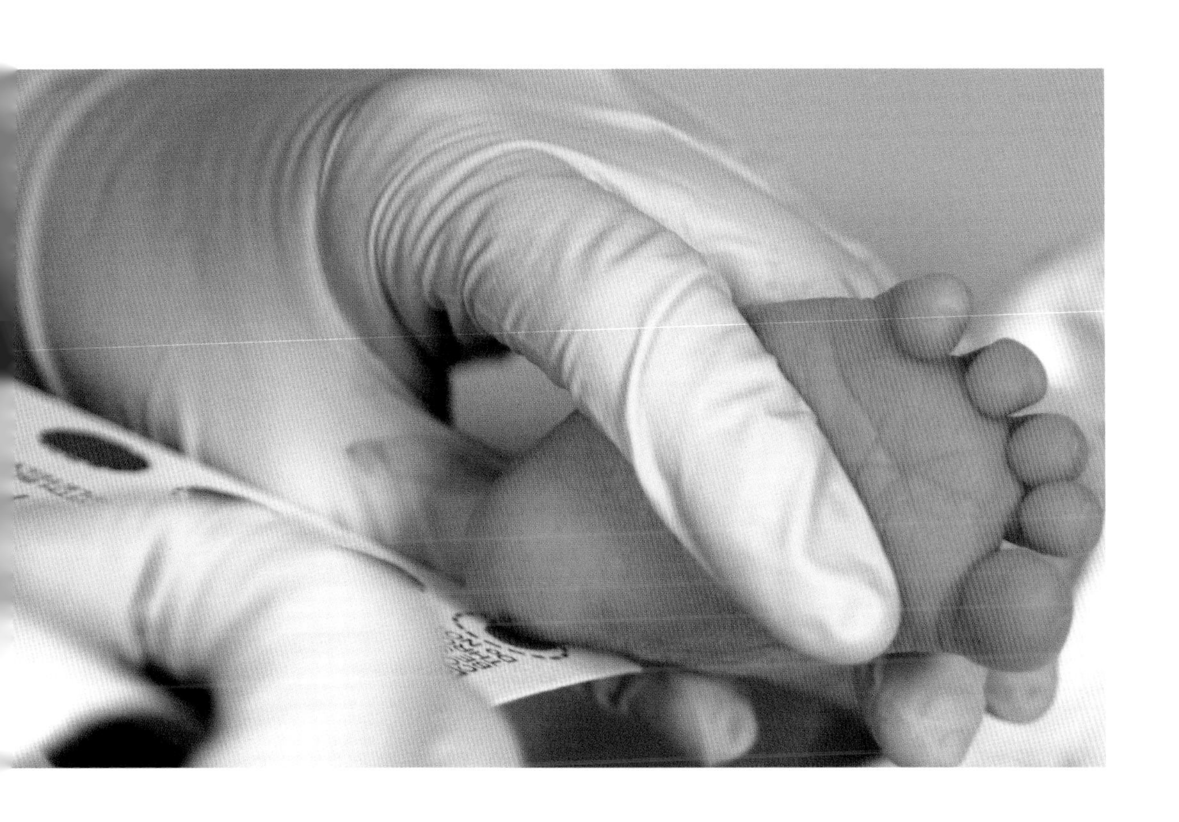

最早的化学检测是为了检测一种叫作 PKU（Phenylketonuria，苯丙酮尿症）的遗传疾病，由罗伯特·格思里设计出来。从新生儿身上采集的血样被点涂到滤纸上，然后晾干。染血的试纸、细菌，以及培植微生物所需的营养液被一起加入培养皿中。如果血液中含有过量的苯丙氨酸——PKU 的标志性特征，培养皿中就会生长出可见的菌群。

搐和心脏衰竭。具体来说，这一病症是由一种叫作苯丙氨酸的氨基酸的积累导致。如果发现较早，它可以通过严格遵循食谱，不摄入未经处理的苯丙氨酸等措施来控制。但是格思里需要一个能监测新生儿体内苯丙氨酸累积水平的手段。他最终设计出一种利用细菌进行检测的实验：将含有 PKU 的血液加入细菌中，使它们生长为一个可见的菌群。这一特性后来发展为一种简便易行的工具，用于产科常规检测。直到今天，格思里测验依然被用来筛查新生儿中的 PKU 患者，医生可以根据检测结果，给他们开具食谱进行治疗。

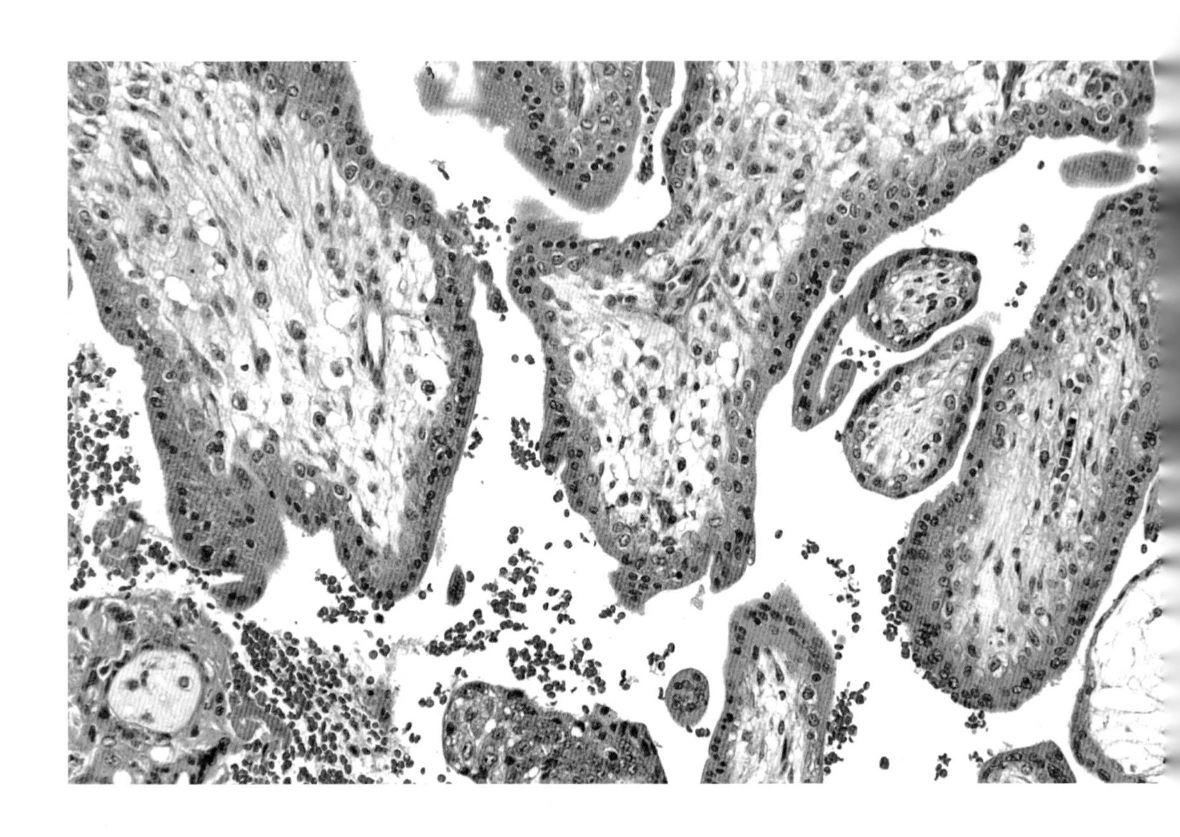

↑ 产前检测，包括羊膜穿刺和绒毛取样术所采集的胚胎细胞可被用来检测染色体突变，例如唐氏综合征。

产前筛查

一系列常规检测被用于筛查胎儿或新生儿的遗传性病症。有些检测手段是针对这类疾病筛查而专门设计的，另一些则是借用了医学中应用更为广泛的技术。比如说，超声波检测依靠高频率的声波来绘制身体内部结构的图像，其原理在于，这些声波从不同器官和组织上反弹回来的方式各不相同；它被用于绘制胚胎图像，以在胚胎生长过程中发现生理性异常。

有些遗传性病症的筛查需要用到更具侵略性的检测手段，涉及对胚胎细胞进行取样，一般都是由超声波引导进行。胚胎在成长过程中需要从子宫壁上的胎盘中汲取营养。这一机制控制着胚胎和母体血液之间的营养及废料交换，并且能防止双方血液混流。早在 1983 年，医生便已能够从胎盘上采集胚胎细胞样本，这一技术叫作绒毛取样术（CVS）。此外，从包裹着成长中的胚胎的羊膜囊上，也可以采集到胚胎细胞，这一技术叫作羊膜穿刺，发明于 20 世纪 60 年代。CVS 和羊膜穿刺是目前最可靠的诊断手法，但它们都有一定的导致流产的风险。此后，一些新检测技术能够通过直接采集孕妇血样进行检测，以避开子宫采样的风险。学界早就发现，虽然有胎盘这层屏障，但还是会有一些胚胎细胞渗入母体的血液循环中。20 世纪 90 年代，技术已进步到能够采集这些细胞来探测胚胎的染色体异常。

DNA 测序

最早的基因检测依靠的是检测基因的化学产物，或者观察染色体，更为先进的技术则可以直接检测 DNA 本身。

19 世纪时，出现了能够探测出 DNA 的化学实验。给细胞染色后，DNA 和染色体也随之被染色，呈现出特定的颜色。这种技术沿用至今，它可以使细胞核中的遗传物质显现出来，但无法用于检测具体的基因。

直接检测基因最大的障碍在于，从形态上来说，基因并不是单独分散存在的。相反，一个基因是 DNA 双螺旋上的一个片段，只有一定数量碱基的长度，而它所在的 DNA 分子比它要大得多。一个染色体上可能联结了数以千计的基因，仅通过一个简单的化学实验，很难判别出基因与基因之间在何处分界，更不用说针对具体某一个基因了。直接检测基因与检测血液中的某种基因的产物有天壤之别。于是，科学家们开始着手从另一个角度解决 DNA 检测的问题，即想办法分析 DNA 碱基的排列顺序。如果他们能对 DNA 的碱基进行测序，就离找到检测基因的办法又近了一步。幸运的是，一个英国生化学家在测序这个领域先行一步。

长分子测序

1952 年，弗雷德里克·桑格成为第一个成功为生物长分子组成单位测序的科学家，这个长分子是胰岛素。虽然检测对象并不是 DNA，但其原理相近。和其他蛋白质一样，胰岛素由氨基酸链构成，桑格是第一个证实一种特定蛋白质内的氨基酸有其具体顺序的科学家。他利用化学物质将胰岛素的氨基酸链打破成段，成功地做到了一次只剥落一个氨基酸。这样一来，他就可以一个一个按次序识别氨基酸。他将这一技术，与其他打碎蛋白质链并寻找重叠区域的方法相结合，最后，蛋白质的片段——要么是单独的氨基酸，要么是氨基酸链上较短的一段——就能被分离并识别出来。桑格在实验中运用了一种叫作色谱法的技术。最终，他测出了整个胰岛素分子中氨基酸的顺序。

↑ 英国生化学家弗雷德里克·桑格曾两次获得贝尔化学奖。

将技术运用到 DNA 上

桑格的关注点转移到 DNA 后，他成功地发明了一种技术，对一种感染细菌的病毒的 DNA 进行了碱基测序。这一次，他没办法将碱基一个一个地从 DNA 解离。他转而想出一种倒推出碱基次序的方法：通过构造 DNA 来实现。桑格利用了 DNA 自我复制的特性，这一特性依靠的是负责复制 DNA 的酶（即 DNA 聚合酶，详见第五章），在实验室中，这种酶可以被用来创造单个 DNA。首先，他复制 DNA 以获取几个相同的样本。然后，他在每个样本中混入四种 DNA 碱基之一（A、T、G 或 C）——他用的是经过特殊改造的碱基，这些碱基会阻止复制。通过观察每个样本的复制程度，他就可以推测出这些碱基在 DNA 链条中的次序。今天，计算机控制的测序仪器依然运用桑格的方法来测定 DNA 样本的碱基次序，只不过加快了分析速度并降低了成本。

桑格研究的病毒 DNA 有 5386 个碱基那么长，包含 9 个基因。这一实验在 1977 年完成，历史上第一次成功地分析出了生物体的完整基因构成。这意味着生物学家有可能通过病毒最基本的基因组成单位来理解它的工作原理。但是病毒

→ 弗雷德里克·桑格用来探究蛋白质胰岛素中氨基酸顺序的分析技术之一，是将氨基酸一个一个剥离下来，然后在每个阶段对它们分别进行识别。

桑格的胰岛素测序技术：第 1 部分

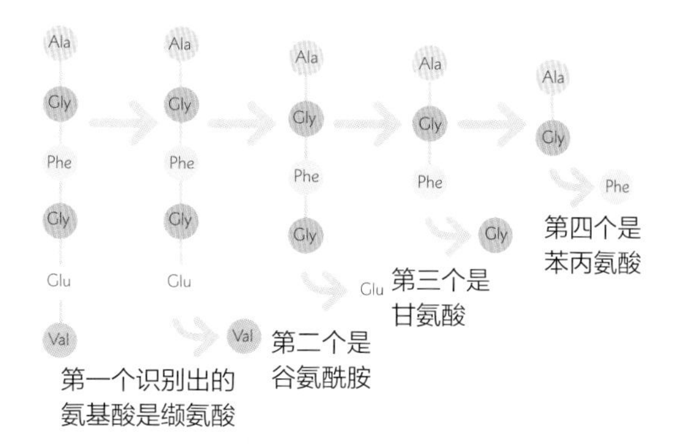
Ala
Gly
Phe
Gly
Glu
Val
第一个识别出的
氨基酸是缬氨酸
第二个是
谷氨酰胺
第三个是
甘氨酸
第四个是
苯丙氨酸

→ 桑格把蛋白质样本打碎成许多短小的、相互重叠的链条。通过比较氨基酸重叠的区域，这一方法使他得以解析整条氨基酸链的顺序。

桑格的胰岛素测序技术：第 2 部分

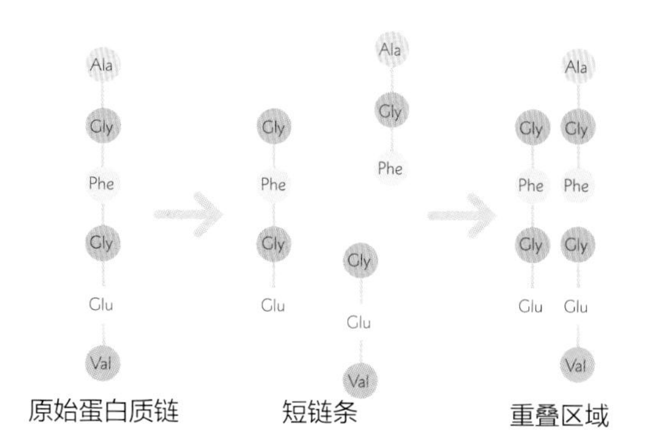
Ala
Gly
Phe
Gly
Glu
Val
原始蛋白质链
短链条
重叠区域

→ 一种叫作纸色谱法的技术及其变体被用来分析蛋白质等复杂分子的组成成分。几种不同的氨基酸（或者短蛋白质链）被点涂在吸水纸底部；之后，用溶剂浸湿吸水纸下端。随着溶剂被吸水纸吸收逐渐上升，氨基酸也随之上升。不同的氨基酸由于化学性质不同，上升的高度也不同：在溶剂中溶解度最高的，上升得也最高。它们上升的位置可以通过染色来显示。

氨基酸的纸色谱法

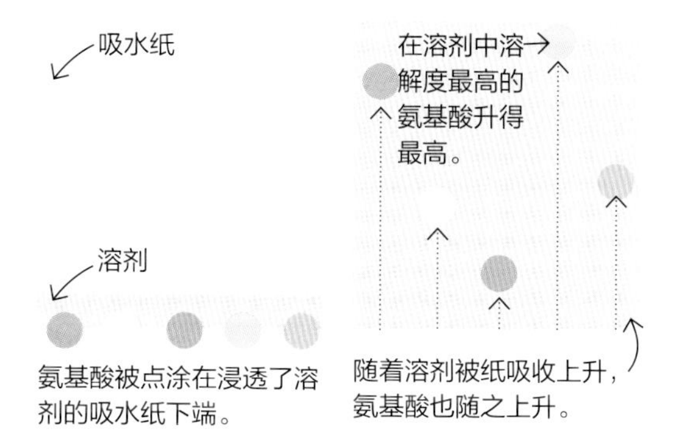
吸水纸
在溶剂中溶
解度最高的
氨基酸升得
最高。
溶剂
氨基酸被点涂在浸透了溶
剂的吸水纸下端。
随着溶剂被纸吸收上升，
氨基酸也随之上升。

↑ 生化学家利用一种叫作凝胶电泳的技术按长度解离 DNA 或 RNA 各部分。通过向其施加电场，将分子分离出来，短分子会比长分子移动得更快更远。这一技术在 DNA 测序之前就已经出现了。

非常微小，要想把这一过程复制到复杂的人体上，分析 33 亿个碱基对和 2 万多个基因，则令人望而却步。

追踪基因

基因组是一个生物体、细胞或病毒的所有遗传物质的总和。一个基因组包含所有的碱基序列，涵盖了所有基因和其间不负责编码的 DNA 区域。不要把基因组和基因型（详见第六章）混淆。一个基因型只是一个或几个等位基因对的简单组合，比如高茎豌豆是 TT 还是 Tt。一个基因组是所有 DNA 的完整化学组成。

要探求人类完整的基因组似乎是一个不可能完成的任务，科学家一开始运用了其他方法来一窥其中奥秘。有一种技术叫作连锁分析，它利用了基因在染色体上相互联结这一特性——即联结在一起的基因一般会一起遗传。如果你能识别出一个有遗传疾病史的家族中重复出现的某部分 DNA，那么控制该疾病的基因有很大概率就在那部分 DNA 中，与同时遗传下来的相邻区域的 DNA 联结在一起。1983 年，连锁分析法成功地确认了控制亨廷顿病——一种大脑疾病（详见第三章）——的基因在 4 号染色体上的具体位置。这是第一个被追踪到具体位置的人类基因。

遗传指纹分析

DNA 测序和追踪基因的探寻不断前进的同时，其他科学家也在为了另一个目标进行 DNA 分析。具体来说，他们想找到方法来对比不同样本中 DNA 的遗传信息。这一方法有很多用途，包括鉴定亲子及其他亲属关系，以及理解动植物种群的基因构成。在法医分析领域，一种技术尤为出名，即 DNA 鉴定，更为人熟知的名字是遗传“指纹”分析。

DNA 鉴定方法是英国遗传学家亚力克·杰弗里斯在 1984 年发明的。杰弗里斯的研究着眼于 DNA 上叫作串联重复序列的可变区域，它们是成段重复的碱基序列——就好像是 DNA 的信息结巴了几下。种群中所有个体身上都能发现这种序列，但数量和重复程度不一：有些人比别人携带的重复更多，所以他们的序列也更长。这些序列一般不与基因相互作用，只代表基因组的一小部分，但如果你只是想比较不同样本的 DNA 的话，这些就已足够了。比如说，在法医分析中，你可能想要将凶器上的 DNA 和几个嫌疑人的 DNA

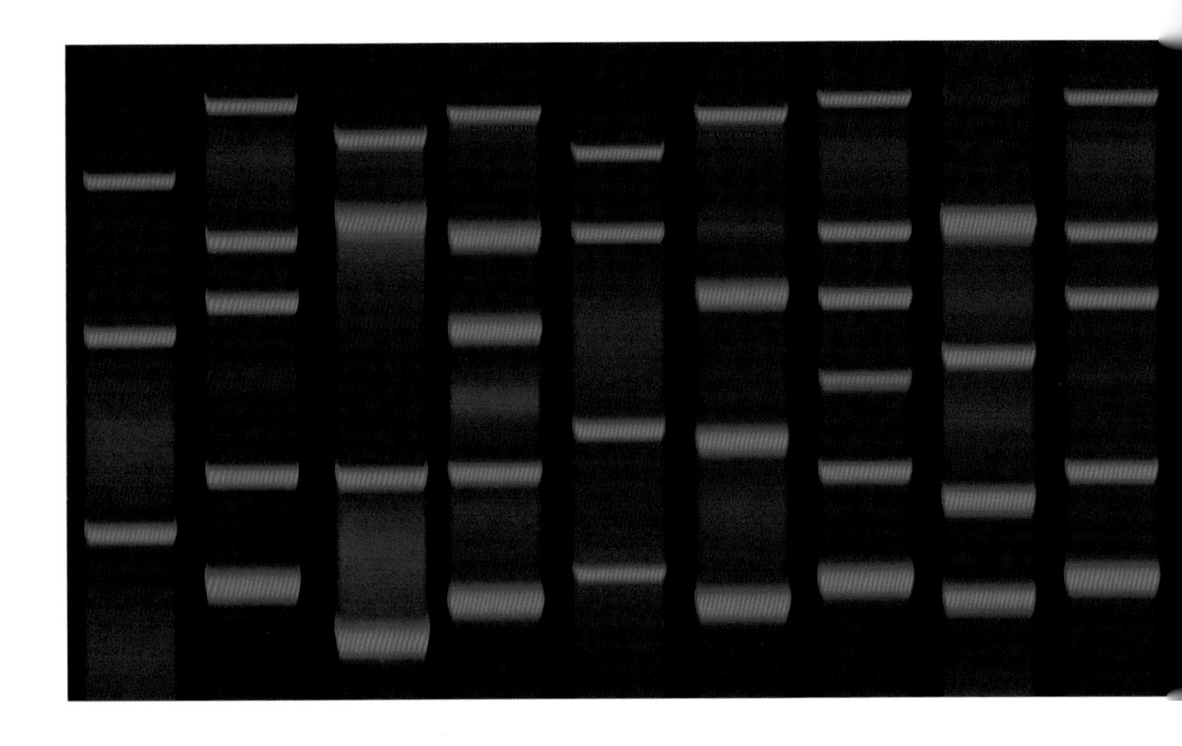

进行比对，以找到完全匹配的那一个。

首先将每个 DNA 样本打碎。拥有更多重复序列的碎片会比其余的要长。然后利用一种叫作凝胶电泳的技术，按大小分离碎片，再用放射性的化学物质来标记它们，最后显示在 X 光片上。每个样本会生成一个独特的散点样式，就好像一个条形码。这样一来，遗传学家就可以通过比较不同样本的样式，找到匹配项。

↑ 遗传特征分析（遗传“指纹”分析）的原理在于：每个个体具有不同的 DNA 片段，称为串联重复序列。通过凝胶电泳技术将这些部分分开，便得出一系列的条带，类似于条形码。如果两个样本完全匹配，它们必然来自同一个人或同卵双胞胎。

破解基因组

21 世纪初，基因测序的终极目标——破解整套人类基因组成为现实。到 2003 年，一个叫作“人类基因组计划”的国际合作项目已经测定出精确度高达 99.99% 的基因顺序。

20 世纪 80 年代，当科学家们开始探讨为整套人类基因组进行测序的可能性时，他们都知道这是一项浩大的工程。过去几十年间，技术进步使得这一探索有可能变为现实：凯利·穆利斯发明了一种叫作聚合酶链式反应（详见第五章）的方法，可以在实验室里通过人工复制的方式使微量 DNA 成倍增加，从而提供测序工程所需的巨量人类 DNA；弗雷德里克·桑格则开发测序技术；此外，人们还发明了半自动机器以加速工作。尽管如此，这一探索依然规模浩大，预计将耗费 30 亿美元。据估算，要完成这个工程需要 1000 个技术人员连续工作 50 年。不出意外，这一工程将成为科学史上最大的合作项目。

该工程后来被命名为“人类基因组计划”，它是遗传科学领域最雄心勃勃的目标，同时进行的还有果蝇和一种微小虫类的测序工程。这些小规模的基因组测序可以为人类的基因工程助力，帮助解决人类基因工程中遇到的更为复杂的技术问题。1989 年，美国国立卫生研究院（NIH）成为人类基因组计划的领导机构，该机构最初由 1953 年发现 DNA 双螺旋特性的科学家之一——詹姆斯·沃森领导，后来由美国遗传学家弗朗西斯·柯林斯担任领头人。这一工程于 1990 年开始，当时预计在全世界科学机构的通力合作下将持续 15 年。

← 人类基因组计划的构想是由 DNA 双螺旋结构发现者之一詹姆斯·沃森率先提出的。后来弗朗西斯·科林斯（左上）担任流计划的负责人（1993—2008）。

→ 生物学家克莱格·凡特（右上）离开 NIH，成立了一家私人公司。

加速测序

人类基因组计划的既定方案过于辛劳费时，NIH 的一位叫作克莱格·凡特的生物学家终于看不下去了。他选取了一种更快的方式，聚焦于 DNA 编码蛋白质的部分。与基因组计划官方的方法不同，凡特试图忽略基因之间的 DNA 段和基因中不负责编码的部分（即内含子，详见第二章）。他还想借助一种新技术，将 DNA 打破为更小的碎片，再用传统方法对小碎片进行测序。通过不断重复这一过程，就可以用计算机检测碎片中出现的重叠，并尝试重组出初始序列。这一方法叫作鸟枪法测序，于 20 世纪 80 年代初提出。

1992 年，凡特离开 NIH，成立了私人的基因组研究公司。到 1995 年时，他已经运用鸟枪法测序技术成功地

↑ 现代的测序技术被叫作“下一代测序”，这意味着科学家现在读取 DNA 的速度比几年前要快得多。

完成一种流感细菌的基因组测序。这是当时完成测序的基因组中最大的一个：包含 180 万个碱基对和 1740 个基因，比弗雷德里克·桑格曾实现突破性测序的病毒基因组还要大。

多细胞基因组计划

面对浩大的工作量，人类基因组计划采用的方法比凡特的要中规中矩得多。NIH 的科学家们担心凡特的鸟枪法太过随机，会在检测出的序列中留下断点。最终，双方采用各自的应对方案，踏上了这条漫漫征程。

1998 年，另一次突破来临了，它是基因组计划团队实现的。他们成功地为第一个多细胞生物体测序，对象是一种微型线虫，名为秀丽隐杆线虫（*Caenorhabditis elegans*），拉丁学名意为“优雅的杆形虫子”。这种微小的虫子还不到一毫米长，生存在腐殖质与腐烂物质中，以细菌为食。这种虫子大多是雌雄同体，只有少数是雄性。与果蝇、豌豆一样，它在生物学研究史上也是地位显赫。与较大型的生物体（比如人类）不同，隐杆线虫的身体总是由固定数量的细胞构成：占大多数的雌雄同体个体有959个细胞，占少数的雄性个体有1031个细胞。通过20世纪70年代的艰辛工作，人们终于探明了每个细胞的成长路径。隐杆线虫的基因组构成被发表后，几乎成了史上最出名的多细胞生物体。

隐杆线虫基因组包含18000个基因，其中三分之一以上都与人类的相似。这些相似基因中的大多数（大约90%）都或多或少与维持一个多细胞的身体相关。一年之后，克莱格·凡特的机构宣布，他们完成了第二种多细胞生物体测序，这一生物体拥有13601个基因——它就是果蝇。

人类基因组

2000年6月26日，美国白宫的一场演讲中，弗朗西斯·柯林斯和克莱格·凡特一同公布了他们的人类基因组“初窥”或者说“草案”。他们还需要做很多后续工作来填补其中的空隙，但人类碱基序列测序的大部分工作都已经完成。记录他们成果细节的科学论文于2001年2月发表，整个人类基因组测序要到两年之后的2003年4月才能完成——比预期提前了两年。既然人类基因的地图都已经绘制完成，下一步的重头工作就是继续探索这一信息背后的意义，了解这么多基因是如何控制人体的。

人类基因组计划成果的发表是人类遗传学历史上的一座里程碑。现在，我们对于自身物种的基因构成比以往了解得

小小的秀丽隐杆线虫被选为第一个多细胞生物体测序对象。随着其基因组测序完成，加之几十年间发表的它的全身细胞“地图”，它成了最著名的生物之一。

更加深入和细致。人类 DNA 排布在 46 条染色体上，这 46 条染色体又分为 23 对。这一套 DNA 包含了 20687 个基因（当前数据显示）。仅这一项就是了不起的发现，因为基因数量比此前预期的要少得多。许多生物体的基因数量都远超人类。当然，理解生物体本质的关键在于基因类型，而不是数量。

1 号染色体上的第一个基因掌管着一种负责嗅觉的蛋白质。X 染色体上的最后一个基因，则控制着免疫系统。在此之间，工作各不相同的基因所处的位置似乎完全随机，但是其中有一些，比如负责胚胎生长的那一部分基因，却是聚集在一起的。

人类 DNA 所有双螺旋的单侧上大约共有 32 亿个碱基。令人震惊的是，人类 DNA 有 98% 都不是基因。换句话说，DNA 的大部分都是负责编码生成蛋白质的基因之间的长段，或者是基因内部断续出现的名为内含子的“无效”团块（详见第二章）。人类基因组的许多部分，包括一些长达 300 个碱基的长段，都是不断重复的。这些重复究竟意味着什么，目前仍不得而知。

↑ 2012 年，英国莱斯特大学的科学家们印制一版人类基因组，包含差不多 30 亿个字母每页上印有 4.3 万个字符。这部印刷品长 130 卷。

遗传鉴定

人类基因组计划为解决一些人类遗传学上最古老的问题提供了可能。有了基因组地图，科学家们可以确定是哪些基因导致了疾病，对于这些基因了解得越多，就越可能发现治疗甚至治愈疾病的方法。然而，关于人类行为更复杂的那些方面，比如性格、性向或者精神疾病，基因组又能告诉我们什么呢?

要想了解基因如何控制人类行为，需要大量的证据。毫无疑问，基因控制肯定起到了一定的作用，因为包括大脑在内的神经系统，也和身体的其他部分一样，都是在基因控制的作用下生成的。探究基因效应要从家族史说起。如果家族史显示出某种症状的有规律遗传，比如精神疾病，便意味着该症状可能与基因控制相关。但是如我们所见，复杂特性的遗传很少遵循孟德尔定律在一个半世纪之前所揭示的简单模型。兄弟姐妹，特别是同卵双胞胎共有的特性，很有可能是基因决定的。接下来，我们就必须转向对 DNA 本身的分

利用从人类基因组计划中获取的信息，科学家们希望能探究出某些人类行为的遗传学解释，比如说为什么有些人容易兴奋，或者热爱冒险。

析，来判断碱基序列中是否存在相似的因素。比如说，关于男同性恋的研究最初似乎显示出一种遗传模式，指向 X 染色体上一个“同性恋”基因。但是现在看来，似乎多个不同 DNA 的不同部位都与此相关。毫无疑问，有些单个基因可能对复杂的人类行为有较大的影响。比如，科学家们在为性格寻找基因解释时，曾注意到一个基因，它控制着大脑中的一种多巴胺受体。这种控制可能会影响这一受体如何塑造“敢于冒险”或者“爱好新鲜”的性格。但是，在现实中，未来真正的挑战在于，运用人类基因组地图的信息，深入了解人类基因之间，以及基因与周边环境之间相互作用的复杂机制。

第十二章

我们如何操控基因

人工选择

当人类繁育动植物并对某些特定性状进行人工选择时，我们实际上是在模拟自然模式推动新生物的进化。这种人工选择创造出了驯化物种，提高了人类的生活质量。

早在文字出现之前，人类就已经在操控其他生物的基因构成了。大约1万年以前，智人（*Homo sapiens*）抛弃了狩猎—采集的生存模式，开始了更加安定的生活。随着固定社群逐渐形成，他们开始以更加多样的形式利用周围的自然资源。也许，在发现种子从堆肥中抽芽之后，他们决定在自家附近种植或移植可提供食用的植物。这一时期，他们也开始圈养有用的动物，以获取肉或奶，或将其驯养成家中的伴侣，或用作驮畜。他们学会了让自家的动物繁殖，假以时日，不管是自觉还是偶然，他们选择了那些对自己更为有用或更为有益的个体来配种。这些史前农夫无心插柳，却成了最初的遗传学家。

人类选择动植物的某些特定性状来进行培育，这种行为叫作人工选择。当培育出的后代完全需要依赖人类生存时，我们就可以说它们被驯化了。今天，一谈起基因操控，我们很容易想到那些只与实验室或试管相关的精密手段。实际上，基因操控始于几千年前的人工选择，远早于任何科学家的研究。

最初的选择对象

最早被驯化的植物都属于禾本科，例如小麦、大麦和水稻。人类最初利用这些植物的野生种群，食用它们富含碳水化合物的种穗。当人们开始种植这些作物时，早期的农人们学会了利用野生种群中的变体：选用那些种子最肥硕、最容易收获的植物个体。历经多代的筛选后，人工种植的植物便都有了这些性状。最终，这些禾本科植物产出了富有营养价值的种子，这些种子生长在坚韧的穗头上，不会在收获前过早散落。这些史前“遗传学家”创造了最初的一批作物，它们至今仍是人类饮食结构中主食的来源。

人类对动物的选择与此相似。早在5000多年前，犬类就被驯化了，比最初的作物还要早。人类按照个性对它们进行选择，用来帮助狩猎或看家护院。只有最温顺的动物才能被培育成人类身边的伙伴，它们的主人会通过人工选择不断地强化这一特性。

所有现存的家犬种类都与狼同种同源：它们的基因和染色体基本相同。在过去几百年间，深入的选育突出了某些特性，比如身体大小、形态和个性。

依靠现代遗传学知识，我们弄清了这些驯化是怎样实现的。这些性状中有很多——比如种子大小或动物个性——都

↑ 人工选择不断改变小麦的特性，使之对农民更有用途。小麦变得拥有更富营养的种子、不易在收获前散落的穗头，并且更能抵抗疾病。

受基因的影响，这也意味着几千年间的人工选择可以让这些种群与初始的野生种群渐行渐远。今天，人工培植小麦和野生小麦的样子已大相径庭。所有现代犬种都属于同一个物种，虽然它们之间的区别之大（比如一只吉娃娃和一匹野狼）一看便知。

从旧物种中产生新物种

已知最古老的驯化变体出自小麦家族。那是一种叫作单粒小麦的野生物种，至今仍然能在地中海地区找到它们的踪迹。但是1万年以前，史前农人选育出了一种驯化变体，其种子可以更长时间地留存在植株上。这一特性有利于大量收获，在野外却是不利的：种子无法适当地分散出去。这也意味着，这种单粒小麦只能在人工培育的环境下茁壮生长。

在现代小麦的遗传史上，染色体的变化是一道主线。小麦及这种半单粒近亲禾本科物种的基础染色体构成都是含有 14 个染色体的二倍体：两套染色体，每套 7 个。大约 50 万年前，一个染色体数量是其两倍的物种出现了。硬粒小麦遵循多倍性（详见第十章）机制进化而来：它结合了两套二倍体的染色体，成为四倍体（有四套染色体），共有 28 条染色体。这就使它的蛋白质黏性格外高，不适合做面包；现如今，硬粒小麦一般被用来做意大利面。染色体翻倍并没有止步于此。四倍体硬粒小麦与一种野生二倍体禾本科植物杂交，产生了一种六倍体小麦类植物：它包含六套染色体。这种染色体数量极高的禾本科植物就是普通的面包用小麦，它将成为世界上种植范围最广的作物。如今，全球 95% 的小麦都是这种六倍体。

普通面包用小麦的特性使其成为烘焙的最佳选择，这也是早期农人们选择这一物种的原因。很快，它就在全球范围内广泛替代了单粒小麦。它含有的蛋白质不多不少，做出的面团有弹性却不稀软，适于发酵。人工选择在现代也仍在稳步进行，人类不断选择产量最高且易于培植的小麦类植物。20 世纪 60 年代，美国农学家诺曼・布劳格的选育实验创造出了具有抗病能力且茎部短粗的小麦种类。这也就意味着它们较大的穗头不易在种植过程中散落。布劳格的小麦成为世界范围内的主食作物，他在水稻领域也取得了类似的成果。1970 年，他被授予诺贝尔和平奖，以表彰他对全球食物供应的贡献。

↑ 当代作物选育的目标是最大限度地提高产量、抗虫害能力和收获便利度。

选育的原则

选育就是要选择符合需求的最优性状个体，用它们来繁育后代。优良性状一般出现在有亲缘关系的个体身上，它们携带着更多控制该性状的基因。如果最优性状是由隐性基因决定的，只有在一种情况下它们才会表达出来，那就是两个具有这种相同性状的个体（或者说等位基因），在所谓纯合子结合的过程中相遇。这种利用遗传上有亲缘关系的个体进行繁殖的方式叫作近亲交配，是在种群中推广新的目标性状的必要手段。

但是，近亲交配也会导致一些问题。除了我们想要的性状，另一些由隐性基因控制、我们不想要的性状也会在这一过程中表达出来。近亲交配进行到极致，可能使一个种群成为许多隐性基因的纯合子，这些隐性基因有可能导致疾病或生理障碍。结果导致整个种群的健康程度下降，这一现象叫作近交衰退。

动植物的繁育者都试图通过适当手段使近亲交配的损害最小化，包括剔除较弱的个体以及偶尔与其他优良品种杂交。杂交可以向种群中引入新的等位基因，这就减小了有害等位基因的影响。杂交产生的品种据说会具有“杂交优势”（hybrid vigour）：严格来说，是杂种优势（Heterosis）。所以，在实践中，必须适当并用近亲交配和杂种交配，才能产出强壮并可用的动植物品种。

有亲缘关系的个体近亲交配，会增加有害的隐性等位基因结合的概率，但是对于旨在强化有利性状的人工选择来说，一定程度上的近亲交配又是必需的。

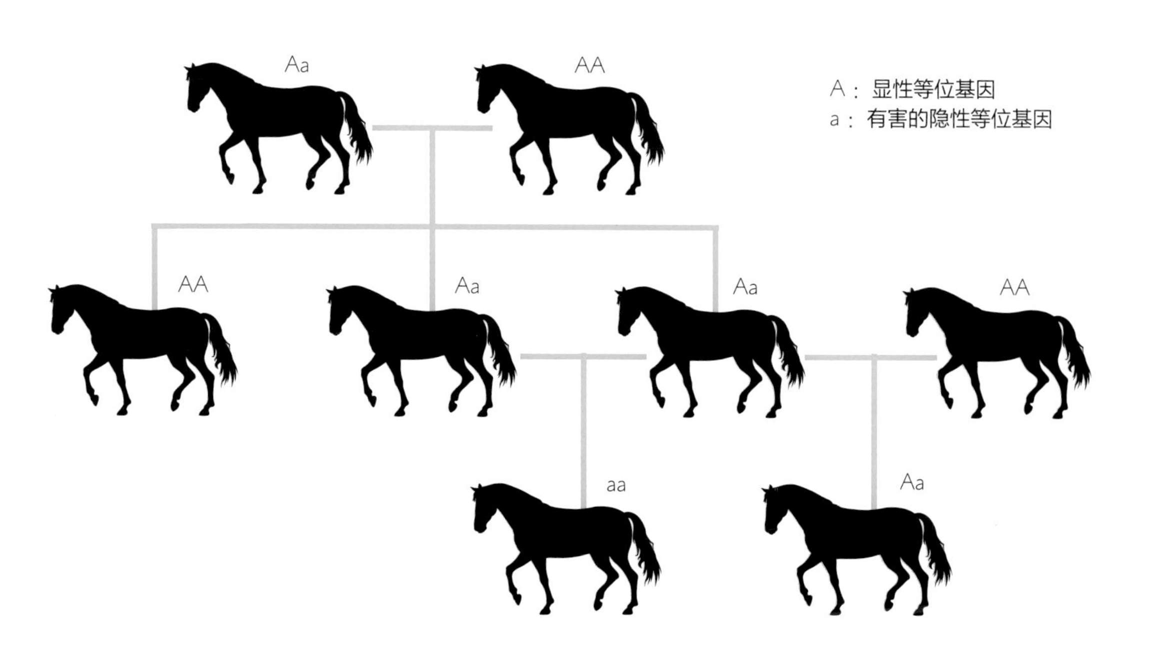

操控微生物基因

如今，我们对于分子系统如何复制和表达基因的了解已十分成熟，科学家可以比选育更进一步，用其他方法改写细胞和生物体的基因构成。他们的工作开始于基因结构最简单的生物体：微生物。

从长期来看，人类要想改变生物的基因构成，人工选择是最简单的办法。通过控制动植物的繁殖方式，我们可以用野生禾本科植物创造出能喂饱全人类的植物品种，还可以创造出荣获大奖的犬种和良种马匹。但这一过程可能非常繁复艰辛。植物或动物整体上是数以千计的基因的复杂混合体，要得到理想的基因构成需要花费大量时间，即便如此，最终结果也从来不是完美无缺。

到了 20 世纪 70 年代，遗传学家开始探求以更具侵略性的方法去操控基因构成。发现 DNA 双螺旋结构后短短几十年间，分子生物学就已取得令人瞠目的进展——科学家解开了生物的基因密码，研究出了基因如何复制，还了解了基因信息如何翻译产生蛋白质并最终展现为性状。我们可以像对待其他化学物质一样，在实验室里操控基因吗？基因由 DNA 构成，DNA 及其所需的催化酶，其活动都要遵循化学的一般规律。遗传学家认为，可以通过控制这些化学反应，把基因从一个细胞转移到另一个细胞。

1971 年，美国国立卫生研究院（NIH）召开了名为“人工改造基因之前景”的会议，会议关注的遗传学分支领域，在当时来说更像科幻小说而非科学事实。但科学家们早已跃跃欲试：可以采用比选育更为精确的方法，来改变生物体的

DNA 结构之复杂令人惊奇，科学家们用来操控它的工具却简单到难以置信。

性状——他们可以直接改造基因。在医学领域，这种方法也许可以治疗遗传疾病。这一会议标志着基因工程新时代的开始。

基因工程的“金刚钻”

DNA 以及活细胞中的整个分子系统，都需要依靠酶这一化学催化物质来进行反应。酶是一种蛋白质分子，它们形状特殊，可以附着在靶目标上，将其朝某种化学变化的方向驱动（详见第三章）。每种酶只能附着在与其性状相对应的靶目标上，也就是说，形态各异的酶的具体催化方式也各不相同。

发现双螺旋结构之后，科学家们努力追踪那些与 DNA 复制和修复过程息息相关的酶。这些酶及其相关同类将成为基因工程的工具之一。有三种酶尤其重要。首先是 DNA 聚合酶，它能在 DNA 复制过程中帮助构建新 DNA。在一个双螺旋经过复制成为一对（详见第五章）的过程中，聚合酶能够把 DNA 组成单位核苷酸聚集到一起，结合成长链。第二种是 DNA 连接酶。这种酶可以补全 DNA 中的空隙，协助 DNA 完成复制过程，并能够修补受损的 DNA。这两种酶能够把基因固定在某个位置，我们要怎样才能把基因抽离出来呢？

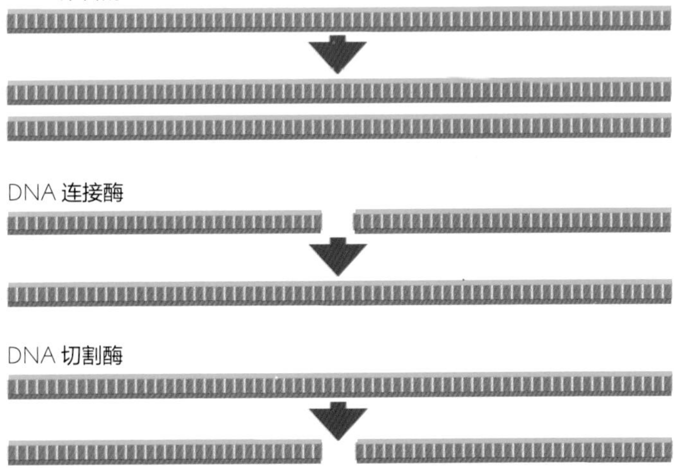

↑ 基因工程的基础工具包括三种酶：一种负责构建 DNA，一种负责填补空隙，还有一种负责打破链接。

第三种作为工具的酶来自一个非常特别的地方。聚合酶和连接酶存在于所有活细胞中，但以特定方式切割 DNA 的酶则主要存在于细菌中。这些酶在细菌体内进化为一种防御武器，可以抵抗其他微生物——具体来说，是那些可能感染细菌细胞的病毒。细菌的 DNA 切割酶可以帮助它们消灭特定的异体病毒 DNA。所以这些酶被称为限制酶，因其能够限制侵入的病毒的活动。

第一个基因改造的 DNA

利用工具酶改造 DNA 的初期尝试完全是试验性的。1971 年，美国生化学家保罗·伯格成为第一个成功地将不同种类生物体 DNA 结合到一起的人：他将病毒和细菌的 DNA 结合在了一起。他把这一结合体称为“重组 DNA”。性繁殖过程中自然发生的基因重组是生命必经的一环，但通过人工手段对基因进行化学重组，这还是第一次。

两年后，另外两位美国生化学家，赫伯特·博耶和斯坦利·科恩又更进一步：他们用同样的DNA操控技术创造出了首个经过基因改造的细胞。出于安全方面的考虑，他们在实验过程中仅仅是模拟了自然界中微生物的繁殖过程。细菌繁殖过程中的常规一环便是互换叫作质粒的DNA环（详见第五章）。这些DNA环携带着对细菌有用的基因。比如，有些基因可以帮助它们抵御诸如抗生素一类的化学物质。博耶和科恩利用工具酶切割了质粒上一个这样的抵抗性基因，然后把它插入另一个质粒中。他们用限制酶进行切割，然后用连接酶把DNA重新填补在一起。

最终获得的结合体质粒被混入细菌中，被细菌吸收。细菌因此拥有了抵御抗生素的能力，仿佛这些基因是自然获得的一般。博耶和科恩证实，酶工具组确实可以用来对活细胞进行基因改造。

细菌天然通过叫作质粒的环状体在细胞之间运送DNA。质粒在基因工程中成为重要载体：基因被插入质粒中，接着被培养的细菌细胞吸收。

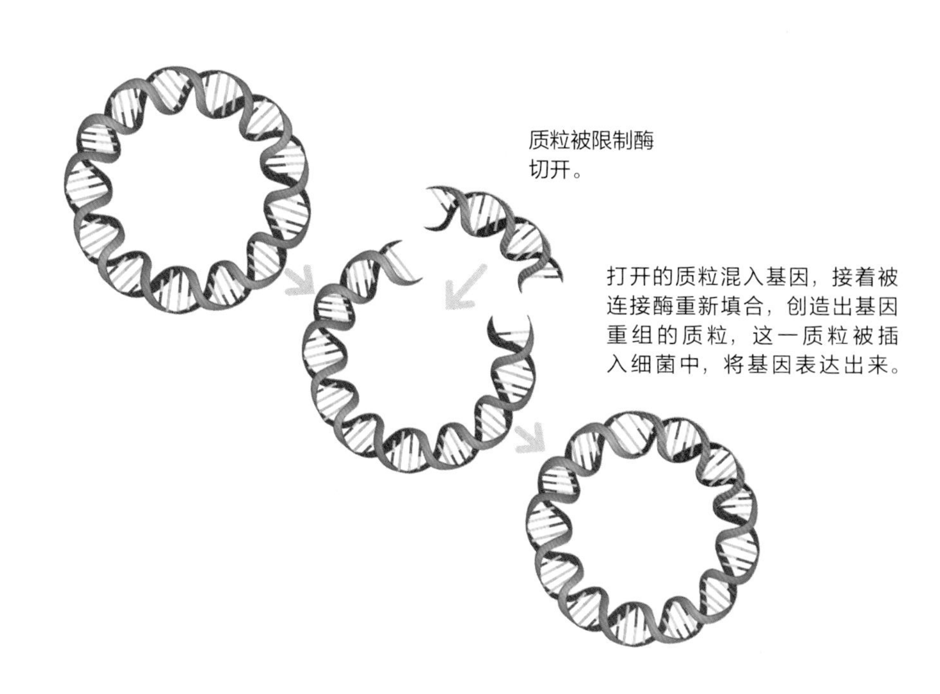

质粒被限制酶
切开。
打开的质粒混入基因，接着被
连接酶重新填合，创造出基因
重组的质粒，这一质粒被插
入细菌中，将基因表达出来。

有用的产品

从长远来看，基因工程似乎无所不能，一开始科学家们却关注了一个较为容易实现的目标：创造有用的蛋白质。在自然情况下，蛋白质由活细胞中的基因表达，可以实现多种功能。许多蛋白质是酶，还有一些是激素——在血液中循环的化学信息。有些激素，比如胰岛素，对于治疗糖尿病等具有重要的医学价值。药用胰岛素则必须从牛或猪的胰腺中提取，这种方式效率很低，并且无法完全避免传染的风险。编码胰岛素的基因只存在于动物体内，如果能将其插入细菌中，就可以借助这些微生物实现胰岛素的商业生产。

理论上来讲，一大桶细菌所产出的胰岛素就足以满足所有糖尿病患者的需求。赫伯特·博耶成立了一家公司，专门负责这项业务，他试图创造出足够的基因，以便插入细菌中去。胰岛素是一种复杂的蛋白质，由两条不同的链结合形成，总共包含 51 个氨基酸。这也就意味着，它是由两个大型基因控制的。博耶需要先从一个简单的样本入手，他找到一种较小的生长激素蛋白质，只有 14 个氨基酸那么长，叫作生长抑素。和胰岛素一样，生长抑素的氨基酸序列也早已通过测序技术（详见第十一章）被测算出来。科学家们可以利用这一基因密码，测算出编码生成该蛋白质的基因的碱基序列。博耶的实验室随后依据这一碱基顺序，用相应的核苷酸组合出了 DNA。组合出的基因被插入质粒中，质粒又被细菌吸收。这样一来，当细菌繁殖，生长抑素基因也随之被复制。到 1977 年时，这个团队终于成功了：他们的细菌细胞生产出了重组生长抑素。一年以后，他们在胰岛素这个更大的挑战上也取得了相似的胜利。细菌分别生产出两个胰岛素链条，化学家们将把这两个链条结合在一起，创造出能够正常工作的激素。重组胰岛素就此出

利用经过基因改造的质粒生产有用的蛋白质

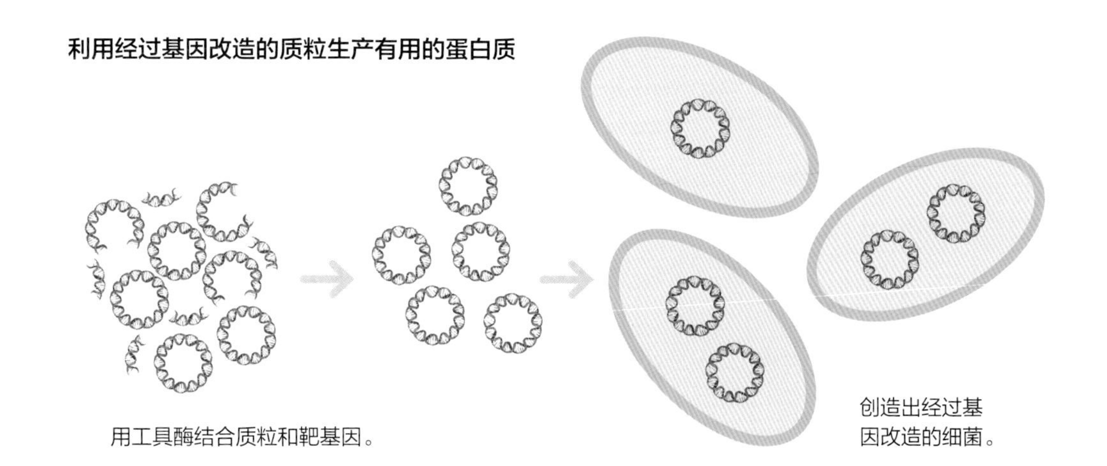

用工具酶结合质粒和靶基因。
创造出经过基
因改造的细菌。

经过基因改造的质粒很容易被细菌吸收，可以用作将靶基因输送到微生物体内的手段。基因一旦到达，就会被细菌细胞表达出来，生产出这些异体基因所编码的蛋白质。

现，并投入了商业生产，如今已在全世界范围内被广泛用于治疗糖尿病。

重组更大的基因

生产生长抑素和胰岛素的基因，都是在实验室里一个碱基一个碱基地人工重组出来的。对于许多更长的基因，用相似的方式一点点构造出来是不现实的。20 世纪 80 年代，当博耶的实验室转向下一个蛋白质目标时，这成了一个大问题。他们的目标是第八因子，一种帮助凝血的蛋白质。当时，用于治疗血友病的第八因子，全靠从捐献的人类血液中提取。但是在 20 世纪 80 年代，这一方式的传染风险急剧上升，因为许多血库中的血液都被 HIV 病毒感染了，导致很多血友病患者感染了艾滋病毒。

第八因子的蛋白质个头特别大：它包含 2332 个氨基酸，几乎是胰岛素的 50 倍。这也意味着，完全从零开始去构造它的基因是不可能的。科学家们能否想办法从人类细胞中直

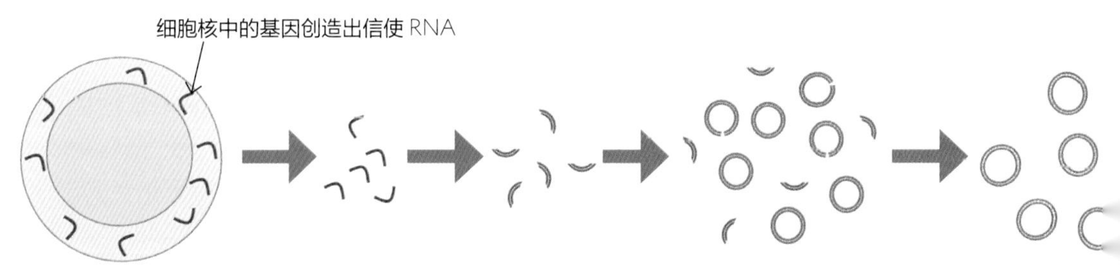

正常的蛋白质生产细胞复制信使 RNA。

复制出的 RNA 转化为相应的 DNA 链。

这些基因被插入质粒中，细菌吸收质粒，以正常的方式制造蛋白质。

↑ 细菌无法“读取”人类细胞中未编辑的基因，所以借助反转录酶制造一个大基因的“简化”版本，再插入细菌中。

接提取已经成形的第八因子呢？不幸的是，这个办法也行不通。和其他复杂细胞中的基因一样，人类基因中含有大片的非蛋白质编码 DNA，即内含子（详见第二章）。在人类细胞自然制造蛋白质的情况下，DNA 基因在编辑 RNA 信息的过程中，会将内含子剪接去除。但是细菌 DNA 中没有内含子，所以它们不具备这种剪接去除的能力。如果将人类的第八因子基因不经编辑就插入细菌中，微生物读取到的基因信息就会是乱码，也无法生产出有用的蛋白质。

解决这个问题的是另一种微生物：病毒。有些种类的病毒只携带 RNA，不携带 DNA，它们叫作反转录病毒。反转录病毒带有一种独特的酶，当它们感染宿主细胞时，这种酶可以把自身的 RNA 信息复制为 DNA。这种酶叫作反转录酶，可以用来把 RNA 信息反转为 DNA 基因。如果博耶的实验室能够从人类细胞中提取出第八因子的 RNA 信息，就可以用反转录酶把这些信息反转为一系列的 DNA 基因。这个方法成功了，1983 年，他们创造出了用人类第八因子基因改造过的质粒，为更安全、无传染风险的凝血剂的商业生产扫清了障碍。同时，病毒中的反转录酶也被列入基因工程的工具组中。

操控动植物基因

动植物细胞在许多方面都比细菌更复杂，它们的基因工程也更具挑战性，但是科学家们在飞速发展的遗传学领域，找到了攻克难题的方法。

植物和动物是真核生物（*Eukaryote*）。这个词来源于希腊语：*eu*（意思是“真”），加上 *karyon*（意思是“核”）。它们每个细胞的 DNA 都被包裹进一个薄膜构成的袋子中，这个袋子叫作细胞核。细菌是原核生物（*Prokaryote*，*pro* 意思是“之前”），没有细胞核。真核生物携带的 DNA 一般较多，基因数量也比细菌的要多得多，多出来的基因多用于形成其复杂的多细胞身体。真核生物的 DNA 同时还由一种叫作组蛋白的分子提供支持，它负责使 DNA 卷曲，这样一来，细胞分裂过程中才会出现染色体。真核生物的基因还包含许多非编码的“无效”区段，它们叫内含子，在蛋白质生成之前必须被剪接去除。组蛋白和内含子在细菌中却都不存在。当基因工程的对象从细菌转向动植物，所有这些区别都带来了新的障碍。

靠嫁接进行基因改造

20 世纪 50 年代以来，分子生物学技术一直在飞速发展，但植物遗传学方面新近的研究告诉我们，人类进行基因工程改造已有几千年的历史了。早期的农人发展出了嫁接技术，以跨过费时费力的选育过程，将有用性状都聚合到一株植物上。比如，一棵树的果实味道鲜美，我们就可以把它的枝条嫁接到另一棵具有抗病根系的树上。这样得到的结合体就兼

↑ 嫁接是结合多种植物有用性状的一种方法，代分子研究证明，嫁接双方的细胞最终会交基因。

具两种最优特征。

现今的技术已经探明，在嫁接“成功”后，两种植物的细胞会互换细胞核或能量代谢结构，比如线粒体或叶绿体。线粒体和叶绿体携带着微量的基因。这也意味着，这两种植物最终会各自携带一套混合的基因。

20 世纪 20 年代，人类第一次有意识地对真核生物进行了人工基因改造：美国遗传学家赫尔曼·穆勒将果蝇暴露在 X 射线下，使其发生突变。后来，科学家们发现，这种方式可以改变所有生物的基因。但是这距离把一个生物体的基因转移到另一个生物体中还差很大一步。另外，通过嫁接或者 X 射线实现的基因改造是随机的，科学家们无法控制某个具体基因。

第一只转基因动物

1974 年，德裔生物学家鲁道夫·耶尼施创造出了第一只改造过基因的动物。这是他病毒研究的副产品。正如早期的微生物基因工程一般，这个成果是在模拟自然常规现象的实验中实现的。反转录病毒是自然界中的基因工程师：在感染细胞之后，它们会把自身基因融入宿主细胞的染色体中（详见第五章）。耶尼施当时在研究一种导致细胞癌变的反转录病毒，他想知道为什么受感染的老鼠的某些部位，比如骨骼和肌肉，长出了肿瘤，另一些部位，比如肝脏，却没有肿瘤。也许病毒只是没有攻击肝部细胞。为了测验这一假设，他需要想办法确保老鼠全身细胞都受到感染。为了达到这一目的，他把病毒注入了老鼠的早期胚胎。随着胚胎的成长，所有由胚胎发育而来的体细胞都会被感染。实际上，他的研究显示，病毒基因在生长过程中会被遏止，所以实验中的老鼠没有一只罹患肿瘤。这一实验创造出了第一只基因经过人工改造的动物。在不久的将来，它们会被称作“转基因”动物。

通过向老鼠胚胎中注入反转录病毒 DNA，鲁道夫·耶尼施（上图）与同事比阿特丽斯·敏兹一同创造了第一只转基因动物。

利用细菌操控植物基因

借助病毒将基因输送进细胞——这种办法绕开了切割 DNA 后再进行填补的技术限制。病毒是天然的运输工具，能够将基因转运进宿主细胞——正如质粒是在细菌之间转运基因的天然工具一样。病毒和质粒都可以看作运送基因的载体，一如生物体都是携带某种疾病的载体。

对载体的运用，使我们距离操控真核生物基因又近了一步：根据这一思路，科学家们在 1977 年发现，某些种类的细菌天然能够将其 DNA 转运到植物细胞中。农杆菌（*Agrobacterium*）是一种微生物，会导致特定种类的植物患上冠瘿瘤。对于水果及甜菜等作物来说，它是一种有害菌。感染植物细胞后，它质粒中的一段 DNA 会被插入植物的基因组中，导致肿瘤生长。科学家们意识到，可以将农杆菌用作一种新的载体，对植物进行基因改造。他们只要将所需的基因插入农杆菌的质粒中，其余工作就可以全权委托给这种微生物了。导致肿瘤的那一段 DNA 会被除去，最终生效的只有有用的基因。

1983 年，第一株经过基因工程改造、含有某种特定基因的植物被创造出来。借助农杆菌，一种能带来抗生素抗药性的基因被插入烟草类植物中。之所以选择抗药性基因，是为了检验这种基因改造方法是否可行。实验室中培育出来的正常植物细胞一旦接触致命的抗生素，就会被杀死；但是用农杆菌改造过的细胞却得以存活，因为它们具备了抗药性。这个实验成功了。

时至今日，农杆菌已成为基因工程工具组中一个重要的载体，同时也是制造转基因生物体最便捷的手段。2000 年，农杆菌被用来对水稻进行基因改造，希望能利用水稻改善维生素 A 缺乏的情况——它每年在全世界导致上千名儿童死亡，还致使很多儿童失明。经过基因改造的稻米叫作黄金大米，因色泽得名，这种大米富含 β-胡萝卜素，这种橙黄色的植物色素一般存在于胡萝卜中。科学家们在农杆菌质粒中植入了来自黄水仙和土壤细菌的基因，两者共同作用可以控制该色素的生成；人类在食用这一色素后，则可以在体内合成维生素 A。

农杆菌只能用于天然易受其感染的植物。1987 年，日内瓦农业实验站的生物学家们针对这种情况设计出了一个解决方案，可谓一“鸣”惊人：他们发明了一把“基因枪”，像霰弹枪一样，向植物细胞发射包裹了基因的钨粒子——这些基因成功地产生了作用。基因枪技术没有对象局限：它提供了一种向所有种类的植物细胞运送基因的潜在方法——也许还可以用在动物细胞上。

农杆菌是一种会在特定种类植物身上导致冠瘿瘤的微生物，如今被广泛用于向植物中插入基因。

巧用干细胞

对动植物进行基因改造的一大问题，在于需要保证插入的基因最终能到达生物体的所有细胞。理想状态下，这意味着从一个单一细胞开始动手，通过增加某个基因对它进行改造，然后让这个细胞分裂发展成整个生物体。细胞生长依靠DNA复制，所以这样产生的细胞彼此一模一样。也就是说，它们的基因完全一致，都含有改造后的基因。这正是自然界中动植物体生长的模式。在实验室中，植物细胞可以用一种叫作生长调节剂的化学物质来培养。这种物质可以刺激细胞发展出成体的各部分，比如叶或根。这一技术的初期阶段叫作微繁殖，是在无菌环境下进行的，此后克隆出的植物才会被植入土壤中。

对于动物身体就没有这么容易了，因为它无法从任意细胞长成。只有干细胞才能创造新组织、新身体。成年动物体内虽然也存在干细胞，但它们只负责制造某种特定的细胞。比如说，骨髓中的干细胞只负责制造血液细胞。除了最初的受精卵，能够创造身体任意部位的干细胞（严格来说叫全能干细胞）只存在于早期胚胎中。胚胎中的干细胞是难得的多面手。当胚胎还只是一小团细胞的时候，这些细胞可以分离，每个细胞都能长成一模一样的个体。不但如此，这些干细胞也可以在实验室中培养。

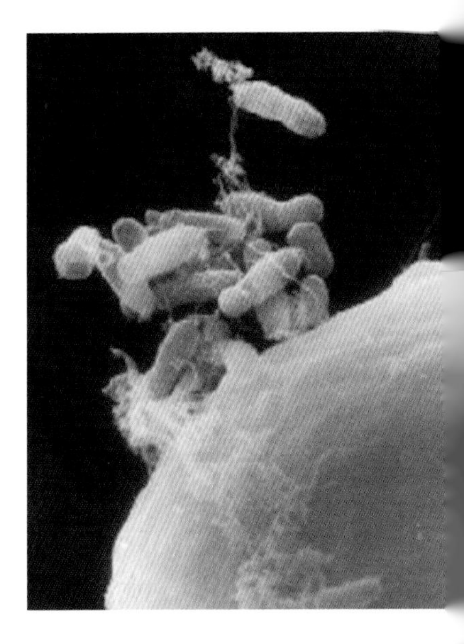

↑ 根癌农杆菌（*Agrobacterium tumefaciens*）
作为植物基因改造的载体广泛应用。它的质
叫作“Ti”质粒，经改造后可以携带异体基因
使其在植物身上表达出来。

鲁道夫·耶尼施的第一只转基因老鼠就是靠改造胚胎细胞创造出来的。他所运用的病毒技术，可能会把基因插入老鼠基因组的任何地方，这就可能影响细胞原有基因的功能。到了 1981 年，生物学家们利用更加纯净的 DNA 源，设计出了解决这个问题的方案。新的干细胞培养技术为他们提供了一种制造转基因老鼠的方法。插入的基因可以传给下一代，这是耶尼施的早期技术无法实现的。十年之后，人们已经找到多种多样的方法，创造出许多新品种的转基因老鼠。其中很多都是“基因敲除”鼠：科学家们改造其基因组，使现有的某一基因失效。这意味着这些老鼠中有很多都患有某些病症，比如癌症等。这一技术日后在基因组工程中发挥了重要作用，它可以帮助科学家破译已测序基因在细胞内的正常功能及发育中所起的作用。

操控人类基因

科学家最初在思考改造生物体基因可能性的时候，都有一个特定的目标——如果人类细胞可以被工程改造，那么成千上万为基因缺陷疾病所苦的人就有了希望。

生物学家发现他们可以轻而易举地操控老鼠胚胎的基因之后，很快将关注点转向了人类。他们试图在人类胚胎干细胞上重复在老鼠身上做过的实验。但他们遇到了难题——人类干细胞在培养过程中没法轻易地被操控。

与此同时，世人对这些崭新的技术持有十分谨慎的态度，将基因改造的伦理学意义提上桌面。一些监管机构，例如美国国立卫生研究院（NIH），对改造人类基因的实验实行严格管控。尽管如此，在1980年，美国生物学家马丁·克莱恩还是成了第一个作出这方面尝试的研究者。他的实验是在以色列和意大利完成的，避开了NIH的监管。克莱恩的研究对象是一种叫作乙型地中海贫血的血液病，它会导致肝部和心脏出现严重问题，在地中海地区格外常见。他成功地将DNA植入乙型地中海贫血患者的骨髓中，最终却未发表实验结果。NIH发现克莱恩的实验后，勒令他从加州大学洛杉矶分校离职。不过，这依然标志着一种全新的基因改造的开始，其目的是治疗人类疾病。基因治疗的时代到来了。

改造体细胞

科学家们利用老鼠胚胎进行的实验创造出了转基因老鼠。随着身体成长发育，胚胎中插入的基因就会遍布全身。从最初分离出的干细胞开始，最终长成的老鼠的每一个细胞

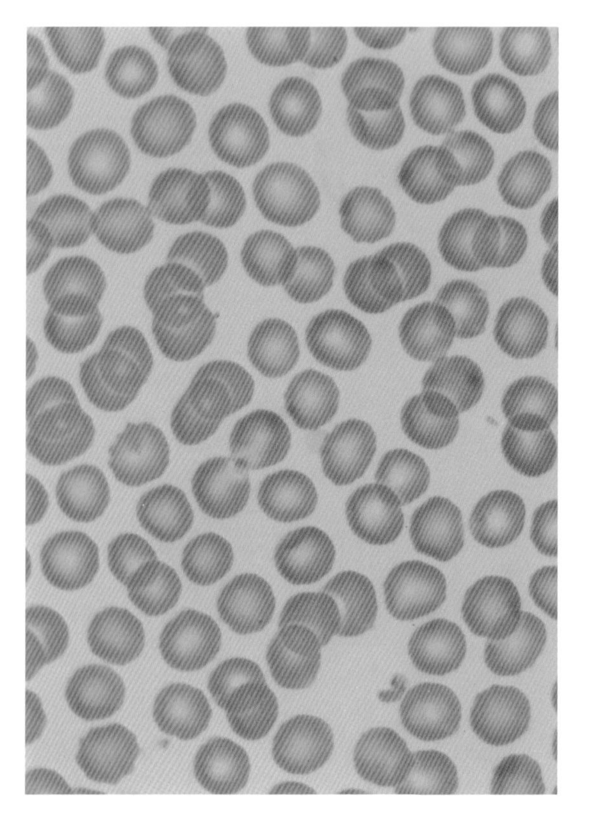
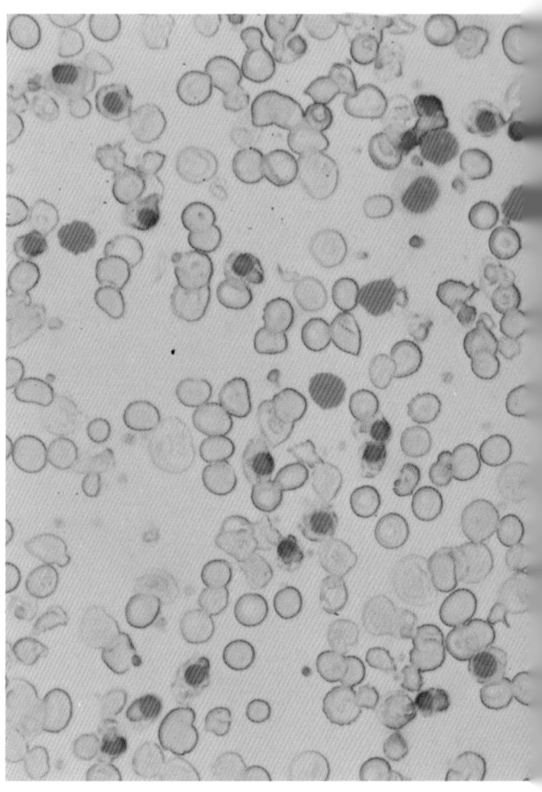

↑ 上面两张显微照片显示了正常的红细胞（左）和受乙型地中海贫血基因影响的红细胞（右）。这种基因会减少血红蛋白的产生。血红蛋白是红细胞中一种富含铁的蛋白质，负责将氧气运输到人体细胞。

都会是经过改造的。此后，插入的基因就会成为老鼠生殖细胞的一部分：这些基因在性器官中也同样存在，会被传入精子和卵子，并在后代中代代相传。伦理学方面的顾虑和“顽固”干细胞造成的实操问题，却使得这样的实验无法在人类身上进行。

于是，研究人员转向了基因治疗领域的另一条途径。如果不能改造最基础的生殖细胞，也许可以把身体中某些特定组织或器官作为目标？马丁·克莱恩的非官方实验走的就是这条路径。这叫作体细胞基因治疗，而非生殖细胞基因治疗。它的疗效不会那么持久，因为成熟身体内的细胞最终会衰弱死亡，所以需要定期“补足”基因来保持效果。即便如此，治疗效果也依然非常可观。这方面的第一个官方实验完成于 1990 年，研究人员是美国生物学家威廉·安德森和迈克尔·布莱兹，他们研究一种叫作腺苷脱氨酶（ADA）缺乏症的疾病。缺陷基因使得患者体内无法产生一种可以转化腺苷的酶（脱氨酶）。腺苷在人体内积累过多，就会毒害免疫系统中负责防卫的白细胞。患有这种免疫系统缺陷的儿童很少能活到成年。

安德森和布莱兹起初倾向于使用一种反转录病毒载体和干细胞相结合的技术。他们计划从患者骨髓中提取干细胞，用携带正常腺苷脱氨酶（ADA）基因的反转录病毒将该基因插入细胞中。反转录病毒会按常规经过灭活处理，不再具有感染性。之后，经过改造的干细胞会被重新输入患者体内，这样它们就能制造出不受毒害的血液细胞。但是利用干细胞

对骨髓中的干细胞进行基因改造可能会生成一系列不同的血液细胞。

技术进行动物实验后，结果却令人失望。NIH 转而支持一种改良版的技术方案——病毒被用于直接向白细胞内插入基因，而不是将基因植入骨髓。1990 年，这一世界首例得到官方认可的人类基因治疗实验得以进行，对象是一个名叫阿珊提·德西尔瓦的4岁小女孩。实验一切顺利，之后几周中，阿珊提的父母认为这一实验对缓解女儿的病情起到了作用。但是基因治疗的科学成果无法得到确认，因为双方达成共识，阿珊提的常规药物治疗（摄入缺失的酶）还要继续。这也许会掩盖了新基因的效果。严格来说，这一首例官方基因治疗实验只是测试了病毒载体技术的安全性，并不能证明其他假说。

↓ 首例官方承认的基因治疗实验对象是一个罹患免疫缺陷的儿童，这一免疫缺陷是由一个生产一种关键酶的基因发生突变导致的。实验将一个无缺陷的基因通过输血输进患者体内。

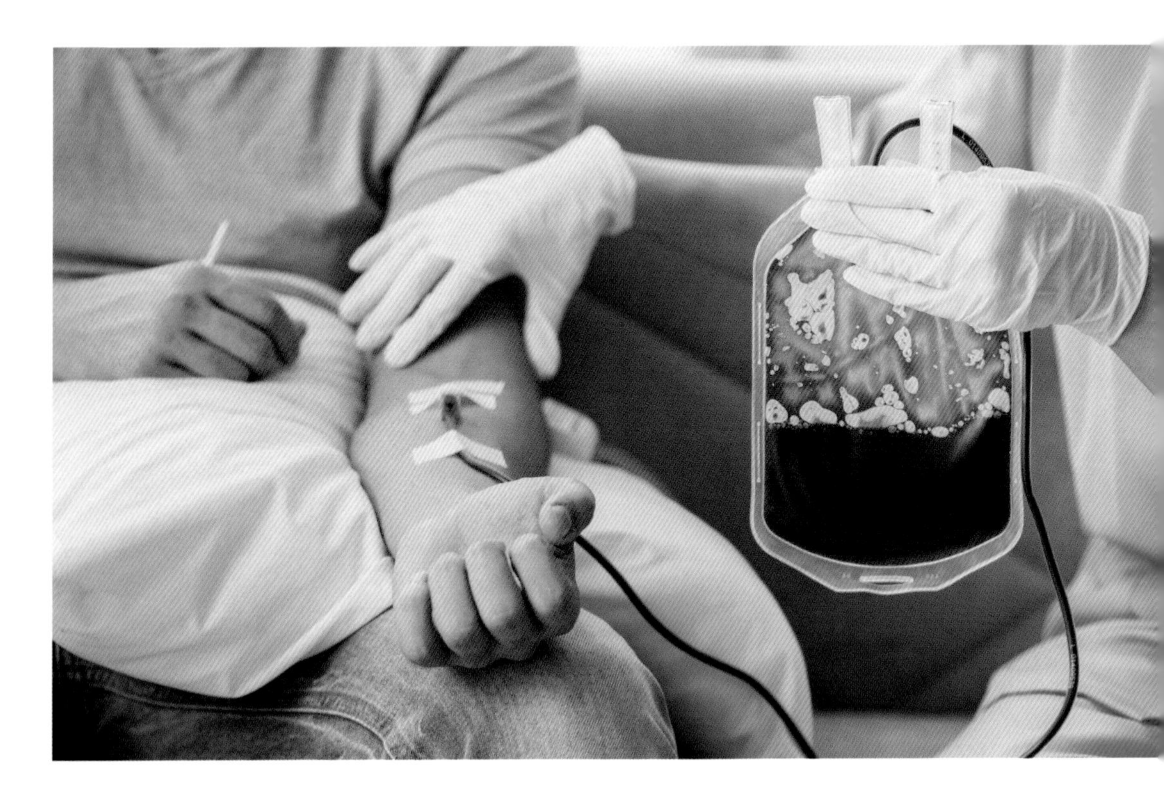

病毒载体的缺陷

在下一个实验中，我们会看到将病毒作为运输基因的载体存在的潜在问题。1999 年，科学家们用类似的手段治疗相似的基因缺陷时遇到了问题。这次的疾病是鸟氨酸氨基甲酰移转酶（OTC）缺乏症，它会导致人体内氨过量。携带这种缺陷基因的儿童同样很难活到成年。两名美国儿科医生，马克·巴特肖和詹姆斯·威尔逊，开展了一次实验，他们使用一种常见的感冒病毒作为载体。患者是 18 岁的杰西·基尔辛格，他对此疗法产生了严重的免疫反应——可能他此前接触过普通感冒病毒。实验最终导致杰西丧生。事后调查显示，受多种因素影响，实验没有严格地遵循规定完成。这一事件严重地阻碍了基因治疗研究的进程。

新进展

20 世纪末至 21 世纪初，一些新的病毒种类被用于靶向基因治疗：这些病毒不会像导致杰西·基尔辛格死亡的病毒那样触发免疫反应。

2002 年，科学家们找到了无须借助病毒的方法，他们把基因包裹进一个蛋白质胶囊里，然后把胶囊放进一个叫作脂质体的脂肪小球内。脂质体很小，能够穿过细胞膜，甚至是细胞核。利用罹患囊性纤维化的“基因敲除”小鼠进行的实验证明，这种疗法是可行的。但是当实验对象变为人类患者时，却只有很少的细胞被改造，治疗效率十分低下，不过脂质体技术依然从整体上展示出基因治疗的美好前景。与此同时，其他治疗囊性纤维化的方法也不再将目光局限于改造某个功能性基因上。囊性纤维化的病因是细胞无法生产一种细胞膜蛋白质，导致一些器官，特别是肺内部的上皮组织被一层厚厚的黏液堵塞（详见第三

↑ 反义疗法可以阻断有害基因，抑制其作用，使其无法表达。

章）。科学家们开发出了新的疗法，利用一种新药物，直接作用于细胞的蛋白质生产机制，使细胞能够正常地制造蛋白质。

其他疗法同样极力避免引入新基因。例如反义疗法，其工作原理是抑制有害的缺陷基因。科学家们合成了一种“反义”核酸（DNA 或 RNA），其碱基序列能够与缺陷基因信使 RNA 的碱基序列形成互补。在细胞内，一旦某个基因被用于构造蛋白质，就会生成一个该基因的复制品，即信使 RNA（详见第四章）。通过与信使 RNA 结合，反义核酸可以阻断这一过程，这样基因就不会表达。实验证明反义疗法在抑制某些种类的致癌基因方面效果显著，它对于治疗哮喘和肌营养不良症也许还有帮助。

靶向基因治疗

不到十年之前，基因治疗的终极宏愿仿佛还是个遥不可及的梦：科学家们梦想对基因信息进行精确的靶向改造，比如，缺陷性的囊性纤维化基因被改造成健康的基因。传统意义上，基因治疗依靠的是对基因进行转移或者抑制，而不是对其进行编辑。2010 年，一个发现却使基因组编辑成为可能。

法国生物学家菲利普·奥尔瓦特和罗道夫·巴杭古描述了一种前所未见的基因系统，它存在于微生物中，可以帮助细菌消灭入侵的病毒。一种叫作噬菌体的特殊病毒专门攻击细菌，但是细菌也自有反击之法——它们携带着多段不断重复的侵略者碱基序列的复制品。这些序列共称为 CRISPR（即“常间回文重复序列丛集”，“Clustered regularly interspaced short palindromic repeats”的缩写），它们可以生产一种 RNA 信息，附着在病毒的 DNA 上，这与利用反义技术使基因失效的机制十分相似。一旦附着成功，细菌就会用一种叫作 Cas9[1] 的蛋白质消灭目标病毒——这种蛋白质会切除病毒的 DNA，使其无法发挥作用。

编辑基因组

2011 年，美国生物学家詹妮弗·杜德纳与法国生物学家埃马纽埃尔·卡彭蒂耶的共同研究，将细菌的防卫系统 CRISPR-Cas9 推向一个令人兴奋的新高度：用它来编辑人类细胞中的基因。CRISPR 经调整后识别出的不再是病毒，而是人类的缺陷基因，然后 Cas9 就可以剪切并消灭该基因。单单这一点便在抑制缺陷基因表达方面效应显著，不过这一系统还有更为深远的用途。将 CRISPR-Cas9 系统与 DNA 混合，可以修正缺陷基因的碱基序列，靶细胞在试图修补损伤的过程中，会把这个 DNA 整合到其基因之

1　Cas 全称为 CRISPR-associated proteins，即 CRISPR（常间回文重复序列丛集）关联蛋白，Cas9 是其中的一种。

中。因此，整套基因编辑疗法需要将 CRISPR-Cas9 与修正性 DNA 混合在一起放到一个载体中，比如病毒或脂质体。2017 年，科学家用 CRISPR-Cas9 系统来治疗“基因敲除”小鼠的肌营养不良症。许多针对人类的实验也已被列入计划，其中一些或许传统基因疗法无能为力的病症提供帮助。比如，用来抑制血液细胞中制造某种细胞膜蛋白质的基因。病毒靠这种蛋白质可以进入细胞。如果细胞无法再生产与某种病毒（比如 HIV 病毒）结合的蛋白质，那么它就能抵抗该病毒的侵袭。

与此同时，中国的研究则更进一步，科学家们运用了一种在没有 CRISPR-Cas9 的情况下也能编辑一两个碱基的系统。科学家们宣称，此项技术修正胚胎细胞中乙型地中海贫血基因的成功率接近 25%。

↑ 美国生物学家詹妮弗·杜德纳（上图）与同
埃马纽埃尔·卡彭蒂耶共同研究出了 CRISP
Cas9 系统。这一技术被用于研究囊性纤维
及亨廷顿病等病症。

复活 DNA

生物的躯体在死后会腐烂，但某些情况下，他们的DNA能够保留更长的时间。借助一些幸存下来的DNA，我们可以去探究那些灭绝的物种之间存在何种联系，现代技术也许有可能复活这些物种。

和大多数构成生物躯体的复杂分子一样，DNA十分脆弱。生物的生命进程中，细胞满载着保护基因不受外界严酷环境影响的防卫系统。酶和保护性的蛋白质让DNA不断复制，生成蛋白质，还会在暂时用不到时将其安全地存放起来。在生物体死后，这些系统便迅速崩溃了。身体开始腐败，复杂的分子分崩离析——DNA也是会降解的。

只有特殊的环境可以保存DNA，即便如此，变幻莫测的时光也使得这些DNA无法永久不变。那些数百万年前死去的动植物需要一点运气才能成为化石，古DNA也需要依靠运气才能存留下来——存留下来的很可能只是残片。存留的时间越长，衰退也就越严重，所以只有零零散散的部分留存到最后。DNA在保护周到的博物馆样本中可以存活得很好；在大自然中，它只存活在长期严寒或者冰冻的环境中，或者是氧气浓度极低、分解DNA的微生物难以生存的地方。一般来说，150万年以上的样本中不会有任何完整的DNA。这意味着大多数史前生物的遗迹不可能提取到DNA。在现有技术条件下，凭借传统技术，比如基因测序，只能在年龄远小于这一标准的样本中测出结果。有些科学家在想办法升级研究古DNA的技术，少数科学家甚至大胆提议，古DNA可以用来复活已灭绝的物种。

核移植

第一次“抵抗灭绝”的尝试，始于一家生物技术公司的提案，该公司开始着手复活比利牛斯羱羊，一种欧洲野生山羊。由于捕猎和其他牧场动物的竞争，这种动物从 19 世纪起数量就不断减少。该物种最后一个个体是一只叫作西莉亚的雌性比利牛斯羱羊，2000 年时被发现死于野外。该公司的复活实验运用了一种 4 年前世界闻名的技术——在苏格兰的罗斯林研究所，多利羊就是依靠该技术成为世界上第一只从体细胞克隆出来的哺乳动物。

创造多利的技术叫作体细胞核移植。科学家从一只母羊的乳房中提取出体细胞。这些体细胞的细胞核，包括其中的基因，被植入另一只羊的卵细胞中，卵细胞的细胞核已被事先去除。每个“空”卵为植入的细胞核提供了良好条件，使其可以分裂并成长为胚胎。多利羊诞生于 1996 年。它与初始的乳房细胞拥有相同的基因，也就是说，是与这只母羊基因一模一样的克隆体。

利用相同的方法，人们从最后一只比利牛斯羱羊西莉亚的体细胞中提取细胞核，然后将其植入去除了自身基因的受体卵细胞内。这次的卵细胞来源于一只普通的山羊。但令人失望的是，实验最终没有什么效果。285 个以这种方法创造的羱羊胚胎几乎都在生长过程中死亡了。只有一个胚胎完全成型，但出生几分钟后就死于肺衰竭。实验失败的确切原因并不清楚。但是体细胞核移植的原理依然为一些旨在保护濒危物种的深度繁殖项目提供了可行的手段。

↑ 基因操控技术能使已灭绝数百万年的物种重见天日吗?

通过编辑基因组“抵抗灭绝”

要复活那些很久以前就灭绝了的物种，所面临的最大问题是 DNA 随着时间流逝已经降解了。就算是保存相对

体细胞核移植是一种“重编程”体细胞 DNA 的手段，它可以使 DNA 在被植入卵细胞后重获生机。卵细胞自身的基因事先已被去除，所以构造新动物的只有植入的基因。人们靠这一技术创造了多利羊（上图），还试图用它来帮助比利牛斯羱羊“抵抗灭绝”。

完好的史前动物，比如西伯利亚冰雪中发现的真猛犸象，其基因组也太过破碎，以目前的技术水平无法将其复原。没有完整的基因组，复活一只“纯粹”的猛犸象是不可能的，但是科学家们也在探索其他可能性。有些科学家认为，可以利用基因编辑技术，比如 CRISPR-Cas9（详见上节），收集猛犸象的基因，然后将其植入现存的与猛犸象亲缘关系最近的动物——大象的细胞中。这一实验会得到一只猛犸象—大象的杂交种，但还需要一位代孕母亲怀上这个胎儿。

其他复活实验采用了稍微不那么激进的方法，即利用现存物种进行人工选择。斑驴是分布在南非的一种平原斑马，其身体的后半部分是纯褐色的，类似斑马的条纹只存在于头颈部。它的外表与斑马差别太大，直到不久之前人们还认为它是一个完全不同的物种。斑驴由于捕猎最终灭绝了，最后一只死于 1883 年。利用博物馆中保存的斑驴标本，1984 年，科学家们第一次对一种已经灭绝的动物进行了基因测序，并通过与活体平原斑马的基因进行对比，发现了一些相同基

↓ 1870 年，最后几只存活的斑驴中的一只（
图）在伦敦动物园留下了一张照片。1984
人们对一小段斑驴 DNA 进行测序，并试图
过选育其近亲平原斑马来复活这一亚种。

因。一个选育项目随即展开，试图在平原斑马中培育出斑驴的性状。结果就在最近几年，他们创造出了越来越多的类斑驴斑马。

有些科学家认为抵抗灭绝计划从伦理角度来说是错误的，其占用的资源应该被用来防止灭绝，而不是进行弥补。他们认为今天的栖息地已无法为灭绝物种提供生存环境，无论是杂交种还是选育产物，都不是真正的“复活”。

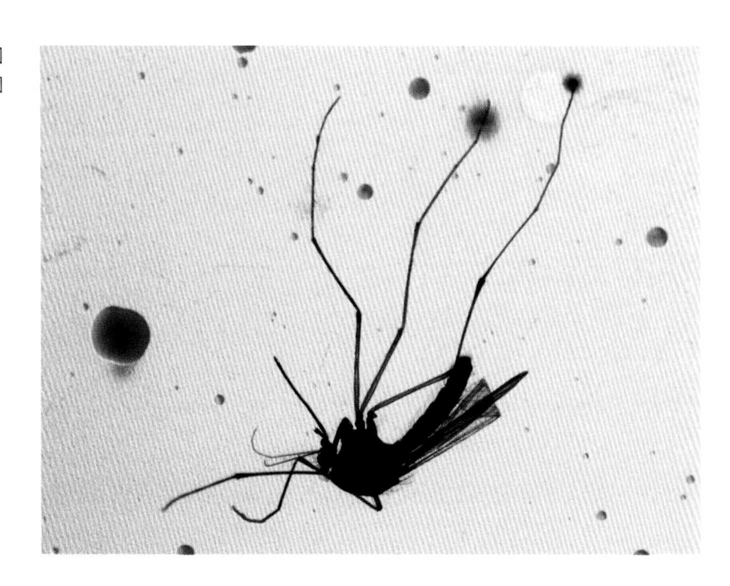

琥珀中受困的蚊子的化石遗迹。这只昆虫被困在了树木里冒出的树液中，后来树液变成固态，成了石头般的琥珀。

侏罗纪复活？

迈克尔·克莱顿小说改编的“侏罗纪公园”系列电影中，科学家成功地复原了恐龙的 DNA 片段。这些片段保存在蚊子的化石遗迹中——蚊子从史前生物恐龙身上吸血后被困在了琥珀里。通过将恐龙和现存爬行动物的 DNA 结合在一起，科学家们成功地复活了多个种类的恐龙，还有其他远古爬行动物，甚至能通过操纵基因创造全新的恐龙种类。这种剧情对于电影来说相当不错，但是从科学角度来看有些牵强，因为任何 6600 万年以前的 DNA 保存到今天都必然降解得太过严重，无法用于这样的实验。

↑ 恐龙在现代野外环境中漫步的场景，依然只是科幻小说和电影中一个遥远的梦境。

图片来源

自Shutterstock:VII Double Brain,IX Kateryna Kon,3 Sheli
sen, 12 MidoSemsem, 11 S-F,11 Egoreichenkov Evgenii,17
wan Banditrukkanka, 18 Panaiotidi, 28, 46, 53 Rattiya
ongdumhyu, 29 Designua, 30 Dr. Norbert Lange, 36
utova Elena, 36 ESB Professional,37 DenisNata, 39 Alila
edical Media, 50 Iren Moroz, 52 somersault1824, 56 Alila
edical Media,68 Tefi, 95 alybaba, 95 Foxyliam, 100 In The
ght Photography, 106 Roblan, 107 Aldona Griskeviciene,110
masz Klejdysz, 111 Everett - Art, 113 solar18, 116, 128tr
c Isselee, 121 Taiga, 125 Mironmax Studio, 125 L Julia, 125
eksandra Voinova,128 anyaivanova, 128 kontur-vid, 129
lkakotka,129 fotogiunta, 131Axel Bueckert,133 XiXinXing,
5 AuntSpray, 150 OZMedia,150 gcpics, 150 Sebastian
ulitzki, 159 vangelis aragiannis, 160Everett Historical, 173
nea,174 Mirko Graul, 177Thorsten Spoerlein,177 Cristian
ihai, 182 Toni Genes, 182 Dani Vincek, 186 Tono Balaguer
36 Hayk_Shalunts, 200 science photo, 202 extender_01, 207
Heiti Paves, 209 Mauricio Graiki, 213 Dora Zett, 216 Stockr,
217 oorka, 221, 223 Soleil Nordic, 226 Oleksandr Berezko,
229Hanjo Hellmann, 232 plenoy m, 232 toeytoey, 234 Elnur,
243 sruilk, 244 Herschel Hoffmeyer

其他: 10 Rocky Mountain Laboratories, NIAID, NIH,20 National Cancer Institute,20 Marc Lieberman/PLOS, 136 Christoph Bock, Max Planck Institute forInformatics/Creative Commons, 182 EvgenyMavrodiev, Florida Museum of Natural History/National Science Foundation, 190 NOAA,193 Universidad CES/Creative Commons, 195 Staff Sgt Eric T. Sheler/USAF. 196 Nephron/Creative Commons, 198 National Library of Medicine, 204 National Institutes of Health, 204 Public Library of Science,214 Bluemoose/Creative Commons,227 Sam Ogden/Whitehead Institute,230 US Government, 238 The Royal Society/Creative Commons, 241 Toni Barros/Creative Commons, 242Frederick York

图例和插画来源

aniel Limon (Beehive Illustration)